锚杆-围岩系统智能无损检测理论与方法

孙晓云　著

科 学 出 版 社

北　京

内 容 简 介

本书围绕锚杆-围岩系统的智能无损检测技术，采用理论分析、建模仿真、信号处理、试验研究等手段开展了综合研究，系统介绍了锚杆-围岩系统锚固质量的智能检测技术。本书主要内容包括锚杆锚固质量无损检测国内外研究现状、锚杆-围岩系统无损检测预备知识、基于应力波和磁致伸缩导波的数值仿真方法、锚杆-围岩系统无损检测试验、无损检测数据预处理、基于频率响应函数和概率神经网络的无损检测方法、基于 Elman 神经网络的无损检测方法、基于生成对抗网络的零样本缺陷识别方法、CREA 锚杆拉伸形变识别方法。

本书可供从事与锚杆-围岩系统相关的边坡工程、矿山工程、地下工程、交通工程等领域的高等院校师生、科研人员和工程技术人员参考使用。

图书在版编目（CIP）数据

锚杆-围岩系统智能无损检测理论与方法 / 孙晓云著. -- 北京：科学出版社, 2024. 12. -- ISBN 978-7-03-080194-4

I. TD263；TD353

中国国家版本馆 CIP 数据核字第 2024MA7651 号

责任编辑：杨 昕 宋 芳 / 责任校对：王万红
责任印制：吕春珉 / 封面设计：东方人华平面设计部

科学出版社 出版
北京东黄城根北街 16 号
邮政编码：100717
http://www.sciencep.com

北京中科印刷有限公司印刷
科学出版社发行 各地新华书店经销
*
2024 年 12 月第 一 版 开本：787×1092 1/16
2024 年 12 月第一次印刷 印张：10 3/4
字数：250 000

定价：142.00 元

（如有印装质量问题，我社负责调换）
销售部电话 010-62136230 编辑部电话 010-62138978-2032

前　言

锚杆作为支护系统的一个重要组成部分，被广泛应用于地下巷道及边坡围岩的加固与支护中。锚杆锚固工程受岩土工程条件、锚杆结构设计、锚杆与围岩体系的相互作用、施工专业技术水平和经验等关联因素的影响，锚杆施工还具有高度隐蔽性，不易发现其施工质量是否能达到设计或相关规范要求等特点。不符合要求的锚杆支护措施不仅起不到应有的作用，还进一步破坏了地下工程围岩的完整性和稳定性，同时对地下工程土建结构产生不利影响，严重情况下甚至会引发重大事故。因此，锚杆-围岩系统锚固质量和锚杆完整性检测在地下工程中具有重要的地位和作用。

锚杆-围岩系统质量检测方法通常分为有损和无损两种。有损检测方法属于传统检测方法，主要包括拉拔试验和取芯法等。有损检测方法对锚杆-围岩系统具有极强的破坏性，直接影响锚杆-围岩系统的后续支护效果，故无法进行大面积检测。无损检测方法具有非破坏性、高效性和对环境影响小等特点，近年来广泛应用于工程检测中。锚杆的无损检测方法主要有应力波和电磁超声检测法。本书利用数值仿真方法对常见锚杆在围岩中的缺陷问题进行研究，利用有限元仿真软件模拟应力波和磁致伸缩导波在不同缺陷、灌浆率和形变程度的锚杆-围岩系统中的传播过程，并对其产生的信息进行采集和分析。

人工智能算法具有并行处理能力、自组织和自学习能力、高度鲁棒性、良好容错性等优点，在趋势分析、模式识别和非线性动力学系统预测等方面得到了广泛应用。本书将概率神经网络、Elman 神经网络、生成对抗网络，以及卷积神经网络等人工智能算法与锚杆-围岩系统的无损检测方法相结合，对锚杆-围岩系统的智能检测算法进行了深入研究，提高了检测与评价系统锚固质量的准确性。

本书共分为 10 章，其中第 1 章介绍锚杆-围岩系统的研究背景、意义和国内外研究现状；第 2 章介绍锚杆-围岩系统无损检测预备知识；第 3 章开展基于应力波的锚杆-围岩系统数值仿真；第 4 章开展基于磁致伸缩导波的锚杆-围岩系统数值仿真；第 5 章进行锚杆-围岩系统无损检测试验；第 6 章提出小波阈值降噪方法和变分模态分解与独立分量分析联合降噪方法，对数据进行预处理；第 7 章研究基于频率响应函数和概率神经网络的无损检测方法；第 8 章设计基于 Elman 神经网络的无损检测方法；第 9 章提出基于生成对抗网络的零样本缺陷识别方法；第 10 章设计 CREA 锚杆拉伸形变识别方法。

本书的出版得到了国家自然科学基金面上项目“基于电磁超声导波技术的锚杆声学特征与智能检测研究”（项目批准号：51674169）、国家自然科学基金面上项目“锚杆受荷条件下声学特征及承载力智能预测方法研究”（项目批准号：51274144）、河北省重点研发计划项目“基于时空大数据的矿山边坡灾变智能识别预警系统研究”（项目编号：

22375413D)、河北自然科学基金重点项目“高陡露天矿裂隙岩体边坡失稳机理、安全防控及监测预警方法研究”(项目编号：F2019210040)、深部岩土力学与地下工程国家重点实验室开放基金“微观 NPR 锚杆形变智能无损检测技术研究”(项目编号：SKLGDUEK2222)、河北省教育厅高等学校科学青年基金项目“基于 FPGA 的类脑触觉感知系统”的资助，在此表示感谢。

本书著者孙晓云带领团队(石家庄铁道大学王明明、韩广、邢卉、狄卫国、高天时，河北科技大学刘东辉)组织实施研究过程和研究成果的记录工作，以此为基础撰写成册。在撰写过程中，参考了大量文献和资料，在此谨向相关作者表示诚挚的谢意。

囿于时间和作者水平，书中欠妥之处在所难免，恳请各位专家和广大读者批评指正。

目 录

第1章　绪　　论

1.1　背景及意义

锚杆锚固技术作为各类地下工程支护及边坡治理的重要手段，已在矿山、水电站、公路、铁路等工程施工中得到广泛应用。美国于20世纪初期首先使用锚杆进行矿山巷道支护，我国于20世纪60年代开始在矿山巷道、铁路隧道及边坡整治工程中大量应用普通砂浆锚杆与喷射混凝土支护。迄今为止，各国已把锚杆作为地下开采、围岩支护中普遍使用的常规手段，如图1-1所示。据有关资料统计，目前国内外每年使用的锚杆量已经超过10亿根。

图1-1　边坡、巷道中的锚杆-围岩系统

锚杆锚固工程受岩土工程条件、锚杆结构设计、锚杆与围岩系统的相互作用、施工专业技术水平和经验等关联因素的影响，锚杆的施工还具有高度隐蔽性，发现质量问题难，事故处理更难。因此，锚杆锚固质量的检测在工程中具有重要的地位和作用。

在复杂地质和恶劣环境等状况下，锚杆-围岩系统可能出现以下失效现象[1]：

（1）锚杆杆体大变形或断裂失效；

（2）灌浆量少或者流失导致锚杆脱黏；

（3）岩石破裂进而造成锚杆-围岩系统损伤；

（4）锚杆/灌浆界面处缺陷和断裂；

（5）灌浆/岩石界面处发生破裂。

锚杆-围岩系统质量检测方法通常分为有损检测和无损检测两种。有损检测方法属于传统检测方法，主要包括拉拔试验和取芯法等[2-5]。现场拉拔试验属于破坏性的检测方法，其通过测定锚杆静荷载p与锚杆顶部位移s的关系曲线来确定锚杆极限承载力。这种方法虽然直观，但是其花费时间长、抽检的样本数有限，难免会以偏概全。有损检测方法对锚杆-围岩系统具有极强的破坏性，直接影响锚杆-围岩系统的后续支护效果，故无法进行大面积检测。无损检测方法具有非破坏性、高效性和对环境影响小等特点，近年来广泛应用于工程检测中。因此，锚杆-围岩系统智能无损检测理论及方法的研究对于安全生产和保障施工质量都具有重要意义[6]。

1.2 锚杆锚固质量无损检测国内外研究现状

我国锚杆的无损检测研究工作始于 20 世纪 70 年代，经过近 50 年的发展已初具成效。锚杆无损检测方法主要有应力波检测和电磁超声检测等方法[7]。

1.2.1 基于应力波的锚杆锚固质量无损检测国内外研究现状

应力波法是目前国内工程物探界普遍采用的锚杆锚固质量的无损检测方法，其基本理论依据为一维杆件的弹性应力波反射理论。

锚杆-围岩系统中，锚杆长度是影响承载效果的因素之一。1990 年，美国矿业局[8]根据超声波传播特性实现了锚杆的长度检测。1996 年，Alleyne 和 Cawley [9]通过对脉冲回波信号的分析，实现了锚杆缺陷位置和大小的检测。李义等[10]采用应力波法做了多项试验及应用，结果表明通过锚杆与锚固上波的传播速度可以验证和预测锚杆的有效长度。吴斌等[11]对自由锚杆和嵌入地下的锚杆使用不同频率的导波无损检测法测量两种类型锚杆的长度，结果表明最佳频率时超声导波预测的锚杆全长最准确。Wu 等[12]研究了在正常荷载条件下不同锚杆的极限剪切位。Adli 等[13]使用安装在锚杆上的剪切传感器，通过导波测量锚杆长度。韩志军等[14]通过应力波反射对锚杆长度进行无损检测，采用谐波小波包变换法提取锚杆的特征，此方法可以降低噪声对原始信号的影响，从而提高锚杆长度计算的准确度。

锚固灌浆密实度同样对支护效果具有较大影响。Wu 等[15]将拉拔试验和应力波反射法相结合，以锚杆-围岩系统的灌浆比率判断锚固力。Lin 等[16]在有限元仿真软件中建立岩体模型，利用应力波无损检测技术完成对岩体的数值仿真分析，并采用冲击回波法得到锚杆长度，以及注浆的完整程度。Xu 等[17]通过在相同脉冲激励信号下的应力波检测灌浆缺陷大小。

在杆体缺陷识别与定位方面的检测中，Han 等[18]搭建了多种锚杆锚固系统试验模型，采用智能方法提高了模型缺陷的识别精度。Saleem[19]采用应力锤和超声导波两种方法，对混凝土中的锚杆进行缺陷识别。Niu 等[20]利用应力波振幅衰减计算锚固缺陷的大小及位置。Smith 等[21]通过有限元法分析了巷道顶板中的锚杆拉伸应力和地下水滴落速率之间的关系。Zhang 等[22]对深部巷道的锚杆进行无损检测，结果表明锚杆轴向载荷的变化与岩体应力的调整一致。

上述研究表明，基于应力波的无损检测方法对于锚杆-围岩系统支护效果分析是可行的。

1.2.2 基于电磁超声的锚杆锚固质量无损检测国内外研究现状

电磁超声检测技术是 20 世纪后半叶出现的一种无损检测技术，其核心部件是电磁超声换能器（electromagnetic acoustic transducer，EMAT）。EMAT 与传统的压电超声换能器相比，具有非接触、不需要耦合剂、检测精度较高等优点。国内外研究者对电磁超声检测技术进行了大量的系统研究[23-27]。目前电磁超声检测技术已成为工业领域重要的检测手段之一。

EMAT 由三部分组成：提供偏置磁场的磁体、产生脉冲磁场的线圈，以及在其内部激发和传播超声波的被测试样[28]，如图 1-2 所示。

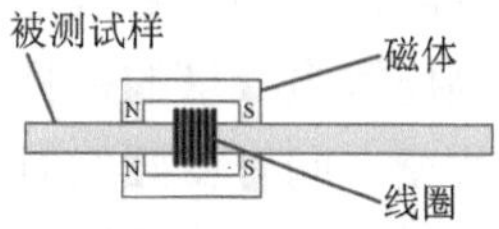

图 1-2 EMAT 的结构

由于传统的 EMAT 具有换能效率低、接收信号能量弱（有效信号幅值与噪声信号相当），以及回波信号分辨率较低的缺点，因此国内外学者在改进 EMAT 装置、回波信号处理方面做了大量研究工作[29-38]。

目前，基于电磁超声的铁磁材料无损检测方法的核心是基于磁致伸缩效应产生电磁超声导波。Kaule[39]提出了基于磁致伸缩效应的无损检测技术，并取得了一些探索性的研究成果。Kwun 等[40-41]利用自身设计的磁致伸缩传感器对钢丝绳、杆、管、板等结构进行了无损检测。Laguerre 和 Aime [42]用相似的方法对圆柱形结构的钢材料缺陷进行了试验检测研究。Kim 等[43-45]研发的传感器在圆柱体中产生纵波和弯曲波，并分别利用这两种模式的导波对缺陷进行检测，取得了良好的效果。Thompson[46-47]将磁致伸缩换能过程涉及的多个物理场耦合现象分解为互相独立的子过程，同时提出了磁致伸缩材料的磁导率和磁致伸缩应变对磁致伸缩换能器效率有重要影响的观点，并给予了试验验证。Ludwig 等[48-49]建立了二维电磁超声换能器的控制方程，并对其进行有限元分析和求解。Shapoorabadi 等[50-53]研究了电磁超声换能器对铁磁性材料进行无损检测的过程，提出了一种新的模型并采用解析法对其进行了验证。Chen 等[54]研究了磁致伸缩换能器产生的低频纵向导波在桥梁缆索中的衰减特性，建立了基于能量的桥梁缆索导波传播模型。王悦民等[55-56]根据铁磁性材料在磁场环境下所具有的力磁特性，推导出了检测管道的磁致伸缩纵向导波模型，该模型可清楚说明磁致伸缩导波检测传感器中激励线圈的电流与接收电压之间的定量数据关系。Gao 等[57]设计了具备瓦片形磁体的磁致伸缩扭转导波传感器，采用扭转导波检测小直径管道中的缺陷位置和大小。Oh 等[58]使用磁致伸缩导波传感器检测发生在焊接或支撑区域中的管道缺陷，并将缺陷信号与结构部件的信号分离。薛建虹等[59]对在役油气管道进行磁致伸缩超声导波检测，检测到管道的宏观缺陷及具体部位。Fang 和 Tse[60]通过移动半覆盖轴向磁化的磁致伸缩贴片传感器，检测出小直径混凝土管道内圆周缺陷的轴向和圆周位置。王鹤童等[61]利用磁致伸缩导波技术针对缆索的腐蚀检测需求开展应用研究，研究结果为桥梁缆索的养护提供了有力支持。Gao 等[62]使用纵向导波传感器的磁致伸缩效应测量细钢丝绳的张力变化，通过导波信号的波速和飞行时间实现缺陷检测。Zhou 和 Xu[63]利用磁致伸缩效应评估钢绞线疲劳缺陷，证实疲劳缺陷会降低磁致伸缩导波激励和接收的耦合效率。

国内外学者将基于磁致伸缩导波的无损检测方法应用到锚杆的质量检测中，并开展了大量研究。1995 年美国蒙大拿州的高压传输电缆因为三根锚杆的地埋部分受到腐蚀而发生故障，造成输电中断三个月。蒙大拿州的电力机构联合美国西南研究院组建了无损检测团队，根据铁磁性材料的磁致伸缩效应及其逆效应开发出 MsSR1010 系列电磁超声导波检测系统，取得了 14 项美国专利，至今已发展为第四代 MsSR3030 电磁超声导波检测仪[64]。该仪器将磁致伸缩传感器技术应用于检测地面下的锚杆腐蚀状况，使用 32kHz 径向导波，对美国几百根锚杆的状况进行检测，证明了磁致伸缩传感器技术在锚杆缺陷检测中的有效性。张春雷等[65]利用 MsSR3030 电磁超声导波检测仪对多个变电站的高压输电线塔的锚杆腐蚀情况用电磁导波信号表征，结果表明电磁超声导波信号与腐蚀程度之间有良好的对应关系，电磁超声导波信号的幅度、相位延迟和波形变化的陡度分别可以表示锚杆腐蚀的程度、位置和腐蚀的渐变特征。殷志等[66]还将该方法推广到了输电线路的无损监测中，实现对钢绞线地线的缺陷检测及定位。Ivanovic 和 Neilson[67]利用阿伯丁大学研制的 GRANIT 锚杆检测仪和磁致伸缩传感器分别对锚杆进行检测，实现了锚杆有效长度测试。林俊明等[68]提出了一种利用磁致伸缩效应在锚杆中产生导波以实现对锚杆长度检测的方法，并搭建了相应的试验平台予以验证，结果表明该方法可以用于锚杆长度检测，但是目前只能完成长 10m 左右的锚杆埋土检测。吕福在等[69]和刘洋等[70-71]提出一种基于磁致伸缩导波技术的锚杆无损检测方法，在研究磁致伸缩检测原理及锚杆中导波特性的基础上，研制了锚杆检测系统，并利用该系统在锚杆中激励出 L(0, 1)模态导波，实现了对锚杆的非接触式无损检测。张小波等[72]结合煤矿巷道锚杆长度测量需求，对现有测量方法进行改进，提出了一种基于磁致伸缩导波的矿用锚杆长度无损检测方法。但此方法利用压电陶瓷作为接收传感器，在安装传感器时，必须保证压电探头安装的轴对称性，防止产生弯曲模态导波。

上述研究表明，基于磁致伸缩效应的电磁超声导波的无损检测方法对于锚杆–围岩系统的质量检测是可行的。

1.3 主要研究内容

本书主要研究内容包括：利用数值仿真方法对常见锚杆在围岩中的缺陷问题进行研究，利用有限元仿真软件模拟应力波和磁致伸缩导波在不同缺陷、灌浆率和形变程度的锚杆–围岩系统中的传播过程，并将其产生的加速度波形进行采集和分析；使用智能无损检测方法完成锚杆–围岩系统信号的特征提取及缺陷识别；对神经网络模型进行优化，提高仿真和试验中锚杆–围岩系统模型的检测精度。本书各章节的主要内容安排如下。

第 1 章绪论，介绍锚杆–围岩系统的研究背景及意义，阐述基于应力波、电磁超声的锚杆锚固质量无损检测国内外研究现状。

第 2 章锚杆–围岩系统无损检测预备知识，介绍常见锚杆类型，导波在锚杆–围岩系统中的传播、衰减和频散特性，以及锚杆–围岩系统检测的激励信号和小波理论知识。

第 3 章基于应力波的锚杆–围岩系统数值仿真，对完整自由锚杆和缺陷锚杆进行数值仿真，分析杆体缺陷对应力波的影响；对锚杆–围岩系统进行数值仿真，分析杆体、灌浆缺陷对应力波的影响；对恒阻吸能（constant resistance energy absorption，CREA）

锚杆受荷响应和锚杆–围岩系统受荷响应进行数值仿真。

第 4 章基于磁致伸缩导波的锚杆–围岩系统数值仿真，介绍磁致伸缩导波无损检测原理和 EMAT 换能机理；建立 EMAT 有限元模型，分析激励频率、提离距离、线圈匝数和偏置磁场等参数对 EMAT 换能效率的影响；对自由锚杆、完整锚杆–围岩系统、锚杆杆体缺陷和锚固系统灌浆缺陷等进行仿真分析。

第 5 章锚杆–围岩系统无损检测试验，介绍锚杆–围岩系统的制备材料及方法；基于应力波和磁致伸缩导波的激振与拾振系统及试验结果，恒阻吸能锚杆–围岩系统无损检测试验方法及导波信号时域分析结果。

第 6 章锚杆–围岩系统无损检测数据预处理，介绍小波阈值降噪方法和变分模态分解（variational mode decomposition，VMD）与独立分量分析（independent component analysis，ICA）联合降噪方法的原理，并使用这几种降噪方法对自由锚杆和锚杆–围岩系统中接收的导波信号进行降噪处理分析。

第 7 章基于频率响应函数和概率神经网络的无损检测方法，介绍频率响应函数估计方法；针对不同缺陷类型的锚杆–围岩系统，通过主元分析（principal component analysis，PCA）算法对系统的频率响应函数进行特征提取；利用粒子群优化（particle swarm optimization，PSO）算法的概率神经网络（probabilistic neural network，PNN）分类器对缺陷类型进行识别。

第 8 章基于 Elman 神经网络的无损检测方法，介绍前馈神经网络（feedforward neural network，FNN）的结构、学习算法，以及结构和学习率等参数对神经网络的影响；介绍 Elman 神经网络的结构和学习算法，设计 Elman 神经网络结构自组织机制，并对神经网络自组织过程的收敛性进行分析；设计基于鸡群优化算法的 Elman 神经网络，并通过试验验证方法的有效性。

第 9 章基于生成对抗网络（generative adversarial network，GAN）的零样本缺陷识别方法，介绍生成对抗网络的基本理论；在生成对抗网络框架下设计基于前馈神经网络的生成器结构和基于卷积神经网络的判别器结构，引入了多尺度特征提取机制，提出一种多尺度卷积生成对抗网络（multi-scale convolutional generative adversarial network，MSCGAN）模型；通过试验验证零样本缺陷识别的有效性。

第 10 章 CREA 锚杆拉伸形变识别方法，介绍贝叶斯优化原理、贝叶斯优化器、概率代理模型、采集函数等理论知识；设计贝叶斯优化的卷积神经网络（convolutional neural network，CNN）模型，并将该模型应用于 CREA 锚杆的拉伸形变识别，取得良好的效果。

第 2 章　锚杆-围岩系统无损检测预备知识

近年来锚杆的材料、结构等方面有了较大发展。本章首先对工程中常见的传统锚杆和新型锚杆进行介绍，接着介绍应力波和磁致伸缩导波在锚杆-围岩系统中的传播过程、导波幅值衰减及频散曲线，最后介绍本书采用的应力波激励信号和基于小波的信号处理理论。

2.1　常见锚杆类型

2.1.1　传统锚杆

工程中，用于永久支护的锚杆常见为全长黏结型锚杆。全长黏结型锚杆通过在孔内对锚杆进行全长灌注水泥砂浆，再施加预应力，使锚杆全长与岩土体黏结在一起而共同受力，通过锚杆将张拉力传至深部稳定岩土体中，以抵抗土压力，实现锚杆对岩土层的锚固。常见的锚杆材质有热轧带肋钢筋、精轧螺纹钢筋、钢绞线等，强度等级依次从低到高排列。常见锚杆主要包括砂浆锚杆、中空注浆锚杆、玻璃钢锚杆等。

1. *砂浆锚杆*

砂浆锚杆是以水泥砂浆为锚固剂的黏结型锚杆[73]，如图 2-1 所示。砂浆锚杆一般没有挡板和螺母，锚杆安装后没有托板力，当岩体滑动产生位移时，砂浆锚杆发挥阻碍岩体变形的作用[74]。砂浆锚杆施工顺序为先成孔、后注浆、再安装。在与围岩的黏结力方面上，砂浆锚杆较差。砂浆锚杆的浆液种类的选择较为单一。砂浆锚杆浆液饱满度不易控制，钻孔内易存在孔隙、空腔和杆体裸露等现象，腐蚀性地下水易锈蚀锚杆，降低锚杆支护耐久性。

图 2-1　砂浆锚杆

2. *中空注浆锚杆*

中空注浆锚杆属于空心锚杆[75]，多用于相对稳定完整的岩层，如图 2-2 所示。对于中空注浆锚杆，树脂、工程胶水、速凝水泥等锚固剂自锚杆中心注入。其优点在于安装简便，可有效提高围岩体稳定性。施工时先将中空杆体插入，然后在孔腔中由内向外注浆，外端口的止浆塞和托板可防止浆液外溢，也可保证注入的水泥砂浆能将杆体与孔壁间的空隙填满，确保岩体支护更加牢固。此外，还可以利用压力进行注浆，使浆液均匀地向岩体的裂隙内渗透扩散，使被锚固的岩体进一步加固[76]。

3. 玻璃钢锚杆

玻璃钢锚杆是一种复合材料锚杆，如图 2-3 所示。纤维增强复合材料（fiber reinforced polymer，FRP）锚杆[77-78]是比较典型的玻璃钢锚杆。FRP 锚杆具有不易腐蚀、抗拉强度高、质量小（相同尺寸钢筋质量的 15%～20%）、性价比高等优点。利用 FRP 锚杆对巷道、围岩进行加固，可以有效解决传统锚杆耐久性能较差的问题。因为 FRP 锚杆的弹性模量较低，为传统钢筋锚杆的 1/4，所以利用 FRP 锚杆支护时，为了防止锚杆四周的岩体发生前期变形，需要在 FRP 锚杆上施加预应力。

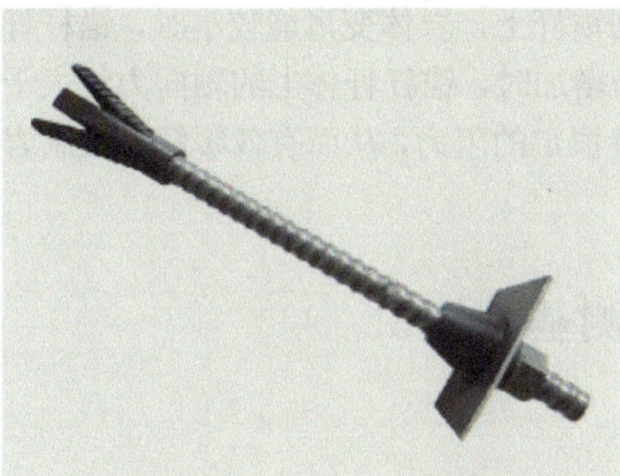

图 2-2　中空注浆锚杆

图 2-3　玻璃钢锚杆

2.1.2　新型锚杆

负泊松比（negative Poisson’s ratio, NPR）锚杆可应用于深部动力灾害与滑坡的控制、监测与预测[79-82]。NPR 锚杆杆体材料具有独特的负泊松比效应，图 2-4 所示为其结构。NPR 锚杆由安装在套管中的锥体、杆体、套管（内径比锥体的最大端直径稍大）、托盘和紧固螺母组成。当向外的拉力作用于 NPR 锚杆自由段时，套管会产生与拉力方向相反的位移，同时锥体在套管内滑移，套管产生径向膨胀变形，从而产生负泊松比结构效应。

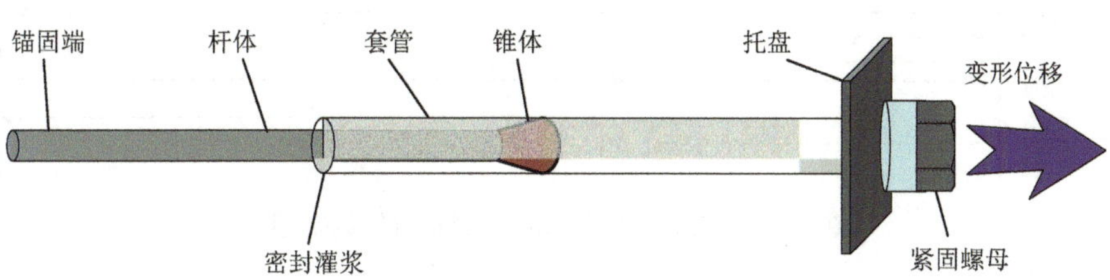

图 2-4　NPR 锚杆的结构

恒阻吸能（CREA）锚杆为第二代 NPR 锚杆，具有高恒阻、高均匀延伸、断裂处无颈缩现象等优点。CREA 锚杆由具有 NPR 效应的锁具、托盘和 NPR 锚杆组成，如图 2-5 所示，其变形程度可达 25%～37%[83]。

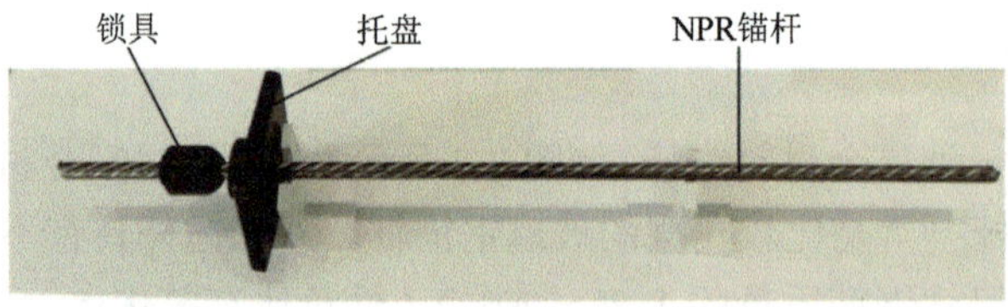

图 2-5 CREA 锚杆的结构

当岩体发生大变形和破坏时，CREA 锚杆利用具有负泊松比效应的杆体产生大变形来吸收岩体形变能量。岩体和 CREA 锚杆发生能量转换时，锚杆会产生恒定阻力阻碍岩体变形。托盘和锚杆锚固段将岩体变形能施加到锚杆上，岩体变形能较小时，锚杆杆体上的轴向力会小于恒阻力值；当岩体变形能不断增加时，锚杆杆体上的轴向力将大于等于恒阻力值，使得 CREA 锚杆在变形过程中保持恒定的阻力，从而有效缓解和控制岩体的大变形。

2.2 导波无损检测基础知识

2.2.1 导波在锚杆-围岩系统中的传播

1. 应力波的传播过程

根据一维弹性杆纵波理论，当应力波传播到不同介质时，由于界面两侧的波阻抗不同，会发生透射和反射，其传播过程如图 2-6 所示。

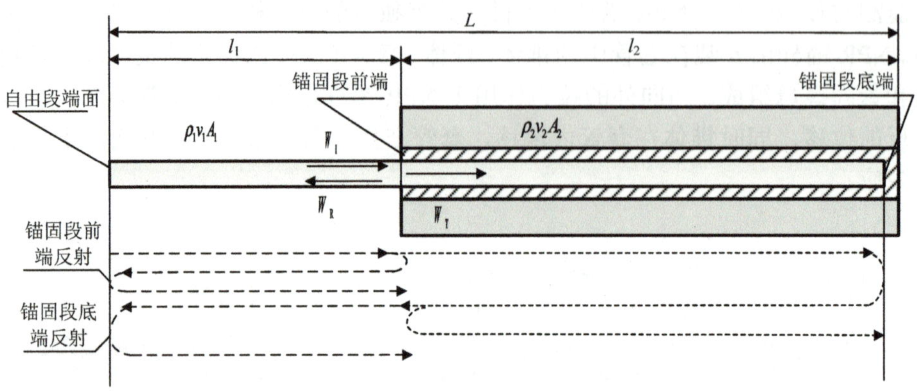

图 2-6 应力波在锚杆-围岩系统中的传播过程

图 2-6 中，W_I、W_R、W_T 分别为应力波在锚杆内传播遇到波阻抗发生变化时产生的入射波、反射波和透射波；ρ、v、A 分别为应力波所在介质的密度、传播速度和横截面面积，下标 1、2 表示两种不同的介质；l_1 为锚杆自由段的长度，l_2 为锚杆锚固段的长度，L 为锚杆总长度。

波在介质中的传播速度 v 由材料密度 ρ 和弹性模量 E 决定：

$$v = \sqrt{\frac{E}{\rho}} \tag{2-1}$$

锚杆和锚固结构的广义波阻抗分别为

$$Z_1 = \rho_1 v_1 A_1 \tag{2-2}$$

$$Z_2 = \rho_2 v_2 A_2 \tag{2-3}$$

在自由段和锚固段交界面处的反射系数 R 和透射系数 T 分别为

$$R = \frac{Z_2 - Z_1}{Z_2 + Z_1} = \frac{1-n}{1+n} \tag{2-4}$$

$$T = \frac{2Z_2}{Z_2 + Z_1} = \frac{2}{1+n} \tag{2-5}$$

式中，$n = Z_1 / Z_2$ 为阻抗比。

在理想情况下，锚杆和锚固介质均匀，设置于锚杆自由段端面的接收传感器只能接收到锚固段前端和底端反射回来的波，如图 2-6 中虚线所示。应力波从锚杆自由段端面开始右向传播，传播至锚固段前端时产生第一次反射和透射。第一次反射信号左向传播回到自由段端面，被接收传感器接收；第一次透射信号右向传播到锚固段底端，发生第二次反射和透射；第二次反射信号左向传播到锚固段前端，经过再次透射回到自由段端面，被接收传感器接收。

根据应力波信号，可以获得锚固段前端面反射时间为 t_1，锚固段后端面反射时间为 t_2，计算得到锚杆自由段、锚固段和锚杆总长度为

$$l_1 = \frac{1}{2} v_1 t_1 \tag{2-6}$$

$$l_2 = \frac{1}{2} v_2 (t_1 - t_2) \tag{2-7}$$

$$L = l_1 + l_2 \tag{2-8}$$

2. 磁致伸缩导波的传播过程

磁致伸缩导波在锚杆和锚固中的传播过程如图 2-7 所示，激励端产生的导波沿锚杆左右双向传播。激励端在锚杆自由段的左端面处，向右传播的波与向左传播经锚杆左端面反射的波叠加合成为一个波包，即激励波包。激励波包向右传播，第一次经过接收端时采集的信号称为首波。首波遇到锚固段前端面时部分能量被反射，反射波依次经过接收端和激励端后，向左传播到自由段的端面再次被反射向右传播，重复此过程，并在传播中不断衰减。首波在锚固段前端面透射的能量继续沿锚杆向右传播，到达锚固段底端后，经锚固段底端面反射，向左传播到达锚固段前端面。锚固段底端反射波同样在锚固段前端面发生反射和透射，反射波向右传播，回到锚固段底端面；透射波经过接收端继续向左传播，于锚杆左端面反射，并重复上述过程。将接收到首波至接收到锚固段底端回波的这段时间作为一个传播周期，用于分析锚固质量。

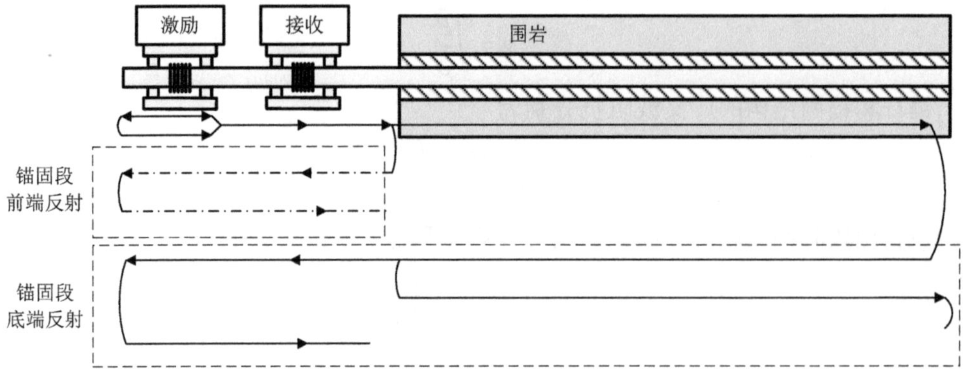

图 2-7　磁致伸缩导波在锚杆和锚固中的传播过程

2.2.2　导波的衰减

导波在锚杆中传播时会有能量衰减现象，其原因是锚固状态下锚杆中激发导波的能量向周围介质透射。透射能量的大小取决于锚固面积及锚杆杆体、锚固体、锚固剂的强度和三者之间的阻抗差异，反映了锚固剂与杆体、锚固体之间的能量转换特征及黏结状态。因此，可以通过衰减系数评价锚杆的锚固质量。衰减的形式主要有扩散衰减、散射衰减和吸收衰减。

一维平面波的波动方程可以表示为[84]

$$A(x,t)=A_0\mathrm{e}^{-\alpha x}\mathrm{e}^{\mathrm{j}(\omega t-kx)} \tag{2-9}$$

式中，x 为导波测量位置；t 为施加导波后的时间；ω 为导波频率；k 为波数；$A_0\mathrm{e}^{-\alpha x}$ 为波动方程的包络线函数；α 为波的衰减系数，表示为

$$\alpha=\frac{1}{x}\ln\frac{A_0}{A_x} \tag{2-10}$$

式中，A_0 为初始波的振幅；A_x 为当传播距离为 x 时的振幅。

对于自由锚杆或能分辨出底端反射的锚固锚杆，通过测量底端的反射波振幅 A_{2L}，可以计算得到衰减系数为

$$\alpha=\frac{1}{2L}\ln\frac{A_0}{A_{2L}} \tag{2-11}$$

式中，L 为锚杆长度。

2.2.3　频散曲线

1. 导波运动方程

导波在锚杆中传播的分析依赖于导波在无限长杆中的传播理论。研究导波在无限长杆中的传播问题一般使用柱坐标系，柱坐标系下的三个坐标变量（半径 r 、角度 θ 和高度 z ）在实心圆柱杆中的方向如图 2-8 所示。

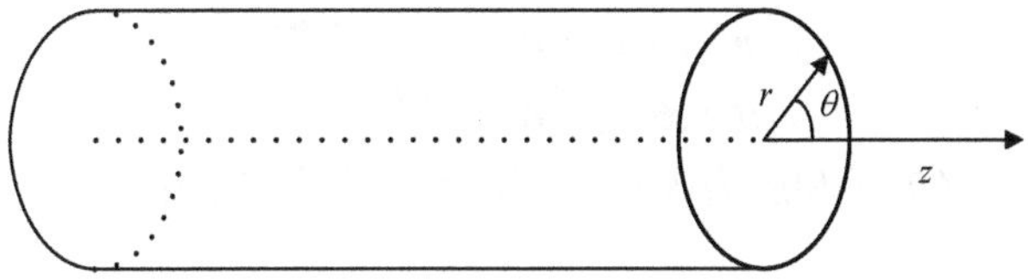

图 2-8 柱坐标系下的实心圆柱杆

应用柱坐标系下的纳维（Navier）方程，得到导波在无限长杆中的运动方程表达式如下：

$$(\lambda+2\mu)\frac{\partial\varphi}{\partial r}-\frac{2\mu}{r}\frac{\partial\omega_z}{\partial\theta}+2\mu\frac{\partial\omega_\theta}{\partial z}=\rho\frac{\partial^2u_r}{\partial t^2} \tag{2-12}$$

$$(\lambda+2\mu)\frac{1}{r}\frac{\partial\varphi}{\partial\theta}-2\mu\frac{\partial\omega_r}{\partial z}+2\mu\frac{\partial\omega_z}{\partial r}=\rho\frac{\partial^2u_\theta}{\partial t^2} \tag{2-13}$$

$$(\lambda+2\mu)\frac{\partial\varphi}{\partial z}-\frac{2\mu}{r}\frac{\partial}{\partial r}(r\omega_\theta)+\frac{2\mu}{r}\frac{\partial\omega_r}{\partial\theta}=\rho\frac{\partial^2u_z}{\partial t^2} \tag{2-14}$$

式中，λ 和 μ 为材料的拉梅（Lame）常数；r 为圆柱杆半径；ρ 为材料的密度；u_r、u_θ、u_z 为导波在柱坐标系下的径向、周向和轴向位移分量；φ 为柱坐标系下的体积不变量，如式（2-15）所示；ω_r、ω_θ、ω_z 为旋转矢量的三个分量，分别如式（2-16）～式（2-18）所示。

$$\varphi=\frac{1}{r}\frac{\partial(ru_r)}{\partial r}+\frac{1}{r}\frac{\partial u_\theta}{\partial\theta}+\frac{\partial u}{\partial z} \tag{2-15}$$

$$2\omega_r=\frac{1}{r}\frac{\partial u_z}{\partial\theta}-\frac{\partial u_\theta}{\partial z} \tag{2-16}$$

$$2\omega_\theta=\frac{\partial u_r}{\partial z}-\frac{\partial u_z}{\partial r} \tag{2-17}$$

$$2\omega_z=\frac{1}{r}\left[\frac{\partial(ru_\theta)}{\partial r}-\frac{\partial u_r}{\partial\theta}\right] \tag{2-18}$$

利用势函数和分离变量法，求出实心圆柱杆中波动方程的解，为

$$u_r=U(r)\cos n\theta\mathrm{e}^{\mathrm{j}(kz-\omega t)} \tag{2-19}$$

$$u_\theta=V(r)\sin n\theta\mathrm{e}^{\mathrm{j}(kz-\omega t)} \tag{2-20}$$

$$u_z=W(r)\cos n\theta\mathrm{e}^{\mathrm{j}(kz-\omega t)} \tag{2-21}$$

式中，k 为波数；ω 为角频率；n 为周向阶数，其决定了解在方位方向上的对称性。

当 $n=0$ 时，此时传播模态关于杆圆周对称，分为纵向模态 L(0, m)和扭转模态 T(0, m)，m 表示导波在杆半径方向上的振动形态。纵向模态不会出现轴线的横向位移，只做沿轴线的伸缩运动；扭转模态中，杆的每个横截面绕中心旋转且位置保持不变，同时轴线保持不变。当 $n\geqslant1$ 时，导波传播的模态为弯曲模态 F(n, m)。弯曲模态会做横向移动，所以其是不对称的。

根据式（2-19）～式（2-21），得出导波在不同波导中传播的位移矢量 u 的一般形式，如式（2-22）所示。根据应力-应变关系，得到导波在不同波导中传播的应力张量 σ 的一般表达式，如式（2-23）所示。

$$\hat{\boldsymbol{u}}(r,\theta,z)=\hat{\boldsymbol{u}}(r)\mathrm{e}^{\mathrm{j}n\theta}\mathrm{e}^{\mathrm{j}(kz-\omega t)} \tag{2-22}$$

$$\hat{\boldsymbol{\sigma}}(r,\theta,z)=\hat{\boldsymbol{\sigma}}(r)\mathrm{e}^{\mathrm{j}n\theta}\mathrm{e}^{\mathrm{j}(kz-\omega t)} \tag{2-23}$$

将导波传播的位移矢量和应力矢量分解，得到位移矢量中的$\hat{\boldsymbol{u}}$和应力张量中的$\hat{\boldsymbol{\sigma}}$用矩阵形式表示如下：

$$\hat{\boldsymbol{u}}(r)=\begin{bmatrix}\hat{u}_r(r)\\ \hat{u}_\theta(r)\\ \hat{u}_z(r)\end{bmatrix}=\boldsymbol{D}^u(r)\cdot\begin{bmatrix}\mathrm{L}_+\\ \mathrm{L}_-\\ \mathrm{SV}_+\\ \mathrm{SV}_-\\ \mathrm{SH}_+\\ \mathrm{SH}_-\end{bmatrix}\qquad \hat{\boldsymbol{\sigma}}(r)=\begin{bmatrix}\hat{\sigma}_{rr}(r)\\ \hat{\sigma}_{\theta\theta}(r)\\ \hat{\sigma}_{zz}(r)\\ \hat{\sigma}_{\theta z}(r)\\ \hat{\sigma}_{rz}(r)\\ \hat{\sigma}_{r\theta}(r)\end{bmatrix}=\boldsymbol{D}^\sigma(r)\cdot\begin{bmatrix}\mathrm{L}_+\\ \mathrm{L}_-\\ \mathrm{SV}_+\\ \mathrm{SV}_-\\ \mathrm{SH}_+\\ \mathrm{SH}_-\end{bmatrix} \tag{2-24}$$

式中，振幅系数$\boldsymbol{A}=[\mathrm{L}_+\,\mathrm{L}_-\,\mathrm{SV}_+\,\mathrm{SV}_-\,\mathrm{SH}_+\,\mathrm{SH}_-]^\mathrm{T}$，由纵向（L）、剪切垂直（SV）和水平（SH）变形分量组成，并且+和−项分别表示沿半径增大和减小的方向传播的扰动；矩阵$\boldsymbol{D}^u$和$\boldsymbol{D}^\sigma$的系数的一般形式为$\boldsymbol{D}_{ij}(r,n,k,\omega,E)$，其中$E$为圆柱体材料的弹性模量。

2. 频散方程

考虑在真空或空气中锚杆为各向同性结构，边界条件指定应力张量在锚杆表面应力为零，表示如下：

$$\hat{\boldsymbol{\sigma}}(r,\theta,z)=\tilde{\boldsymbol{\sigma}}(r,\theta)\mathrm{e}^{\mathrm{j}kz}=\hat{\boldsymbol{\sigma}}(r)\mathrm{e}^{\mathrm{j}n\theta}\mathrm{e}^{\mathrm{j}(kz-\omega t)}=0 \tag{2-25}$$

将式（2-24）代入式（2-25），得

$$\hat{\boldsymbol{\sigma}}(r)=\boldsymbol{D}(r,n,\omega,k,E)\cdot\boldsymbol{A}=0 \tag{2-26}$$

通过求解式（2-26）齐次方程组，可以确定振幅系数$\boldsymbol{A}$。为了使式（2-26）有非零解，其系数行列式必须为零，即

$$|\boldsymbol{D}(r,n,\omega,k,E)|=0 \tag{2-27}$$

式(2-27)即为导波在锚杆中传播的频散方程。锚杆半径为10mm，密度为7800kg/m^3，泊松比为0.3，弹性模量为210GPa，由频散方程可得自由锚杆中导波频散曲线，图2-9（a）和（b）分别为自由锚杆中导波L模态群速度和相速度频散曲线。

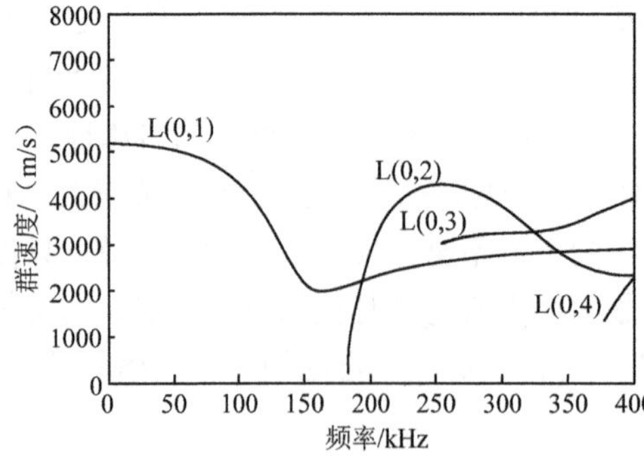

（a）群速度

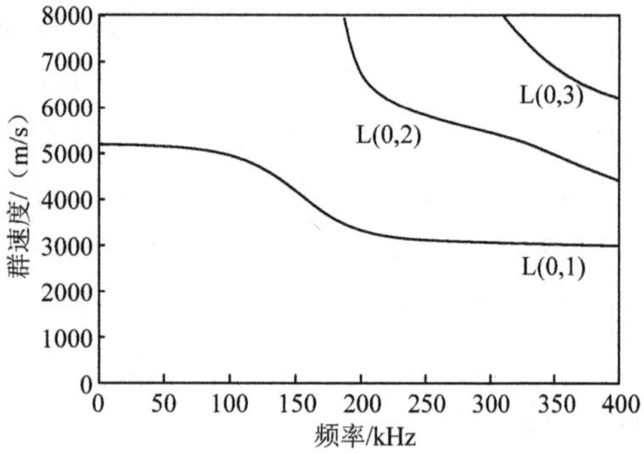

（b）相速度

图2-9 自由锚杆中导波L模态群速度和相速度频散曲线

通过自由锚杆的频散曲线可知，在自由锚杆中模态相对单一，L(0,1)模态导波相速度和群速度在数值上最相近，不容易发生频散，适用于检测。对于 L 模态的导波而言，当频率小于 180kHz 时，只存在 L(0,1)一种模态的导波；当频率高于 180kHz 时，导波存在多个模态。对比群速度与相速度曲线可知，当频率低于 80kHz 时，L(0,1)模态导波的群速度与相速度相差不大，此时频散现象不易出现，对导波检测有利；当频率高于 80kHz 时，导波的群速度与相速度差别较大，此时频散现象较为明显，若选择在此范围内的频率对锚杆进行无损检测，会造成接收信号识别困难等问题。因此，对于导波无损检测系统而言，必须选择合适频率的导波进行检测。

2.3 导波激励信号及信号处理相关知识

2.3.1 应力波激励信号

应力波激励信号主要包括力锤敲击信号和调制波信号。

1. 力锤敲击信号

力锤敲击锚杆自由段端面产生脉冲激振，图 2-10 所示为实测力锤敲击激励信号。

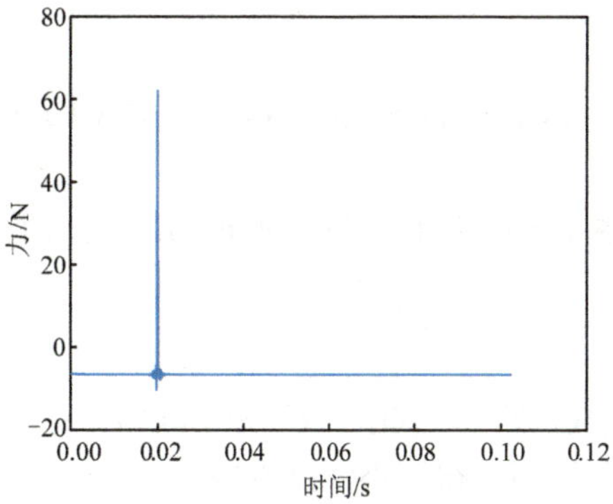

图 2-10 实测力锤敲击激励信号

撞击是一个复杂的非线性力学过程。当力锤敲击头为弧形，锚杆端面近似平面时，产生的应力波 $y(t)$可近似表示为

$$y(t) = A_e \sin\frac{\pi t}{\tau} \tag{2-28}$$

式中，A_e为激励的振幅；τ 为脉冲的宽度。

2. 调制波信号

调制波信号主要是指经汉宁窗调制过的正弦波，其函数表达式为

$$y(t) = \frac{1}{2}\left[1 - \cos\frac{2\pi ft}{n}\right]\sin(2\pi ft) \tag{2-29}$$

式中，f 为设定的激励波频率；t 为激励时间；n 为激励波的周期数。

5 周期汉宁窗调制的正弦波示例如图 2-11 所示。

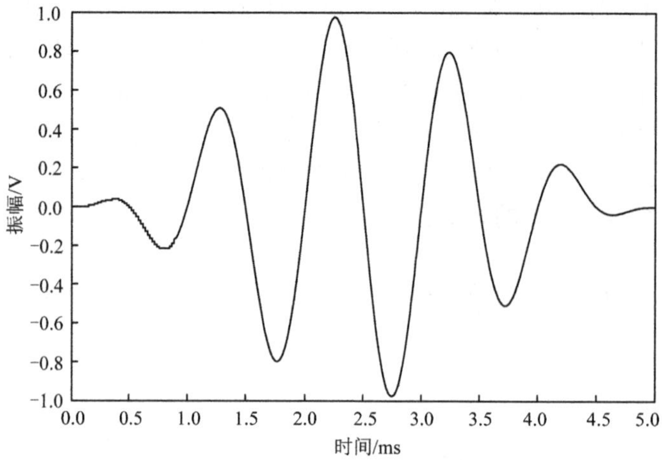

图 2-11　5 周期汉宁窗调制的正弦波示例

2.3.2　基于小波的信号处理理论

1. 小波变换理论

连续小波变换（continuous wavelet transformation，CWT）是信号与不同尺度小波之间的卷积[85]。

若 R 空间的平方可积函数 $\psi(t)$ 的傅里叶变换 $\hat{\psi}(\omega)$ 满足允许性条件：

$$C_{\psi}=\int_{R}\frac{\left|\hat{\psi}(\omega)\right|^{2}}{|\omega|}\mathrm{d}\omega<\infty \tag{2-30}$$

则称 $\psi(t)$ 为基小波或母小波函数[86]。式中，C_{ψ} 为小波常数；ω 为频率。

基小波 $\psi(t)$ 经过平移和伸缩，得到小波函数族：

$$\psi_{a,b}(t)=\frac{1}{\sqrt{a}}\psi\left(\frac{t-b}{a}\right)\qquad (a,b\in R) \tag{2-31}$$

式中，尺度因子 a 决定小波形状收缩或者拉伸；平移因子 b 改变小波的位置。

对于信号 $f(t)\in L^{2}(R)$，定义关于基小波 $\psi(t)$ 的 CWT 的形式如下：

$$(W_{\psi}f)(a,b)\leqslant f(t),\ \ \psi_{a,b}(t)\geqslant\frac{1}{\sqrt{a}}\int_{-\infty}^{+\infty}f(t)\psi^{*}\left(\frac{t-b}{a}\right)\mathrm{d}t \tag{2-32}$$

式中，$\psi^{*}(\cdot)$ 为 $\psi(\cdot)$ 的共轭函数；$W_{\psi}f$ 为 f 关于基小波 ψ 的连续小波变换。

变换后的信号为二维信号，即小波变换将原来的一维信号变换为二维信号，以便于分析信号的时频特性。

对小波变换得到的信号进行处理后，可以通过小波逆变换得到时域信号。连续小波的逆变换为

$$f(t)=\frac{1}{C_{\psi}}\int_{-\infty}^{+\infty}\int_{-\infty}^{+\infty}(W_{\psi}f)(a,b)\psi_{a,b}(t)\frac{\mathrm{d}a}{a^{2}}\mathrm{d}b \tag{2-33}$$

CWT 中的尺度因子 a 和平移因子 b 都是连续变化的实数。对精度内所有的尺度和位移进行计算存在计算量过大的问题，因此在实际应用中常用离散小波变换（discrete wavelet transformation，DWT）方法。DWT 是通过 CWT 的尺度因子 a 和平移因子 b 的离散化实现的，通常取

$$a=a_0^m,\ b=nb_0a_0^m \qquad (m,n\in\mathbf{Z}) \tag{2-34}$$

式中，$a_0>0$；$b_0\neq 0$；$\mathbf{Z}$ 为整数域。

离散小波表示为

$$\psi_{m,n}(t)=a^{\frac{-m}{2}}\psi\left(\frac{t-na_0^m b_0}{a_0^m}\right)=a^{\frac{-m}{2}}\psi(a_0^{-m}t-nb_0) \tag{2-35}$$

DWT 表示为

$$(W_{\psi}f)(m,n)\leqslant f,\ \psi_{m,n}\geqslant\int_{-\infty}^{\infty}f(t)\psi_{m,n}^{*}(t)\mathrm{d}t \tag{2-36}$$

特别地，取 $a_0=2$，$b_0=1$ 时，得到二进小波为

$$\psi_{m,n}(t)=2^{\frac{-m}{2}}\psi(2^{-m}t-n) \tag{2-37}$$

2. *多分辨率分析*

1989 年，马勒特（Mallat）引入多分辨率分析（multiresolution analysis，MRA），从空间概念说明了小波的多分辨率特性，建立了构造小波理论框架。

称 $L^2(R)$ 中的闭子空间序列 $\{V_j\}_{j\in Z}$ 为一个 MRA，如果其满足以下条件：

（1）单调性：$\cdots\subset V_{j-1}\subset V_j\subset V_{j+1}\subset\cdots,\forall j\in\mathbf{Z}$；

（2）逼近性：$\bigcap_{j\in Z}V_j=\{0\},\lim_{t\to\infty}V_j=\overline{\bigcup_{j\in Z}V}=L^2(R)$；

（3）伸缩性：$f(t)\in V_j\Leftrightarrow f(2t)\in V_{j+1},j\in\mathbf{Z}$；

（4）平移不变性：$f(t)\in V_0\Leftrightarrow f(t-k)\in V_0,\forall k\in\mathbf{Z}$；

（5）里斯（Riesz）基存在性：若存在函数 $\varphi(t)\in V_0$，使得 $\{\varphi(t-k)\}_{k\in Z}$ 构成 V_0 的一个 Riesz 基，即函数序列 $\{\varphi(t-k)\}_{k\in Z}$ 线性无关，且存在常数 A 和 B，满足 $1<A\leqslant B<+\infty$，使得对任意的 $f(t)\in V_0$，总存在序列 $\{c_k\}_{k\in Z}\in l^2$，使得

$$f(t)=\sum_{-\infty}^{+\infty}c_k\varphi(t-k)\ 且\ A\|f\|_2^2\leqslant\sum_{-\infty}^{+\infty}|c_k|^2\leqslant B\|f\|_2^2 \tag{2-38}$$

则称 $\varphi(t)$ 为尺度函数，并称 $\varphi(t)$ 生成了 $L^2(R)$ 的一个多分辨率分析 $\{V_j\}_{j\in Z}$。特别地，若 $\{\varphi(t-k)\}_{k\in Z}$ 构成 V_0 的一个标准正交基，则称 $\varphi(t)$ 为正交尺度函数。相应地，称 $\varphi(t)$ 生成 $L^2(R)$ 的一个正交多分辨率分析 $\{V_j\}_{j\in Z}$。

由于 $V_j\subset V_{j+1}$，因此存在 V_j 在 V_{j+1} 中的正交补空间 W_j，使得

$$V_{j+1}=V_j\oplus W_j \tag{2-39}$$

式中，$\oplus$ 为 $V_{j+1}=V_j\bigcup W_j$，且 $V_j\perp W_j$；V_j 为尺度空间；W_j 为小波空间。

如果存在 $\psi(t)\in W_0$，使得 $\{\psi(t-k)\}_{k\in Z}$ 构成 W_0 的标准正交基，则 $\{\psi_{j,k}\}_{k\in Z}$ 也构成 W_j

的标准正交基，$\psi(t)$称为小波函数。

式（2-39）所述空间正交分解过程可对尺度空间V_j递归进行下去，如图2-12所示。

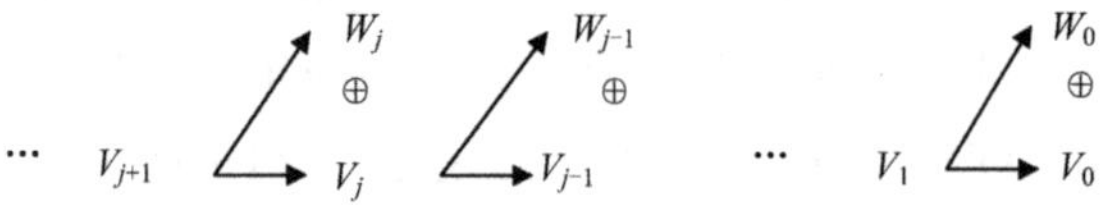

图2-12 小波尺度分解

若$\{V_j\}_{j\in Z}$为尺度函数$\varphi(t)$生成的$L^2(R)$的正交多分辨率分析，则必然存在系数序列$\{h_k\}_{k\in Z}$，使得以下尺度关系，即双尺度方程成立：

$$\varphi(t)=\sqrt{2}\sum_k h_k\varphi(2t-k) \tag{2-40}$$

假设$\{h_k\}_{k\in Z}$是数字滤波器的脉冲响应，则式（2-40）将离散滤波器与多尺度分析联系起来。式（2-40）为尺度函数关系的时间域表达，通过傅里叶变换可以得到对应的频域表达：

$$\hat{\varphi}(\omega)=1/\sqrt{2}\hat{h}(\omega/2)\hat{\varphi}(\omega/2) \tag{2-41}$$

式中，$\hat{h}(\omega/2)$为$\{h_k\}_{k\in Z}$的傅里叶变换。

记$H(\omega/2)=1/\sqrt{2}\hat{h}(\omega/2)$，则有

$$\hat{\varphi}(\omega)=H(\omega/2)\hat{\varphi}(\omega/2) \tag{2-42}$$

常称$H(\omega/2)$为低通滤波器。

设正交尺度函数$\varphi(t)$生成正交MRA $\{V_j\}_{j\in Z}$，$\{h_k\}_{k\in Z}$是满足双尺度方程的滤波器，令

$$\psi(t)=\sqrt{2}\sum_k g_k\varphi(2t-k) \tag{2-43}$$

式中，g_k满足$g_k=(-1)^k h_{1-k}^*$，则称$\psi(t)$为小波，且其平移系构成W_0的标准正交基。

式（2-43）的频域形式为

$$\hat{\psi}(\omega)=1/\sqrt{2}\hat{g}(\omega/2)\hat{\varphi}(\omega/2) \tag{2-44}$$

式（2-44）又可表示为

$$\hat{\psi}(\omega)=G(\omega/2)\hat{\varphi}(\omega/2) \tag{2-45}$$

称$G(\omega/2)$为高通滤波器，$\{g_k\}_{k\in Z}$为与$\psi(t)$对应的高通滤波器响应。

得到小波基后，可以在尺度空间和小波空间对任意连续函数$f(t)$进行多分辨率分析。假设V_j空间存在函数f_j，对其进行多分辨率分析，表示为

$$\begin{aligned} f_j&=f_{j-1}\oplus d_{j-1}\\ &=f_{j-2}\oplus d_{j-2}\oplus d_{j-1}\\ &\cdots\\ &=f_n\oplus d_n\oplus d_{n+1}\oplus\cdots\oplus d_{j-1}\quad (n<j) \end{aligned} \tag{2-46}$$

式中，$f_n=\sum_k c_k^n\phi_{n,k}$，且$f_n\in V_n,\ n=m,\cdots,j$，为$f_j$的低频部分；$d_n=\sum_k c_k^n\psi_{n,k}$，且$d_n\in W_n,\ n=m,\cdots,j-1$，为$f_j$的高频部分。

对离散信号$f(k)$进行MRA，经过小波高通和低通滤波器后，输出低频分量$A_1(k)$和

高频分量 $D_1(k)$；继续对低频分量 $A_1(k)$做类似分解，可以得到 $A_2(k)$和 $D_2(k)$。这种分解可以一直重复推演下去，实现对原始离散信号的多分辨率分析，形成小波分解树（wavelet decomposition tree）。图 2-13 所示为三层小波分解树。

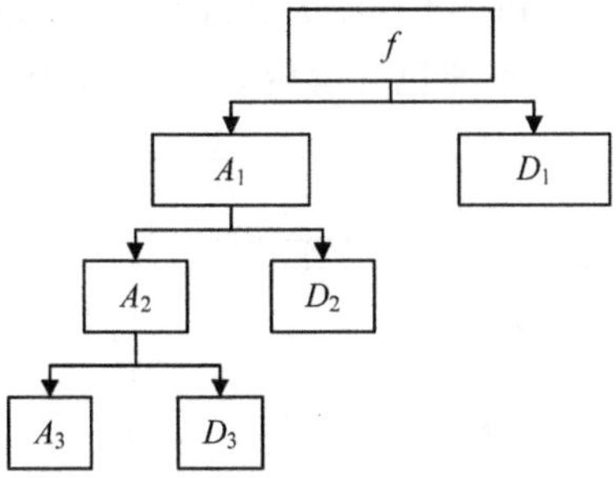

图 2-13　三层小波分解树

3. 小波包变换

小波变换的多分辨率分析能够对信号进行有效的时频分解，但其在高频段的分辨率较差。小波包分析能够对该高频部分进一步分解，从而提高频率分辨率。

在多分辨率分析中，$L^2(R)=\bigoplus\limits_{j\in\mathbf{Z}}W_j$ 表明多分辨率分析是按照不同的尺度因子 j 把空间 $L^2(R)$ 分解为 $W_j(j\in\mathbf{Z})$ 的直和。其中，W_j 为小波函数 $\{\psi_{j,k}\}_{k\in\mathbf{Z}}$ 的闭包（小波子空间）。

一种自然的做法是将尺度空间 V_j 和小波空间 W_j 用新的子空间 U_j^n 统一表征，令

$$\begin{cases}U_j^0=V_j\\U_j^1=W_j\end{cases}\quad(j\in\mathbf{Z})\tag{2-47}$$

则希尔伯特（Hilbert）空间的正交分解 $V_{j+1}=V_j\oplus W_j$ 可用 U_j^n 的分解统一为

$$U_{j+1}^0=U_j^0\oplus U_j^1\quad(j\in\mathbf{Z})\tag{2-48}$$

定义子空间 U_j^n 和 U_j^{2n} 分别是函数 $u_n(t)$ 和函数 $u_{2n}(t)$ 的闭包空间，并令 $u_n(t)$ 可以使得双尺度式（2-49）成立：

$$\begin{cases}u_{2n}(t)=\sqrt{2}\sum\limits_{k\in\mathbf{Z}}h(k)u_n(2t-k)\\u_{2n+1}(t)=\sqrt{2}\sum\limits_{k\in\mathbf{Z}}g(k)u_n(2t-k)\end{cases}\tag{2-49}$$

式中，$g(k)=(-1)^k h(1-k)$，即 $g(k)$和 $h(k)$两个系数存在正交关系。

当 $n=0$ 时，式（2-49）计算为

$$\begin{cases}u_0(t)=\sqrt{2}\sum\limits_{k\in\mathbf{Z}}h(k)u_0(2t-k)\\u_1(t)=\sqrt{2}\sum\limits_{k\in\mathbf{Z}}g(k)u_0(2t-k)\end{cases}\tag{2-50}$$

与 MRA 中的式（2-40）和式（2-43）相比，$u_0(t)$ 和 $u_1(t)$ 退化为尺度函数 $\varphi(t)$ 和小波基函数 $\psi(t)$。式（2-50）是式（2-48）的等价表示，将其推广到 $n\in\mathbf{Z}_+$（非负整数），得到式（2-49）的空间分解表示：

$$U_{j+1}^n=U_j^n\oplus U_j^{n+1}\quad(j\in\mathbf{Z},n\in\mathbf{Z}_+)\tag{2-51}$$

由于 $\varphi(t)$ 由 $\{h_k\}_{k\in Z}$ 唯一确定，因此又称 $\{u_n(t)\}_{n\in Z}$ 为关于序列 $\{h(k)\}$ 的正交小波包。

现利用小波高通和低通滤波器对离散信号 $f(k)$进行小波包分解，得到低频分量 $A_1(k)$ 和高频分量 $D_1(k)$。根据空间分解式（2-51），第二层分解时分别对 $A_1(k)$和 $D_1(k)$进行进一步分解，得到 $AA_2(k)$、$DA_2(k)$和 $DA_2(k)$、$DD_2(k)$。依此类推，第 n 层小波包分解得到 2^n 个不同高频和低频分量。三层小波包分解树如图 2-14 所示。

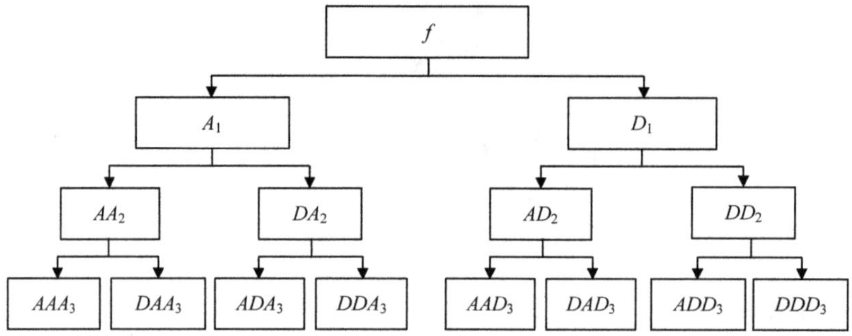

图 2-14　三层小波包分解树

第 3 章　基于应力波的锚杆-围岩系统数值仿真

随着计算机技术的发展，数值仿真技术逐渐应用在各个工程领域，如岩土工程、建筑工程、隧道工程和桥梁工程等。数值仿真通过数值计算和图像显示的方法对工程、物理等各类问题进行研究。有限元方法是常用的数值仿真分析方法之一。本章采用 ANSYS/LS-DYNA 有限元软件建立不同的锚杆和锚固结构模型，在锚杆自由段端面施加瞬时载荷模拟激励振动，分析应力波在锚杆-围岩系统中的传播特性，为进一步分析和预测锚杆-围岩系统质量提供理论基础和数据支撑。

3.1　砂浆锚杆-围岩系统的数值仿真

本节采用 ANSYS/LS-DYNA 有限元软件对锚杆-围岩系统进行动力学仿真。其操作步骤包括前处理环节、求解环节和后处理环节。

1. 前处理环节

首先，利用 PREP7-ANSYS 前处理器完成单元类型选择、材料类型选取和实常数设定，创建简单几何模型；然后，根据实际情况进行网格划分，完成接触信息、边界条件与荷载等相关信息的定义，建立有限元模型。

1）单元类型及参数设定

根据《公路隧道设计规范 第一册 土建工程》（JTG 3370.1—2018）[87]要求，永久支护的锚杆应为全长黏结型锚杆。全长黏结型锚杆包括普通水泥砂浆锚杆、树脂锚杆、中空注浆锚杆、组合式锚杆等。普通砂浆锚杆直径一般为 20～25mm，杆体材料宜采用 HRB400、HRB500 热轧带肋钢筋，砂浆强度等级不应低于 M20。

普通水泥砂浆锚杆-围岩系统仿真模型中三种材料的力学参数如表 3-1 所示。

表 3-1　三种材料的力学参数

材料	密度/（kg/m^3）	弹性模量/GPa	泊松比
钢筋	7800	210	0.3
砂浆	2200	20	0.2
围岩	2300	33	0.25

锚杆-围岩系统选择三维实体单元 SOLID164 建立模型。SOLID164 具有八个节点，每个节点有 X 轴、Y 轴、Z 轴的速度、位移及加速度共九个自由度。SOLID164 采用单点积分和沙漏控制，计算采用拉格朗日法。

2）网格划分

网格划分是有限元模型建立过程中重要的环节之一。在有限元分析中，需要将结构体进行离散化。理论上划分尺寸越小，单位面积上网格的密度越大，计算的准确率越高，但是程序运行所需时间越长。因此，在进行网格划分时要协调考虑准确率和计算耗时。本模型划分单元设置为1/20的应力波波长。

3）边界及阻尼设置

ANSYS/LS-DYNA的显示分析中主要有三类边界条件：零位移边界条件、滑移或者循环对称边界条件和无反射边界条件。其中，无反射边界条件可以在有界区域上获得无界区域的近似解，适用于模拟锚杆-围岩系统结构。

阻尼可以在显式动力分析中阻止非真实振荡，主要包括质量加权（α）阻尼和刚度加权（β）阻尼。与质量成正比的α阻尼主要用于抑制低频率的结构振动，而β阻尼一般用于抑制高频振荡。应力波信号属于低频信号，故本节在锚固体中施加β阻尼，以抑制高频振荡。

2. 求解环节

在求解环节中，需要设定模型求解所需的各种参数。本节设置的求解时间为0.005s，输出步数为300，输出的文件类型设置为BOTH（表示文件既可以经ANSYS自带软件后处理，也可以经LS-POST后处理）。完成选项设置后，利用LS-DYNA求解器进行计算。

3. 后处理环节

后处理是对求解完成后的数据结果进行处理、分析和可视化。进行后处理的方式有两种：一种是利用ANSYS有限元软件通用后处理器，另一种是利用LS-POST后处理程序。本章采用LS-POST后处理程序提取锚杆的应力波响应信号。

3.1.1 自由锚杆响应数值仿真

锚杆腐蚀后会在表面产生不同的缺陷，本章以矩形缺陷和环形缺陷模拟不同程度的腐蚀锚杆。在模型中，自由锚杆长度为2000mm、直径为20mm。对锚杆施加的激励信号为5周期汉宁窗调制的正弦波，中心频率为20kHz。

1. 矩形缺陷锚杆的应力波响应

为研究不同矩形缺陷深度对锚杆应力波的影响，建立仿真模型，锚杆轴向截面如图3-1所示，三维有限元模型如图3-2所示。仿真模型的缺陷为矩形切口形状，缺陷长度为200mm，深度(h)参数设置如表3-2所示。

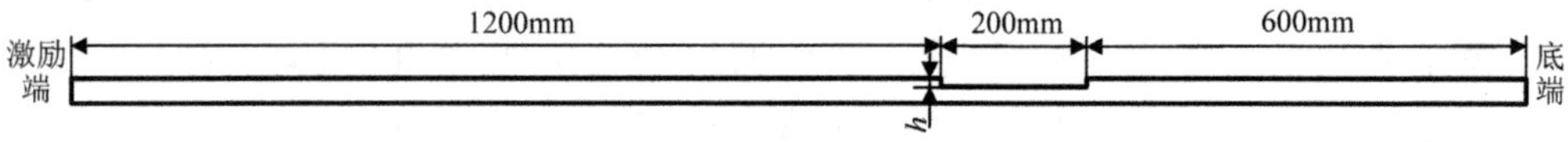

图3-1 矩形缺陷锚杆的轴向截面

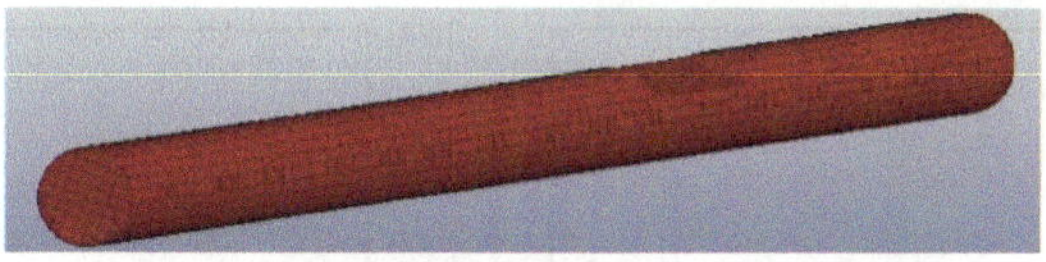

图 3-2 矩形缺陷锚杆的三维有限元模型

表 3-2 模型缺陷深度参数设置

深度	模型 1	模型 2	模型 3	模型 4	模型 5	模型 6	模型 7
h/mm	0	1	2	3	4	5	6

ANSYS/LS-DYNA 求解后，在激励端面的应力波响应曲线如图 3-3 所示。其中，首波为激励信号，其余波包为底端面或缺陷处的反射信号。可以看出，自由锚杆无缺陷时[图 3-3（a）]，底端反射波非常清晰，在三个回波周期内，反射波振幅下降缓慢，频散也比较微弱。当锚杆存在 200mm 长度矩形缺陷时，锚杆激励端面接收到底端回波之前会先收到缺陷处的回波。随着缺陷深度的增加[图 3-3（b）～（g）]，缺陷处反射波的信号不断加强，波形叠加及频散现象逐渐明显。

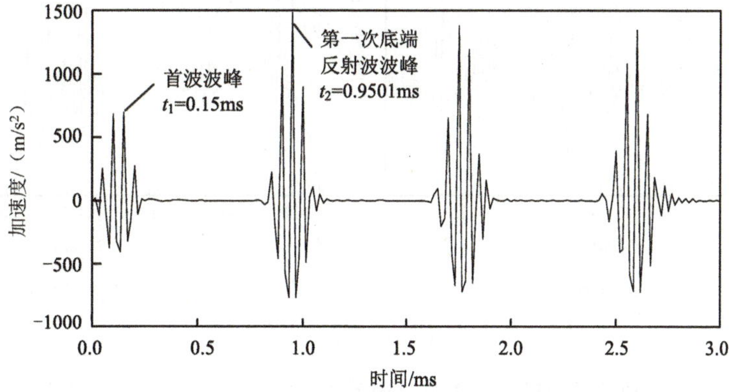

（a）模型 1

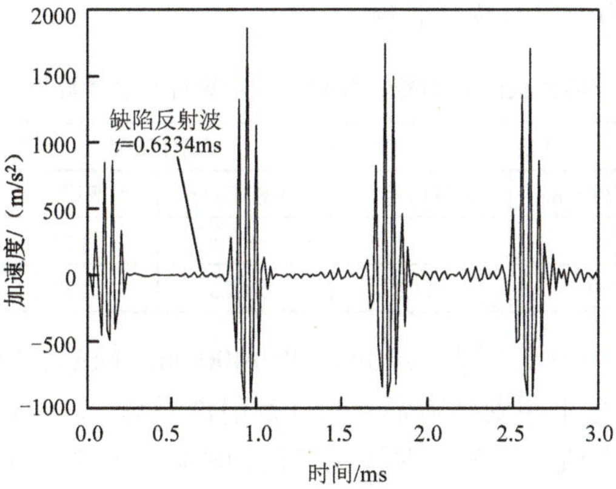

（b）模型 2

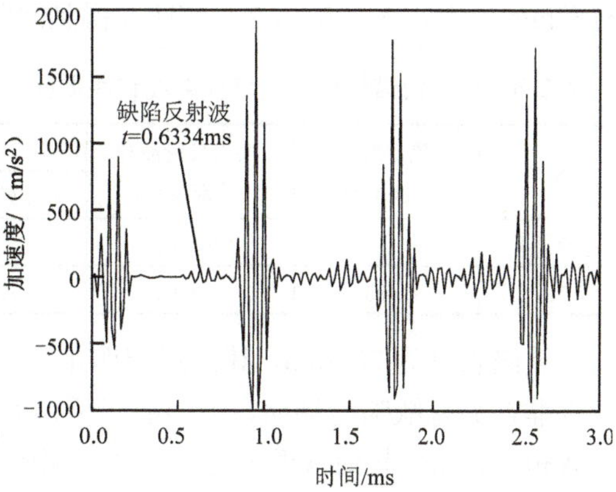

（c）模型 3

图 3-3 不同深度矩形缺陷的应力波响应曲线

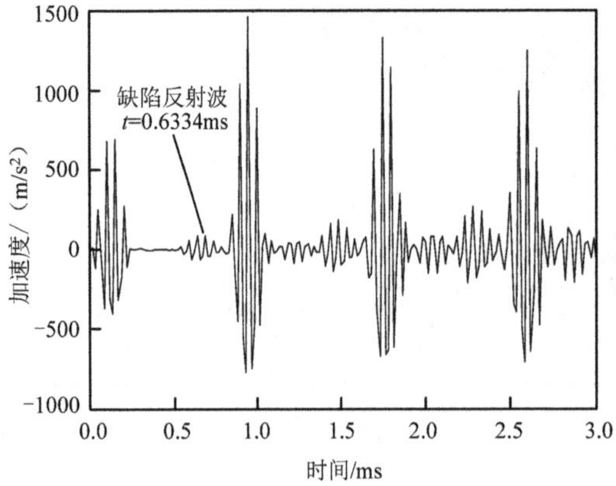

（d）模型 4

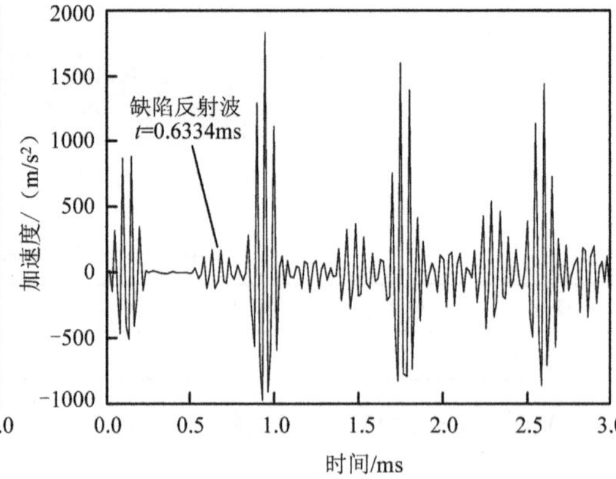

（e）模型 5

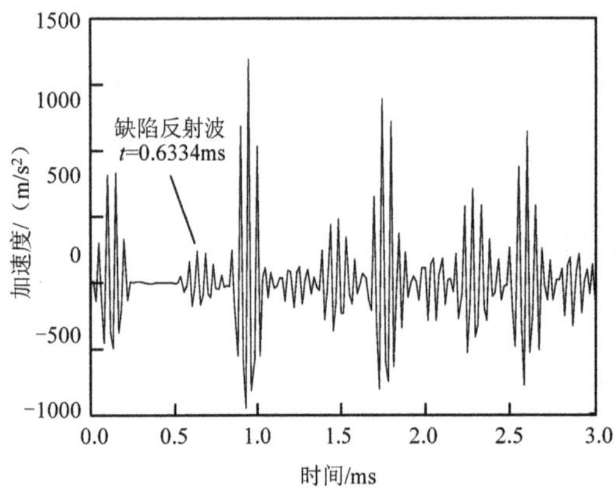

（f）模型 6

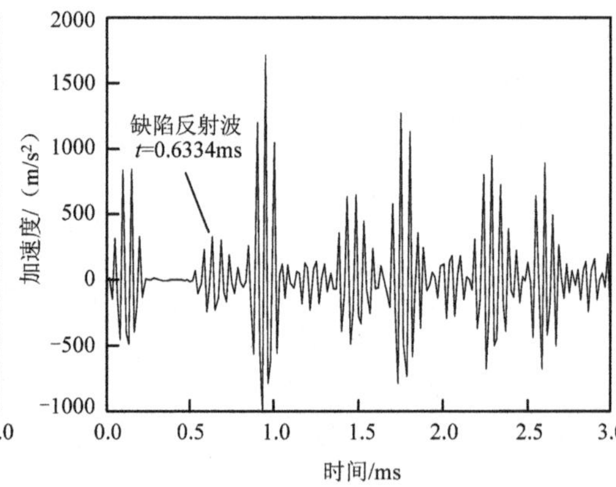

（g）模型 7

图 3-3（续）

各自由锚杆模型缺陷反射波和底端反射波与首波的时间差、缺陷位置及锚杆长度计算值如表 3-3 所示。根据频散曲线可知，当激励信号频率为 20kHz 时，锚杆中的波速为 5168m/s。利用公式 $L=vt/2$，可计算得到缺陷位置及锚杆长度。

表 3-3　各自由锚杆模型缺陷反射波和底端反射波与首波的时间差、缺陷位置及锚杆长度计算值

模型	缺陷反射波与首波Δt/ms	底端反射波与首波Δt/ms	缺陷位置		锚杆长度	
			计算值/mm	计算误差/%	计算值/mm	计算误差/%
模型 1		0.8001			2067.5	3.37
模型 2～7	0.4834	0.8001	1249.1	3.92	2067.5	3.37

缺陷长度为 200mm，其前后端面距离激励端分别为 1200mm 和 1400mm。缺陷计算位置非常靠近缺陷前端面，说明缺陷反射波包主要受到缺陷前端面反射波影响。由于缺陷较短，后端面与前端面反射波叠加，因此造成了缺陷反射波包峰值的滞后。表 3-3 中，缺陷计算位置误差是相对于缺陷正中间的计算结果。受到应力波频散和底端反射的影响，锚杆长度误差为 3.37%。计算结果表明，自由锚杆中的应力波波速与频散曲线中的保持一致（图 2-9）。

矩形缺陷深度为 4mm、长度不同的锚杆模型，其截面如图 3-4 所示。模型缺陷长度参数设置如表 3-4 所示，其中当缺陷长度 L_d 为 200mm 时，模型与前文的模型 5 完全一致，此处不再单独列出。

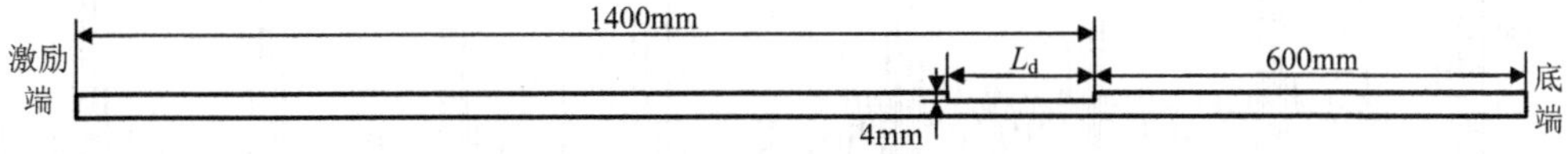

图 3-4 不同长度矩形缺陷的锚杆截面示意图

表 3-4 模型缺陷长度参数设置

长度	模型 8	模型 9	模型 10	模型 11	模型 12
L_d/mm	100	300	400	500	600

经 ANSYS/LS-DYNA 求解后，不同长度矩形缺陷的锚杆应力波响应曲线如图 3-5 所示。图 3-5（a）～（c）中，缺陷反射信号存在单个波包，但是波包的持续时间变长。图 3-5（c）中，缺陷反射波包出现多个近似强度的峰值，选取其中间峰值时刻作为波包峰值。当 L_d>300mm 时[图 3-5（d）～（f）]，缺陷前后端面的反射信号开始分离，应

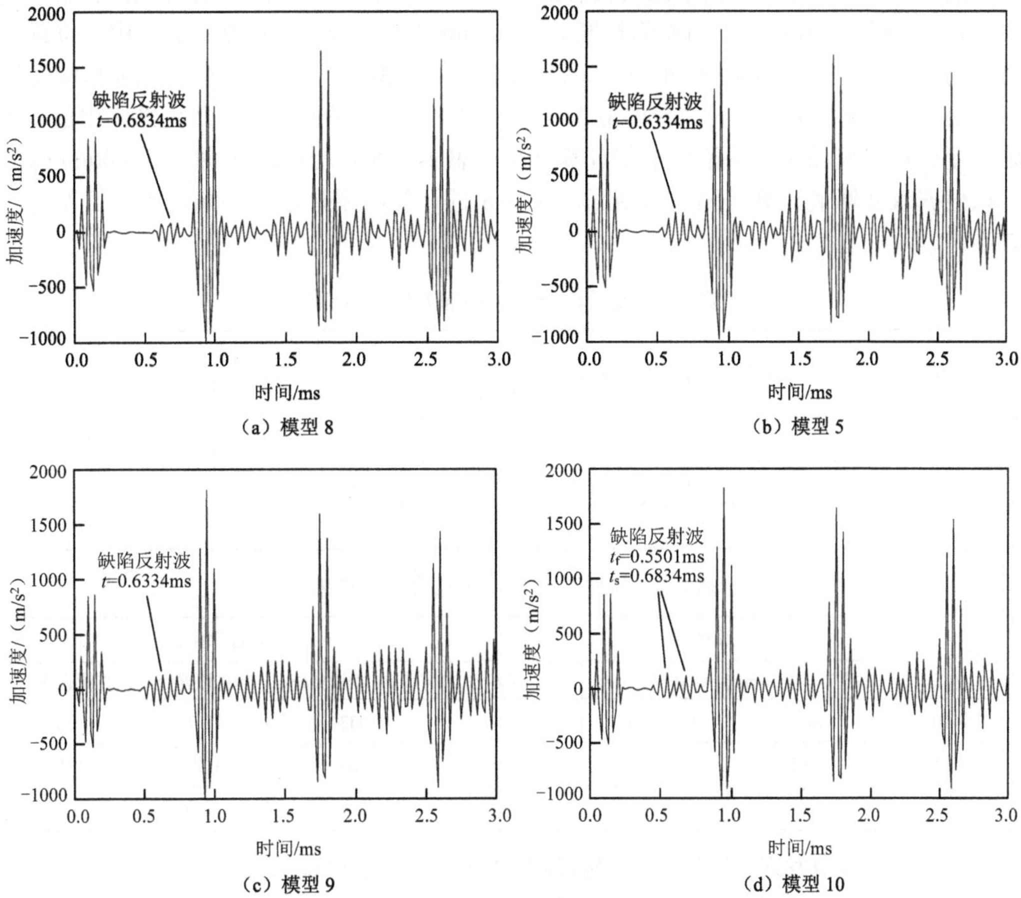

图 3-5 不同长度矩形缺陷的锚杆应力波响应曲线

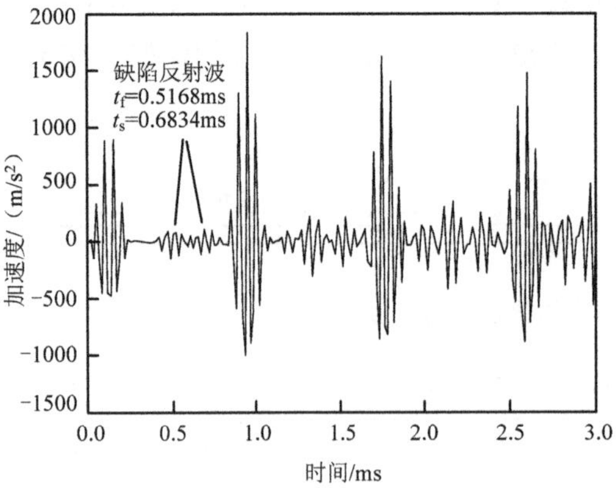

（e）模型 11

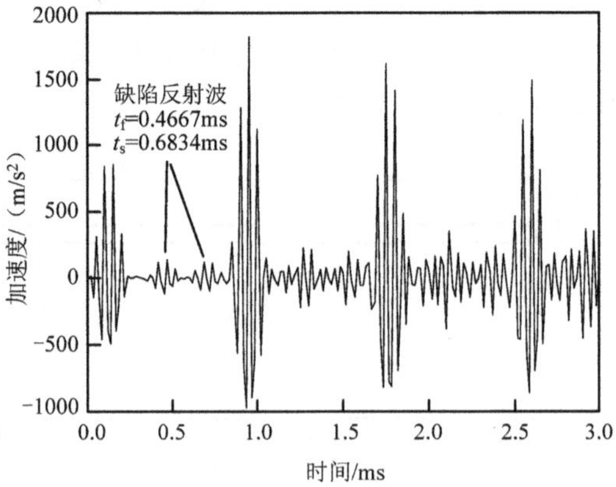

（f）模型 12

图 3-5（续）

力波曲线出现双峰值（在图中用 t_f 和 t_s 分别表示双峰值出现时间），直至 L_d=600mm 时，两者完全区分。

根据应力波信号读取缺陷处的反射波包信号与首波信号时间差，计算缺陷位置，结果如表 3-5 和表 3-6 所示。当缺陷长度 L_d≤300mm 时，模型 8、5、9 的缺陷中心位置距离激励端分别为 1350mm、1300mm 和 1250mm。从表 3-5 可以看到，受缺陷前后端面反射波叠加的影响，根据反射波包的最大峰值时刻计算得到的缺陷位置靠近缺陷中部。缺陷位置计算误差相对于缺陷中心的计算结果如表 3-5 所示。当缺陷长度 L_d≥400mm 时，可以根据双波峰值计算缺陷前后端面。表 3-6 的计算结果显示，各端面的计算误差均较小。

表 3-5　模型 8、5、9 缺陷位置计算结果

模型	缺陷反射波与首波Δt/ms	缺陷位置	
		计算值/mm	计算误差/%
模型 8	0.5334	1378.3	2.10
模型 5	0.4834	1249.1	3.92
模型 9	0.4834	1249.1	0.07

表 3-6　模型 10～12 缺陷位置计算结果

模型	缺陷前端面			缺陷后端面		
	与首波时间差Δt/ms	计算位置/mm	位置误差/%	与首波时间差Δt/ms	计算位置/mm	位置误差/%
模型 10	0.4001	1033.9	3.39	0.5334	1378.3	1.55
模型 11	0.3668	947.8	5.31	0.5334	1378.3	1.55
模型 12	0.3167	818.3	2.29	0.5334	1378.3	1.55

在仿真过程中发现，缺陷前后端面能否被区分，除了与缺陷长度有关外，还与激励信号频率有关。以模型 12 为例，当激励频率下降到 15kHz 后，首波信号与缺陷前后端

面处的回波信号叠加，形成了较复杂的波形结构，如图 3-6 所示。此时，仅能根据幅值确定底端面的反射波信号位置，但无法确定缺陷处的反射波位置。

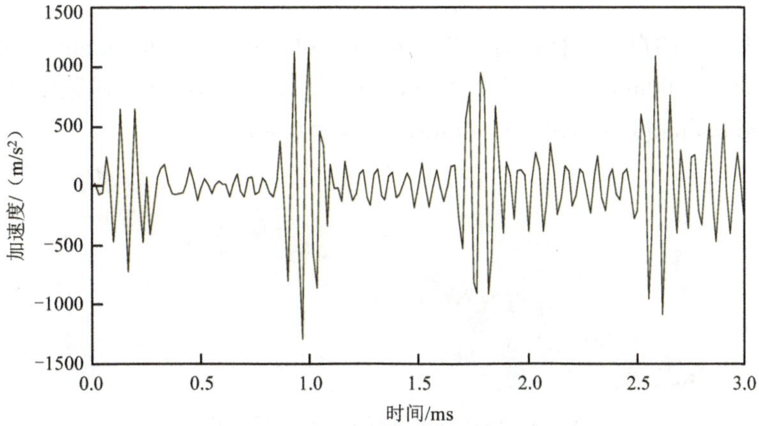

图 3-6　模型 12 在 15kHz 激励信号作用下的应力波响应曲线

矩形缺陷的存在会对导波在锚杆中的能量传递产生影响。以反射波包与首波波包为计算波包，导波衰减系数公式见式（2-11）。

图 3-7（a）显示了不同缺陷深度时，锚杆底端反射波包振幅、缺陷处反射波包振幅与首波振幅（图 3-3）之间衰减系数的变化情况。图 3-7（b）显示了不同缺陷长度时，锚杆底端的波包振幅与首波振幅（图 3-5 中第一个波包的幅值）的衰减系数变化情况。随着缺陷长度增加，缺陷处的反射波包从单个逐渐分裂为两个，故不对缺陷处波包衰减系数进行计算。

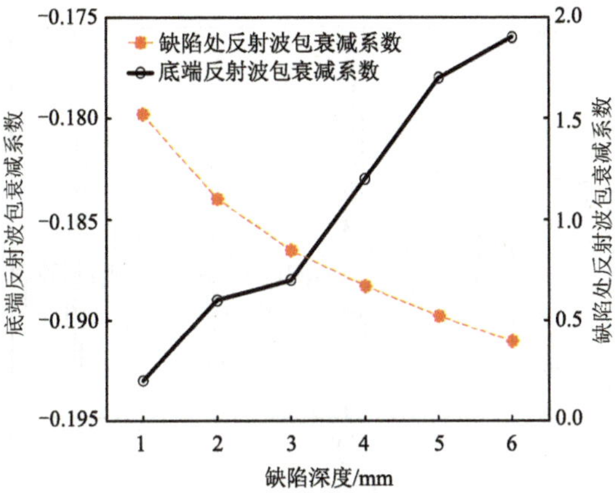

（a）缺陷深度不同

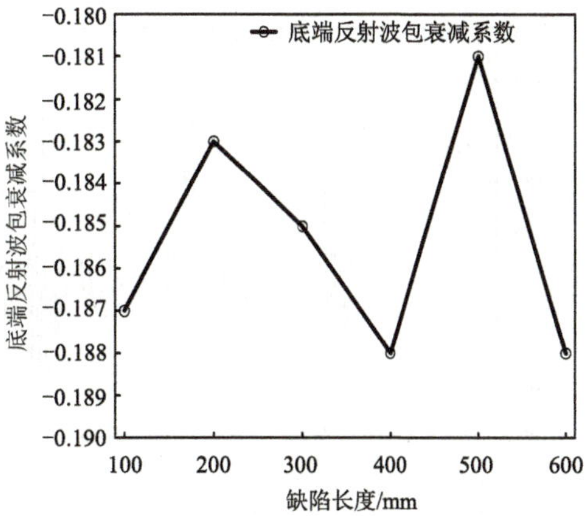

（b）缺陷长度不同

图 3-7　矩形缺陷锚杆的导波衰减情况

由图 3-7（a）可知，缺陷长度不变时，随着缺陷深度增加，缺陷处导波衰减值变小，表示缺陷处的反射能量增大，而底端导波衰减有轻微增大；由图 3-7（b）可知，缺陷深度不变时，随着缺陷长度的增加，底端反射波包衰减会有波动现象，但是没有明显的衰减趋势。

2. 环形缺陷锚杆的应力波响应

具有环形缺陷的自由锚杆设置长度同样为2000mm、直径为20mm。环形缺陷前端面距离激励端为1200mm，缺陷长度为200mm。图3-8所示为环形缺陷锚杆的三维有限元模型。环形缺陷深度范围为0.5～4mm，间隔为0.5mm。

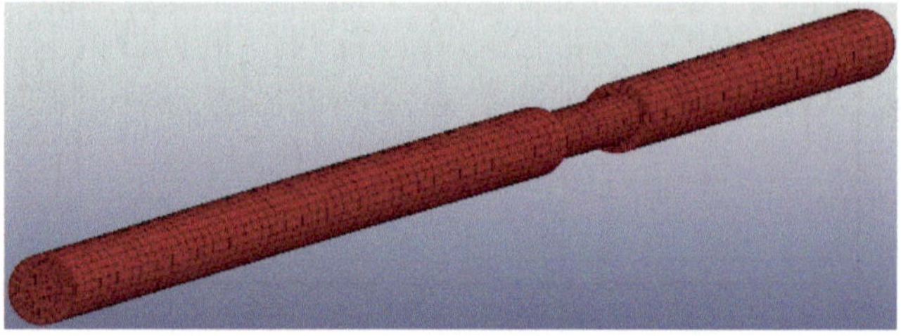

图3-8 环形缺陷锚杆的三维有限元模型

图3-9所示为缺陷深度为0.5～4mm的环形缺陷的应力波响应曲线。随着缺陷深度增大，缺陷处的反射波振幅增大。当环形缺陷深度为4mm时[图3-9（h）]，缺陷处的应力回波峰值逼近底端回波峰值。

与矩形缺陷类似，环形缺陷同样会在缺陷处形成回波，回波与首波信号的时间差为0.4834ms，与模型2～7一致，但是环形缺陷处的回波强度大于矩形缺陷。环形缺陷锚杆不同位置处响应幅值的导波衰减系数变化曲线如图3-10所示。随着缺陷深度增加，缺陷处回波能量变大，导波衰减系数变小。锚杆底端面反射波能量不断减小，导波衰减系数增大。环形缺陷导致的回波强度及其衰减变化率都高于矩形缺陷。

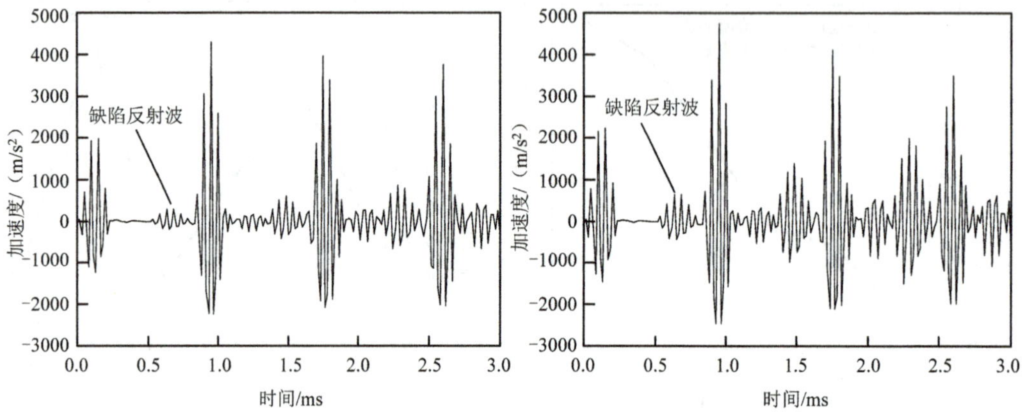

（a）0.5mm环形缺陷　　（b）1mm环形缺陷

图3-9 不同深度环形缺陷的应力波响应曲线

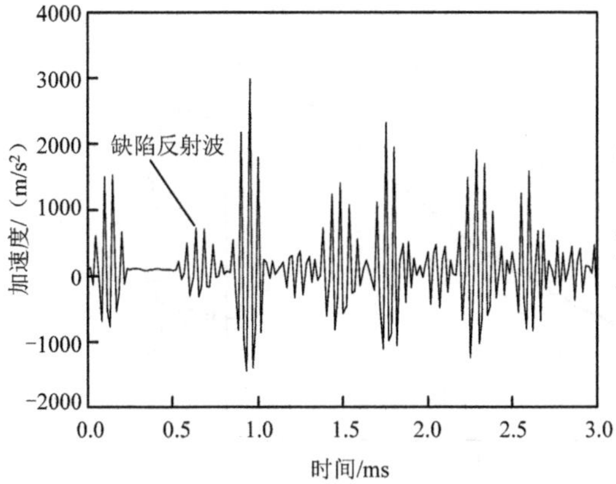

（c）1.5mm 环形缺陷

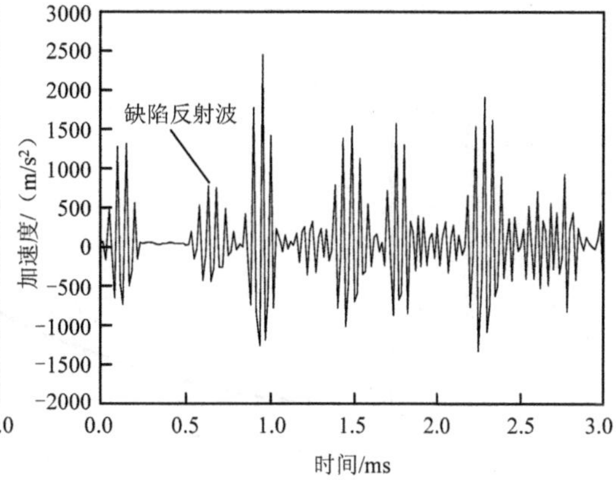

（d）2mm 环形缺陷

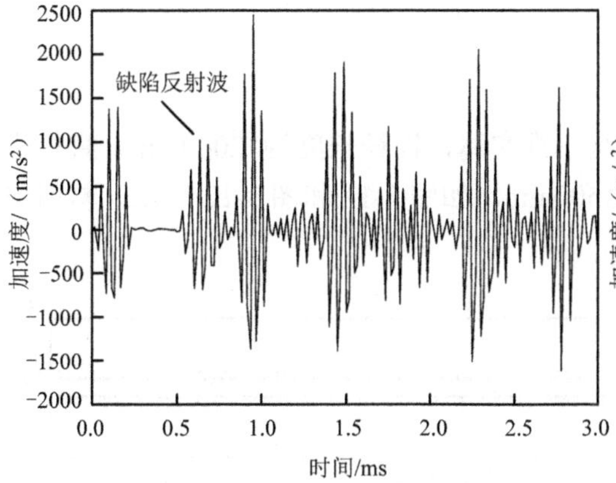

（e）2.5mm 环形缺陷

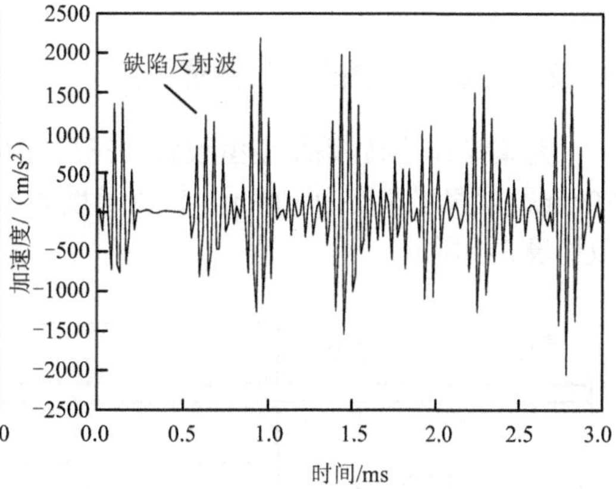

（f）3mm 环形缺陷

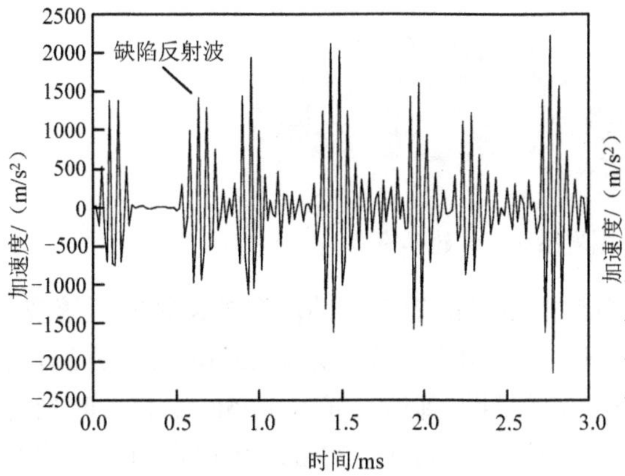

（g）3.5mm 环形缺陷

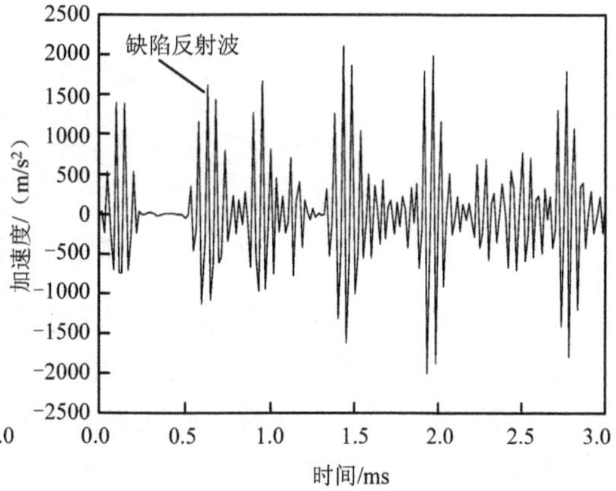

（h）4mm 环形缺陷

图 3-9　不同深度环形缺陷的应力波响应曲线

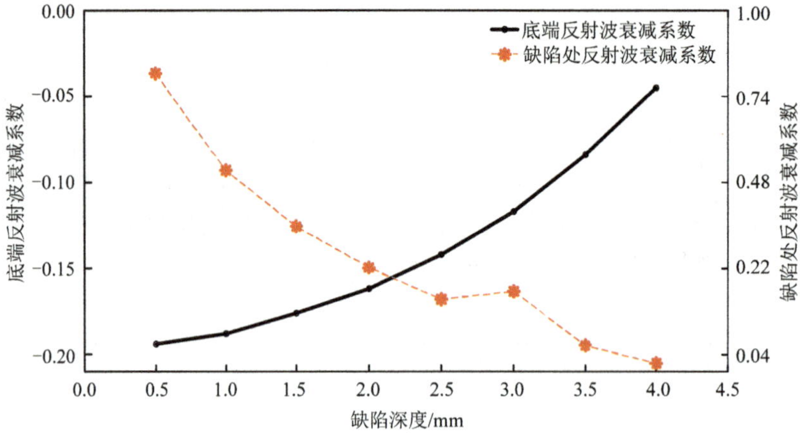

图 3-10 环形缺陷锚杆不同位置处响应幅值的导波衰减系数变化曲线

3.1.2 完整锚杆-围岩系统数值仿真

完整锚杆-围岩系统模型设置为三层柱状三维实体，锚杆长度为 2000mm，直径为 20mm，灌浆层厚度为 10mm，锚固长度为 1500mm，如图 3-11 和图 3-12 所示。材料参数如表 3-1 所示。

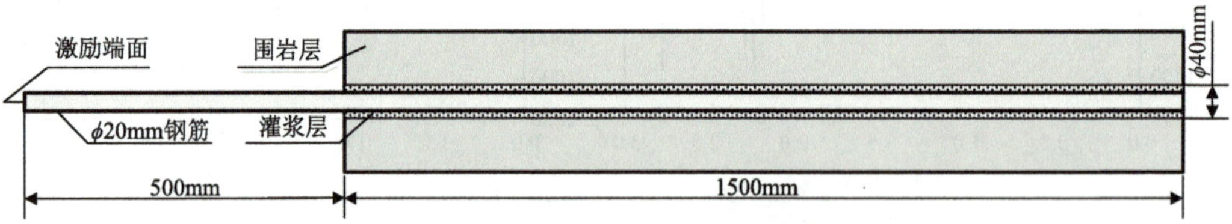

图 3-11 完整锚杆-围岩系统结构

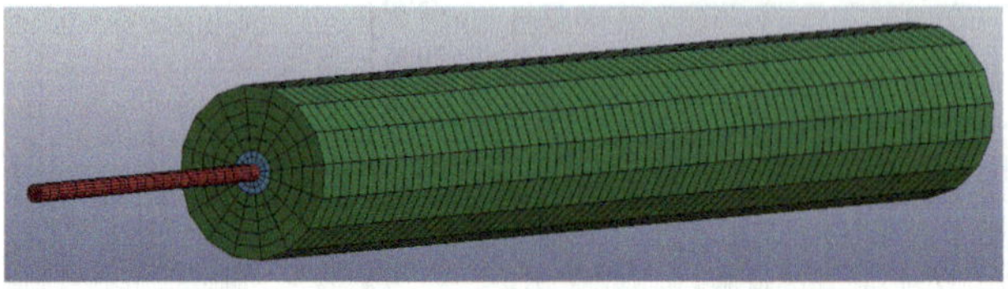

图 3-12 完整锚杆-围岩系统三维建模模型

对锚杆激励端面施加的激励信号为中心频率 20kHz 的 5 周期汉宁窗调制的正弦波。在激励端处得到完整锚固结构的应力波响应信号，如图 3-13 所示。在 3ms 的响应时间内，能清晰辨别第一次底端反射回来的信号，该信号的到达时间为 1.75ms。首波时刻为 0.1499ms，锚固前端面第一次反射回来的信号到达时间为 0.3333ms。根据自由锚杆波速为 5168m/s，计算得到自由段锚杆长度为 473.9mm，与实际长度误差为 5.2%。该误差是由于自由段长度较短，导致首波与锚固前端面反射波信号叠加而产生的。

根据锚固前端面和底端面反射时间，可以计算得到锚固段固结波速约为 2307m/s，远小于自由锚杆波速。由于激励应力波受到锚固前端面反射，因此进入锚固部分的应力波能量变小。在锚固部分传播时，应力波能量扩散到灌浆层和围岩层，导致应力波能量进一步衰减。最终，反射能量衰减到激励信号的 1/9，出现模态混叠现象。

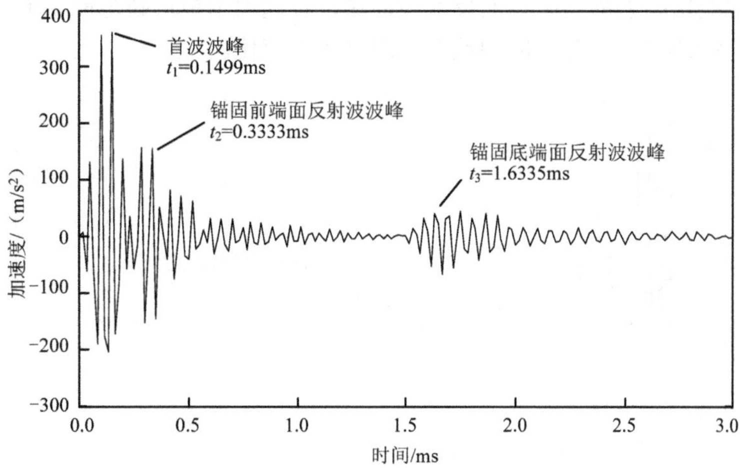

图 3-13　完整锚固结构的应力波响应信号

3.1.3　锚固系统锚杆缺陷数值仿真

为了模拟锚杆–围岩系统中锚杆的不同锈蚀情况，为模型中的锚杆添加矩形或环形缺陷，分析缺陷对应力波响应的影响。材料仿真参数如表 3-1 所示。

1. 矩形缺陷锚杆–围岩系统

矩形缺陷锚杆的几何参数与 3.1.1 节的模型 7 相同。该矩形缺陷锚杆与灌浆层和围岩层固结在一起，矩形缺陷锚杆锚固结构如图 3-14 所示。

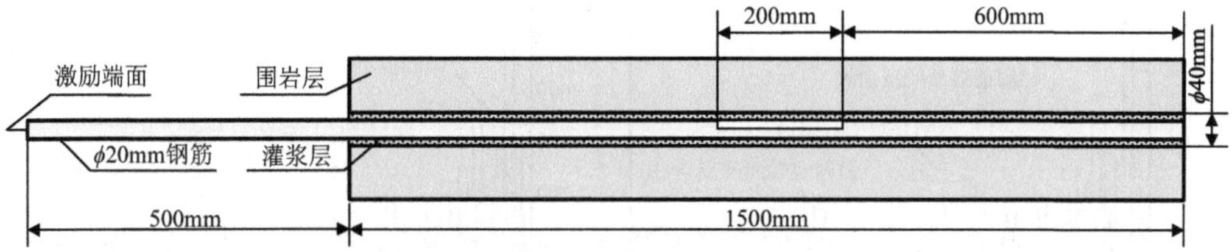

图 3-14　矩形缺陷锚杆锚固结构

在调制波激励作用下，矩形缺陷锚杆锚固结构的应力波响应信号如图 3-15 所示。在 3ms 的响应时间内，能够清晰分辨第一次锚固前端面和底端面的应力反射波。与完整锚杆–围岩系统的应力波响应信号（图 3-13）相比，在 1.3～1.5ms 的应力回波振幅略大。该变化是由锚杆体矩形缺陷导致的反射回波造成的，但应力波能量反射很小，没有明显的波包峰值，无法分辨锚杆缺陷导致的回波位置。

2. 环形缺陷锚杆–围岩系统

环形缺陷锚杆–围岩系统同样为三层锚固结构，环形缺陷锚杆锚固结构如图 3-16 所示。环形缺陷的深度 h 分别设置为 1mm 和 4mm。图 3-17 所示为调制波激励作用下

L_b=800mm 时环形缺陷锚杆锚固结构的应力波响应信号。当锚杆体存在环形缺陷时，缺陷处的反射波能量高于锚固底端面反射波能量，且远大于矩形缺陷产生的反射波能量。这说明锚杆腐蚀缺陷严重时，应力波会出现显著的变化。

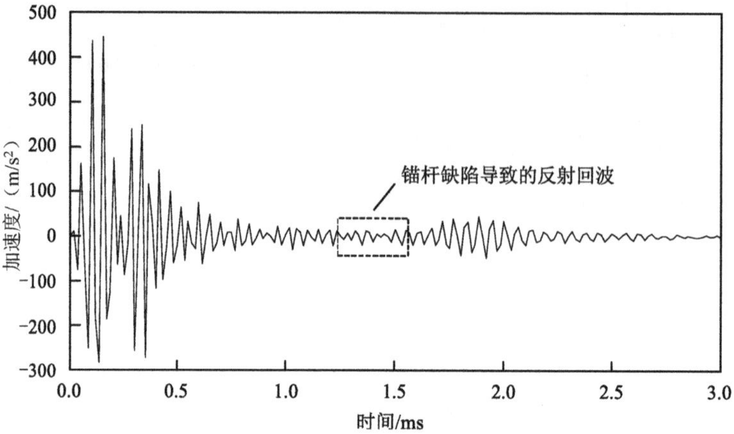

图 3-15 矩形缺陷锚杆锚固结构的应力波响应信号

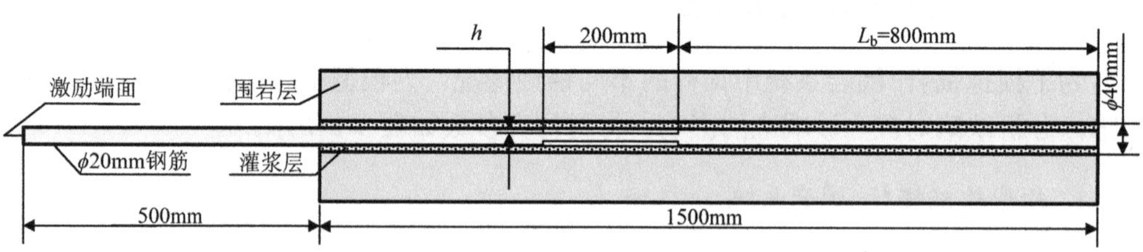

图 3-16 环形缺陷锚杆锚固结构

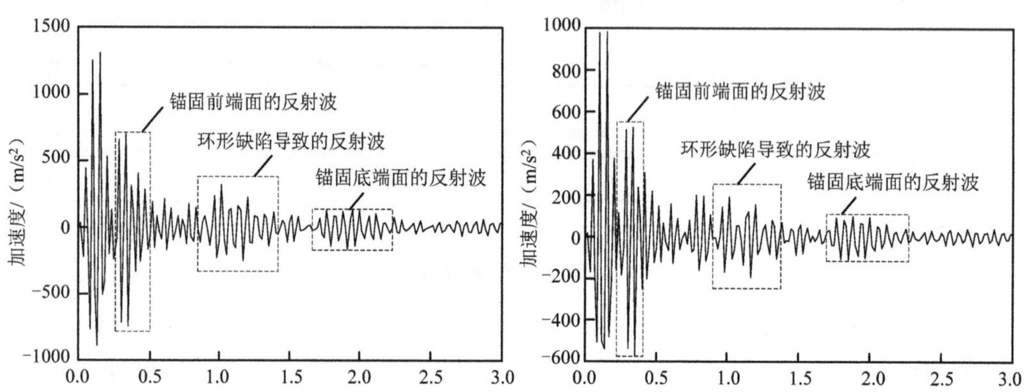

（a）1mm 深环形缺陷

（b）4mm 深环形缺陷

图 3-17 L_b = 800mm 时环形缺陷锚杆锚固结构的应力波响应信号

由图 3-17（a）和（b）对比可知，不同深度环形缺陷在锚固结构中导致的应力反射波能量差别不大，但是缺陷深度增大会导致波形更复杂。

改变环形缺陷的位置 L_b，使缺陷更靠近锚固底端，施加相同激励信号，得到的应力波响应信号如图 3-18 所示。当 L_b=700mm 时，环形缺陷处的反射波与锚固底端面反射波几乎连接在一起。当缺陷深度为 4mm 时，反射波包初始阶段的幅值较 1mm 深缺陷更高。当 L_b=600mm 时，环形缺陷处的反射波与底端面的反射波出现了叠加，导致应力波在 1.75ms 处没有明显的底端面反射波波包。

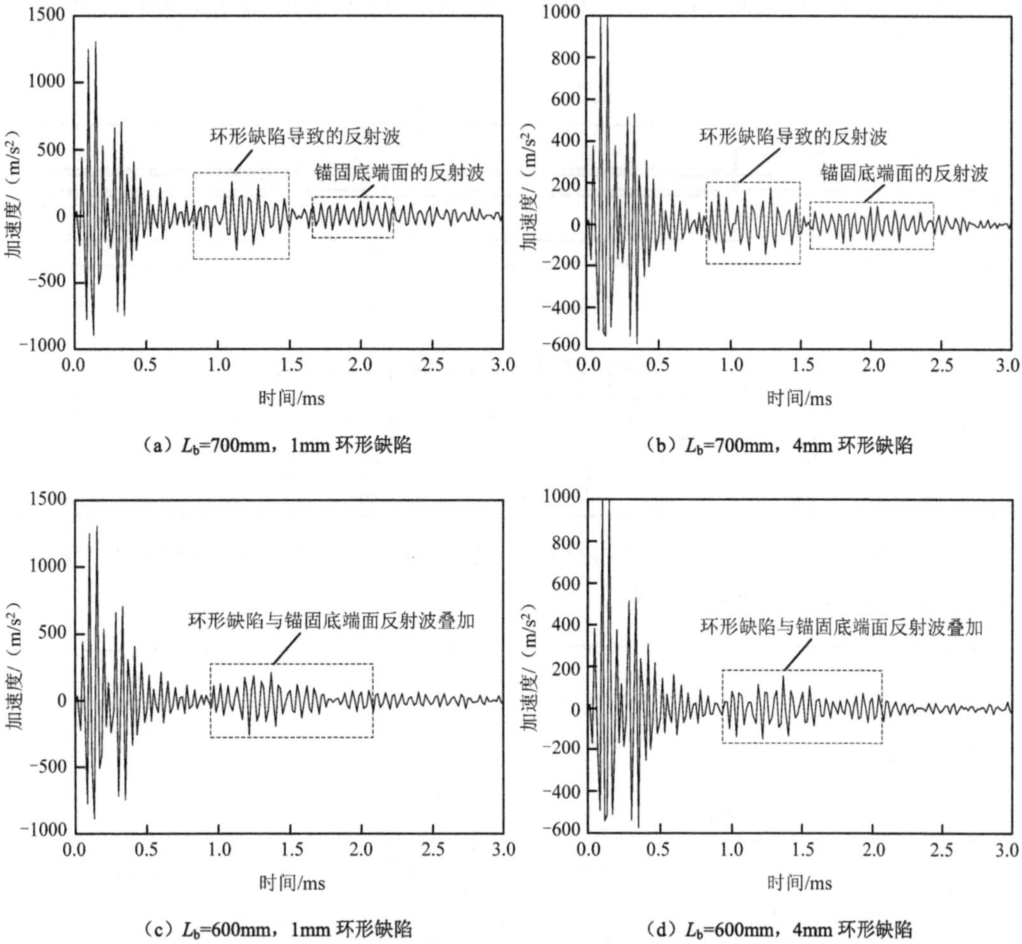

（a）L_b=700mm，1mm 环形缺陷　（b）L_b=700mm，4mm 环形缺陷

（c）L_b=600mm，1mm 环形缺陷　（d）L_b=600mm，4mm 环形缺陷

图 3-18　L_b=700mm 和 600mm 时环形缺陷锚杆锚固结构的应力波响应信号

综上所述，锚杆体的环形缺陷能够显著影响锚杆-围岩系统的应力波。在 20kHz 的激励信号作用下，当 200mm 缺陷的位置与锚固底端距离小于 600mm 时，无法从时域波形区分缺陷和锚固底端面；当距离为 700mm 以上时，能较清晰地区分缺陷与底端面。

3.1.4　锚固系统灌浆层缺陷数值仿真

灌浆层不饱满是锚杆锚固时容易出现的问题之一。因此，本节设计单气隙和双气隙缺陷类型对不饱满的灌浆层进行有限元仿真，研究应力波在其中的传播特性。材料仿真参数如表 3-1 所示。

1. 灌浆层单缺陷情况

单灌浆缺陷锚杆锚固结构如图 3-19 所示。设计缺陷为空心柱状气隙，距离锚固底端长度为 L_b，缺陷长度为 L_a，单位均为 mm。为便于区分缺陷处和锚固底端的应力回波，气隙缺陷设置在锚固中部位置。根据缺陷位置和长度不同，锚杆锚固模型共 6 个，如表 3-7 所示。

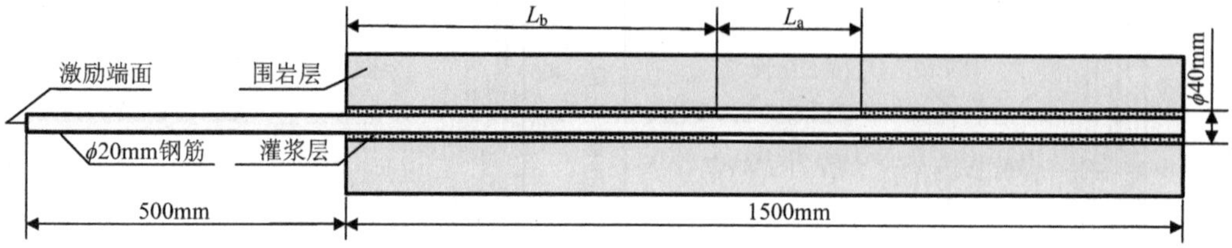

图 3-19 单灌浆缺陷锚杆锚固结构

表 3-7 锚固结构模型的单灌浆缺陷位置和长度

长度	模型 13	模型 14	模型 15	模型 16	模型 17	模型 18
L_a/mm	100	200	300	400	500	600
L_b/mm	700	700	600	600	500	500

在调制波激励作用下，各模型的应力波响应信号如图 3-20 所示，模型 13～18 固结波速和缺陷位置计算值如表 3-8 所示。

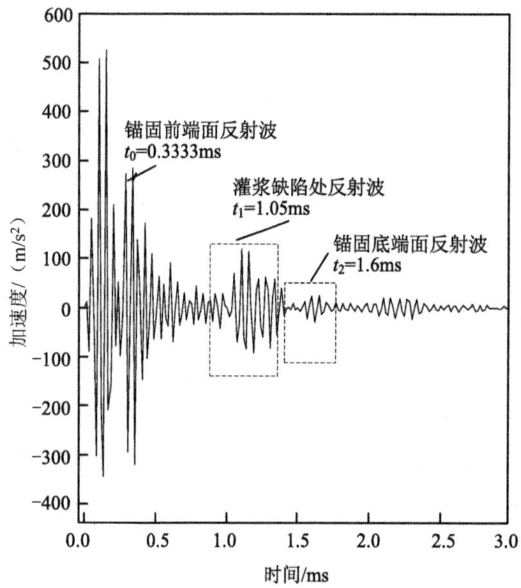

（a）模型 13

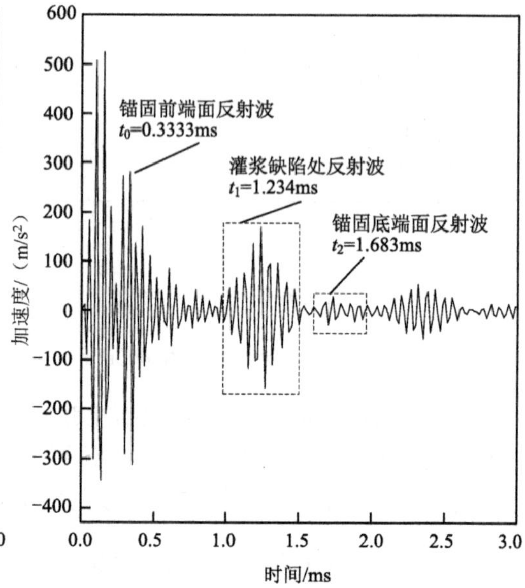

（b）模型 14

图 3-20 不同长度单灌浆缺陷锚杆锚固结构的应力波响应信号

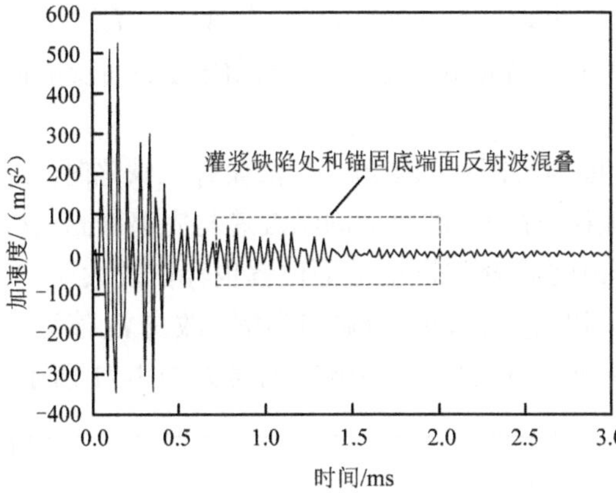

（c）模型 15

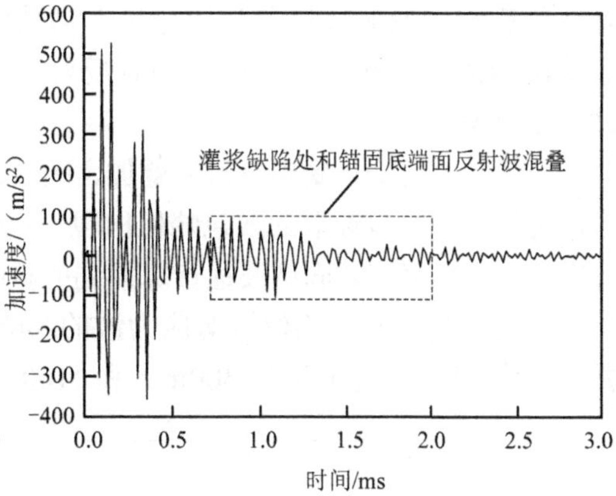

（d）模型 16

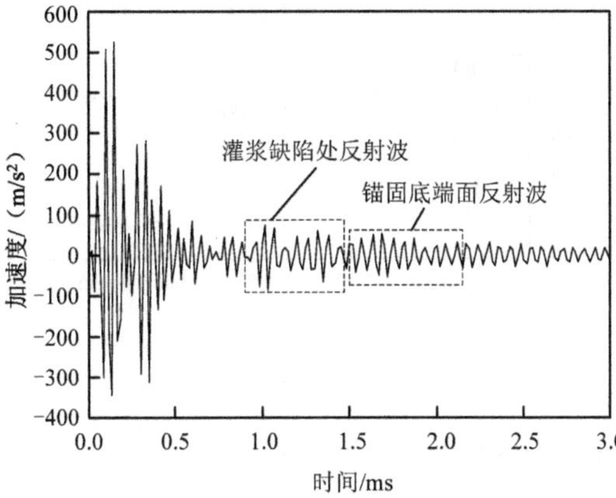

（e）模型 17

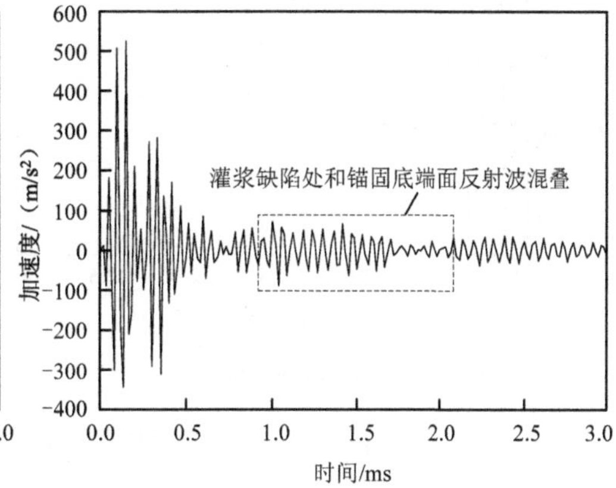

（f）模型 18

图 3-20（续）

表 3-8　模型 13～18 固结波速和缺陷位置计算值

模型	锚固前端面反射波包时间/ms	锚固底端面反射波包时间/ms	缺陷处反射波包时间/ms	等效固结波速/（m/s）	缺陷计算位置/mm	缺陷位置误差/%
模型 13	0.3333	1.600	1.050	2369	826	13.2
模型 14	0.3333	1.683	1.234	2223	1001	25.1
模型 15	0.3333	—	—	—	—	—
模型 16	0.3333	—	—	—	—	—
模型 17	0.3333	1.634	—	2306	—	—
模型 18	0.3333	—	—	—	—	—

当缺陷长度为 100mm 时[图 3-20（a）]，在 1.05ms 处可以看到缺陷处有明显应力反射波，在 1.6ms 处可以看到微弱的锚固底端回波；当缺陷长度增大为 200mm 时，锚杆-围岩系统缺陷与底端的反射波包峰值时间分别为 1.234ms 和 1.683ms；缺陷长度为 300～400mm 时[图 3-20（c）和（d）]，由于多种反射波反复叠加，缺陷处与锚固底端面的反射波难以分辨；当缺陷长度增加到 500mm 时[图 3-20（e）]，缺陷前后端面

及锚固底端面反射波信号开始分离；当缺陷长度增加到 600mm 时[图 3-20（f）]，由于缺陷距离锚固底端面过近，同时反射波叠加，因此缺陷后端面与锚固底端面反射回波无法区分。

由表 3-8 可知，受到反射波叠加、频散、噪声等因素的影响，当灌浆存在缺陷时，通过应力波响应直接读取的波包峰值出现一定偏移，锚固段的等效固结波速与完整锚固结构存在差别。采用等效固结波速计算得到的缺陷中心距离锚固前端面位置也存在较大误差。

为进一步分析缺陷位置对应力波的影响，以 L_a=100mm 的缺陷为例，改变 L_b 值进行数值仿真。其中，L_b 分别为 300mm 和 1100mm 时得到的应力波响应信号如图 3-21 所示。

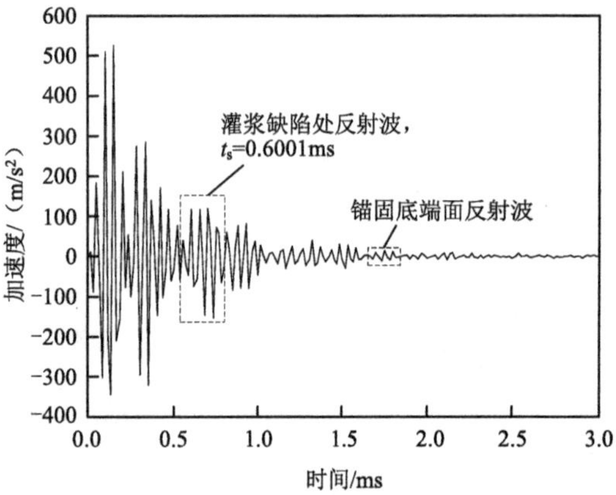

（a）L_b=300mm

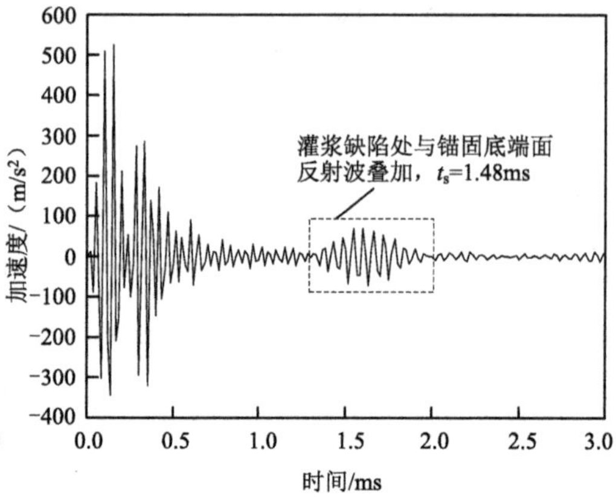

（b）L_b=1100mm

图 3-21 不同位置灌浆缺陷锚杆锚固结构的应力波响应信号

当缺陷向锚固前端面移动，与底端面距离 L_b=300mm 时，缺陷处反射信号峰值时刻约为 0.6001ms。由于缺陷与锚固前端面距离很近，应力波到达缺陷位置时还有较强的能量，因此在缺陷前后端面及锚固前端面处会发生多次反射，导致 1.5ms 之前的反射波能量较大且波形混叠严重，锚固底端面的反射波能量微弱，几乎难以辨别。

当缺陷距离锚固底端面 L_b=1100mm 时，缺陷处的反射波与锚固底端面反射信号发生叠加，无法辨别区分。下面以此混叠波作为缺陷处反射波进行分析。混叠波峰值时刻为 1.55ms，根据前面计算得到的固结波速值 2307m/s，可以计算得到缺陷距离前端面近似为 1323mm。实际上，模型设定的缺陷中心位置为 1150mm。该计算误差值近似 15%，说明此混叠反射波与实际缺陷处反射波相比，波峰存在较严重的滞后。

图 3-22 显示了 L_b 从 300mm 至 1100mm 变化时，L_a=100mm 缺陷处反射波峰值时间和固结波速计算得到的缺陷位置。受到缺陷位置、模型网格划分、激励信号频率、反射波混叠等多种因素的影响，缺陷处回波信号的峰值会产生微小偏移，为缺陷位置计算带来较大误差。缺陷位置计算值更接近缺陷后端面位置。当缺陷位于锚固中部位置时，误差最小；当缺陷距离锚固底端面较近时，受锚固底端面回波影响，计算缺陷位置比实际缺陷位置更靠近锚固底端面；随着缺陷位置向锚固前端面偏移，计算缺陷位置逐渐靠近缺陷前端面。

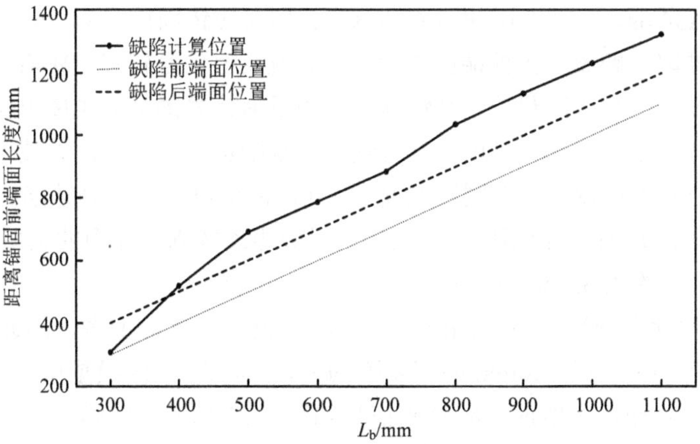

图 3-22　灌浆缺陷的计算位置与实际位置对比

2. 灌浆层双缺陷情况

灌浆层两个气隙缺陷设计在锚固段的约 1/3 处，缺陷长度均为 100mm，结构如图 3-23 所示。在调制波激励作用下，仿真模型的应力波响应信号如图 3-24 所示。

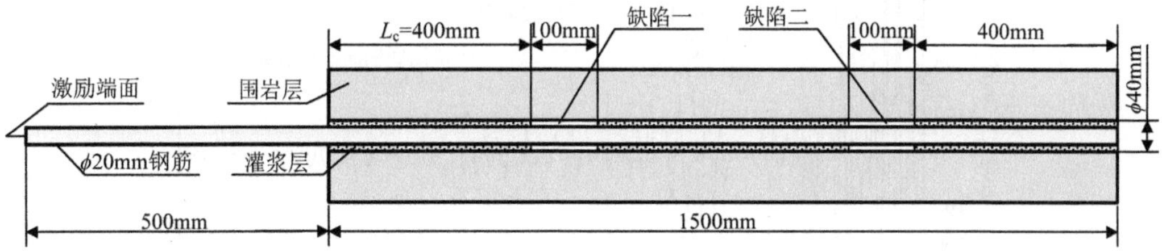

图 3-23　灌浆层双缺陷锚杆锚固结构

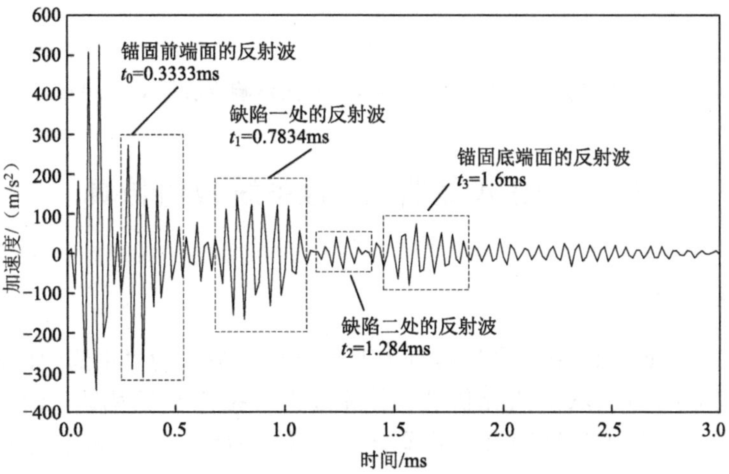

图 3-24　灌浆层双缺陷位于中部时锚杆锚固结构的应力波响应信号

根据应力反射波形，在激励信号之后可以辨别出四个波包，其峰值时刻分别为

0.3333ms、0.7834ms、1.2840ms 和 1.600ms，分别对应锚固前端面、缺陷一、缺陷二和锚固底端面。缺陷一距离锚固前端面更近，应力波反射信号较强；缺陷二更靠近锚固底端面，应力波反射信号强度最弱，与锚固底端面反射信号的区分难度也比较大。根据锚固前端面和底端面反射时间，可以计算得到该双缺陷锚固结构的固结波速为 2368.4m/s。根据式（2-6）～式（2-8）以及固结波速 2037m/s，可以计算得到缺陷一和二的位置分别为 519mm 和 1096mm，模型中两个缺陷后界面距离锚固前端面的距离分别为 500mm 和 1100mm，误差约为 3.8%和 0.4%。

当锚固结构存在灌浆层双缺陷时，由于应力波反射界面增多，因此波形混叠现象会比单缺陷更严重。仍以 100mm 的双缺陷为例，当将图 3-23 模型中的 L_c 变为 500mm 时，相同激励信号作用下的应力波响应信号如图 3-25 所示。缺陷一与缺陷二的反射波出现混叠，锚固底端面的反射波也近乎难以分辨。根据固结波速和混叠波峰时刻，近似计算得到的位置为 692mm，而缺陷一后界面与锚固前端面距离为 600mm，误差超过 15%。

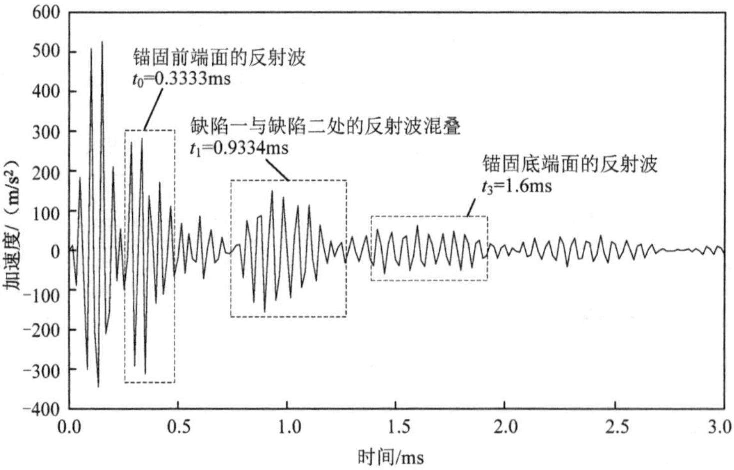

图 3-25 灌浆层双缺陷锚杆锚固结构的应力波响应信号（L_c=500mm）

3.2 CREA 锚杆-围岩系统数值仿真

3.2.1 CREA 模型建立

与砂浆锚杆相比，CREA 锚杆具有大变形特征，被誉为“钢筋中的橡皮筋”。本节使用 ANSYS/LS-DYNA 有限元仿真软件完成不同拉伸形变程度下 CREA 锚杆的模型仿真。在激励端面施加激励信号并采集应力波响应信号，分析不同形变状态下的应力波变化。

1. 有限元模型前处理

1）锚杆几何参数设定

CREA 锚杆是无磁、高恒阻、高均匀延伸、张力无明显颈缩的塑钢，几何参数依据锚杆静力拉伸试验数据进行设定。建立长度为 1200mm、1300mm、1400mm、1500mm 的四种锚杆-围岩系统仿真模型，模拟 CREA 锚杆长度由 1200mm 拉伸到 1500mm 的变化情况，不同形变状态的 CREA 锚杆-围岩系统示意图如图 3-26 所示。

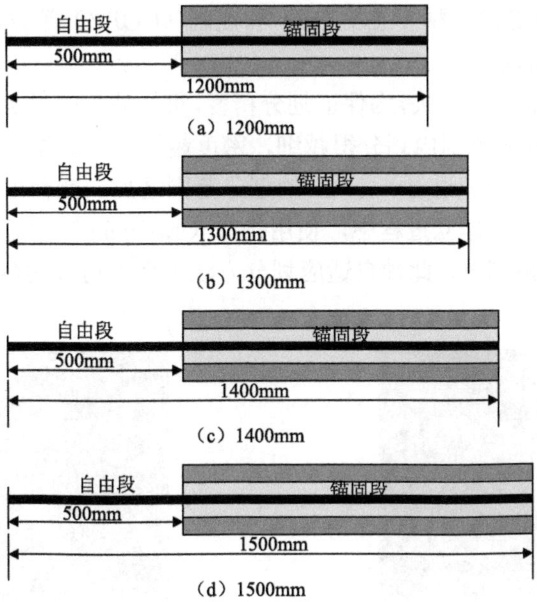

图 3-26　四种不同形变状态的 CREA 锚杆-围岩系统示意图

仿真模型包括 CREA 锚杆、锚固剂和围岩三个部分。四种锚杆锚固模型的具体参数如表 3-9 所示。

表 3-9　四种锚杆锚固模型参数

锚杆长度/mm	自由段/mm	锚固段/mm	CREA 锚杆直径/mm	锚固剂直径/mm	围岩段直径/mm
1200	500	700	18	30	200
1300	500	800	18	30	200
1400	500	900	18	30	200
1500	500	1000	18	30	200

2）单元类型选择

单元类型的选择是为了满足对大变形的仿真要求，选择 8 节点实体单元 SOLID164 建模，采用拉格朗日法对 SOLID164 单元进行计算。

按照 CREA 锚杆生产标准手册和相关工程经验设定 CREA 锚杆、锚固剂和围岩的力学参数，如表 3-10 所示。

表 3-10 三种材料的力学参数

材料	密度/（kg/m^3）	弹性模量/GPa	泊松比
CREA 锚杆	7930	200	0.01
锚固剂	7800	210	0.3
围岩	2000	33	0.2

CREA 锚杆-围岩系统模型可在圆柱坐标系和工作平面分步建立。在笛卡儿坐标系中采用自下而上的方法，结合布尔运算实现 CREA 锚杆建模。布尔操作主要采用了加（AD）、交（INTERSECT）、黏接（GLUE）和复制（COPY）等方法。图 3-27 是 CREA 锚杆-围岩系统的几何模型。

网格划分主要与波长λ有关，为保证划分精度，每个波长中最少要划分 20 个单元[88]。网格划分在$\varDelta \leqslant \lambda/20$的范围内划分得越细，密度越大，计算结果的收敛性越好，计算结果的精度就会越高；但超过$\varDelta \leqslant \lambda/20$的划分范围之后，就会出现计算时间长、结果不收敛等问题。在该模型建立过程中，使用扫掠（sweeping）的方法对螺纹、锚杆、锚固等组成部分进行网格划分，此种自适应划分方法平衡了仿真的精度和运行时间，划分后的模型如图 3-28 所示。

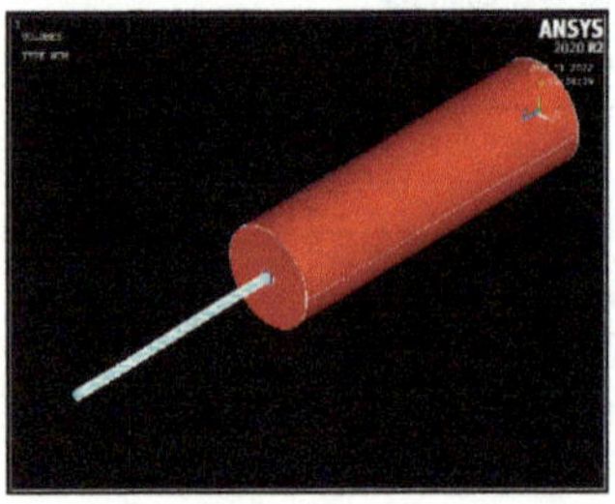

图 3-27 CREA 锚杆-围岩系统的几何模型

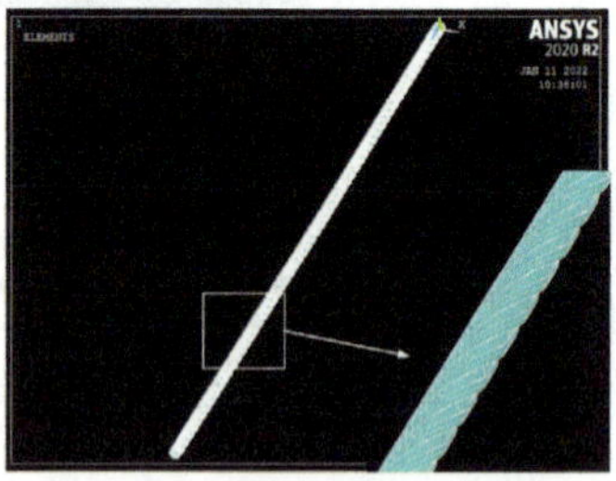

图 3-28 CREA 锚杆网格划分模型

2. 有限元模型求解

1）边界条件设置

设置边界条件可以提供更多约束，使计算结果更加准确，收敛更快。为了避免边界处超声导波的反射干扰原始数据波形，需要先在锚杆锚固周围和底面施加人工无反射边界[89]，再对底端 X、Y、Z 三个自由度进行约束固定。设置无反射边界条件需要将质量阻尼和刚度阻尼设置在（1～3）$\times10^{-5}$，以保证高精度的求解结果。

2）载荷施加

采用 20kHz 的汉宁窗调制的 5 周期正弦波作为施加的载荷，并使用 LS-PREPOST 软件对采集的波形进行分析。导波在锚杆-围岩系统中多次反射，导致波形叠加。接收位置接近激励端，通过反射时间可以计算锚杆的左右端面位置。

3. 有限元模型后处理

打开后处理器 LS-PREPOST，读取 d3plot 文件，选择锚杆端面的中心点作为激励端，

绘制出 Z 方向加速度曲线。将该曲线导出成数据表格形式并进行收集和整理，以便对锚杆长度进行计算对比。

3.2.2　CREA 锚杆受荷响应数值仿真

建立 CREA 锚杆的不同形变程度（1200mm、1300mm、1400mm、1500mm）的仿真模型，对不同拉伸长度的 CREA 锚杆的数据进行采集与处理。设置自由锚杆长度为 1200mm，直径为 18mm，有限元网格模型如图 3-29 所示。

图 3-29　1200mm CREA 自由锚杆有限元网格模型

当信号在锚杆左端激励时，导波在自由锚杆中的传播如图 3-30 所示。

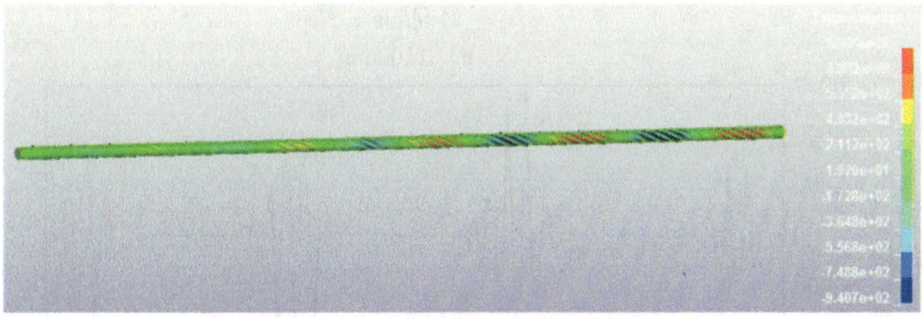

图 3-30　导波在自由锚杆中的传播

在 1200mm 自由锚杆前端提取到的加速度信号波形曲线如图 3-31 所示。

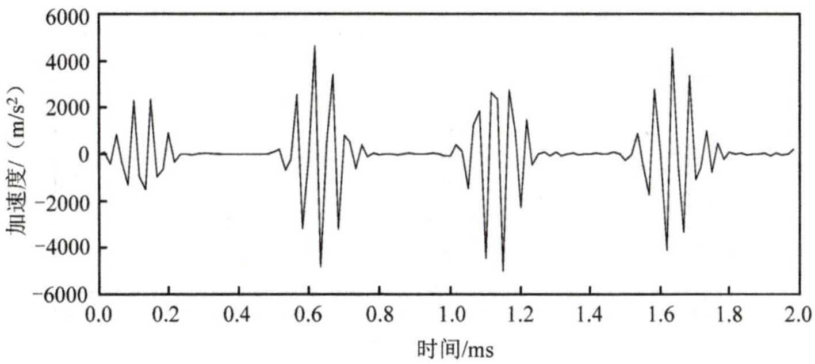

图 3-31　1200mm 自由锚杆加速度信号波形曲线

由图 3-31 可知，第一个波包为首波，第二个波包为导波传播到锚杆底端反射回波，第三个波包是第二次回波的接收波形。从首波峰值到第二个波包峰值的时间为 0.4679ms，首波到第二个波包的距离是锚杆全长的 2 倍。计算锚杆长度为 1168mm，与设定值 1200mm 相比，误差为 2.70%。不同拉伸形变程度 CREA 锚杆仿真模型的接收波形如图 3-32 所示。

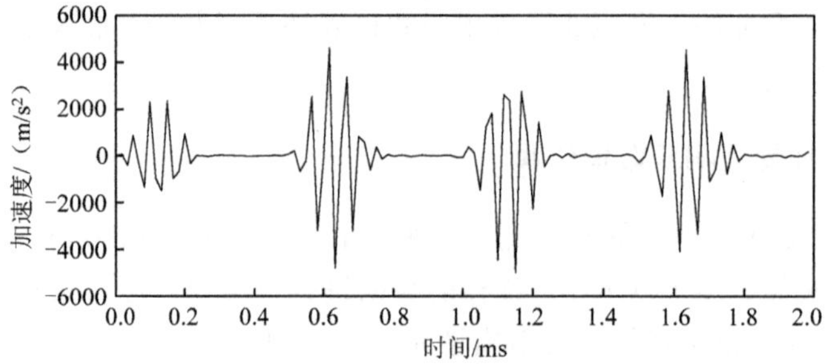

（a） 1200mm

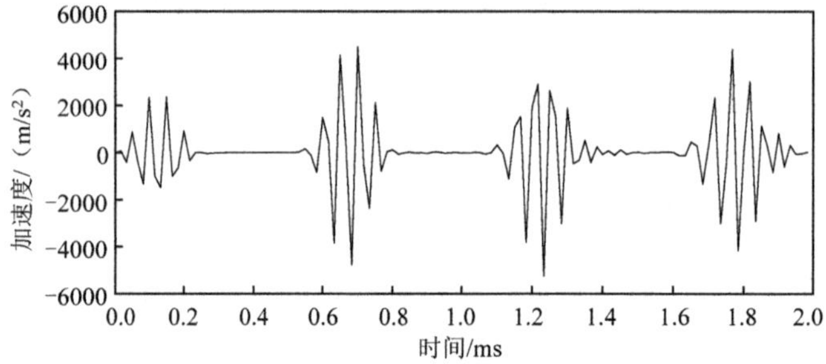

（b） 1300mm

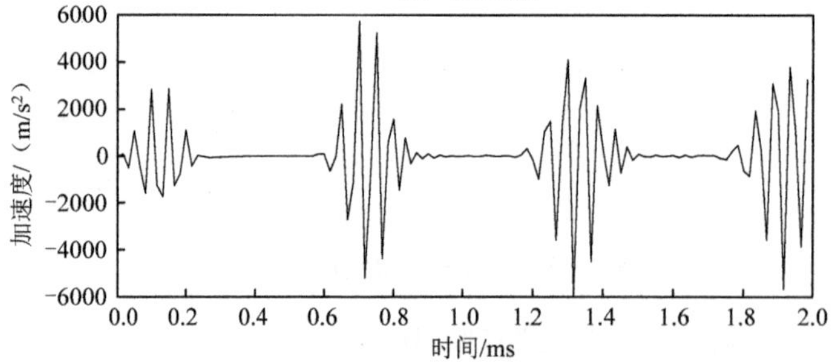

（c）1400mm

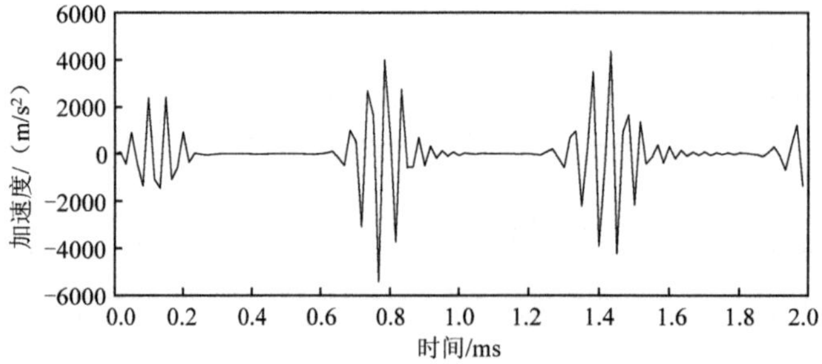

（d）1500mm

图 3-32　不同拉伸形变程度 CREA 锚杆仿真模型的接收波形

对比不同形变程度锚杆的加速度波形可知，锚杆的长度越长，接收信号中各个波包的时间间隔越长。根据导波的传播时间和速度，分别对图 3-32（a）～（d）中的锚杆长度及相对误差进行计算，结果如表 3-11 所示。

表 3-11　CREA 锚杆计算长度和相对误差

锚杆长度/mm	首波时间/ms	第二个波包时间/ms	锚杆设计长度/mm	锚杆计算长度/mm	相对误差/%
1200	0.15	0.616	1200	1168	2.70
1300	0.15	0.683	1300	1338	2.92
1400	0.15	0.730	1400	1456	4.00
1500	0.15	0.756	1500	1521	1.40

根据超声导波波形计算得到的锚杆长度与设定锚杆长度基本一致。不同形变的自由锚杆接收的所有波形特征都比较明显，易于分析，这证明了超声导波在 CREA 锚杆形变计算中的有效性。

3.2.3　CREA 锚固系统受荷响应数值仿真

在 ANSYS/LS-DYNA 仿真软件中建立不同拉伸形变程度的 CREA 锚杆锚固模型，利用超声导波对其进行激励，分析接收波形信号，计算不同形变锚杆的长度。根据表 3-8 对不同拉伸形变程度的锚杆锚固模型进行参数设定。图 3-33 所示为 1200mm CREA 锚杆-围岩系统有限元模型。

图 3-33　1200mm CREA 锚杆-围岩系统有限元模型

在后处理软件 LS-PREPOST 中读取 d3plot 文件，激励锚杆自由段端面中心位置，接收 Z 方向上的加速度波形信号，得到 1200mm 锚杆锚固超声导波传播波形，如图 3-34 所示。

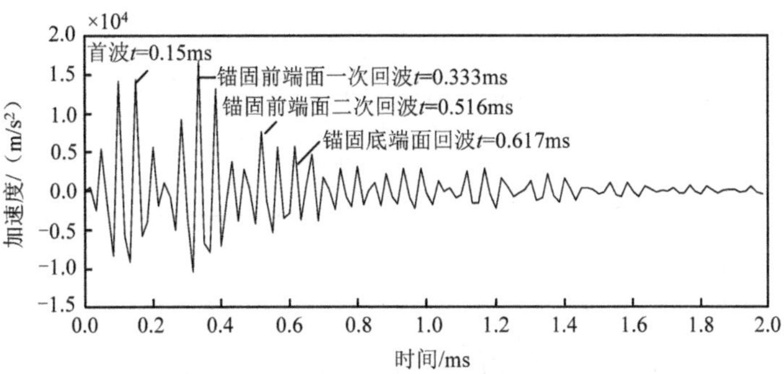

图 3-34　1200mm 锚杆锚固超声导波传播波形

在锚杆-围岩系统的自由段端面进行信号激励，接收端设置在距离自由段端面 100mm 的位置。因为 CREA 锚杆杆体材料泊松比为 0.01，数值很小，导波的传播速度在锚固段和自由段数值相差不大，因此第三个波包从锚固前端面经过自由段端面并再次反射，与第二次回波和锚固底端面的回波重叠在一起。

由图 3-34 可知，首波与锚固的前端面第一次回波的时间间隔表示导波在自由段中的传播时间，其值为 0.333−0.15=0.183（ms）。锚固前端面第一次回波与锚固底端面回波的时间间隔为导波在锚固段中的传播时间，其值为 0.617−0.333=0.284（ms）。计算出自由段长度为 460mm，锚固段长度为 708mm，锚杆全长为 460+708=1168（mm）。锚杆计算长度与锚杆实际长度相对误差为 2.75%。

不同形变状态锚杆锚固受荷响应数值仿真分析如图 3-35 所示。对比不同形变状态下锚杆-围岩系统的波形可知，锚杆-围岩系统的长度越长，接收信号中各个波包时间间隔也越长。根据导波在锚杆自由段和锚固段的传播时间和速度，分别对图 3-35 中的锚杆自由段、锚固段长度和锚杆全长及相对误差进行计算，结果如表 3-12 所示。

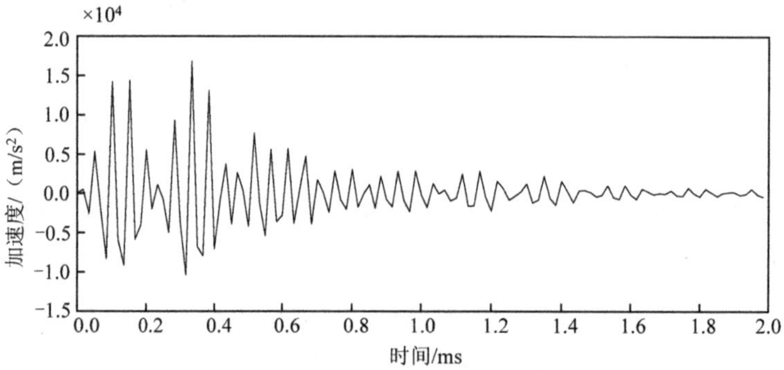

（a）1200mm

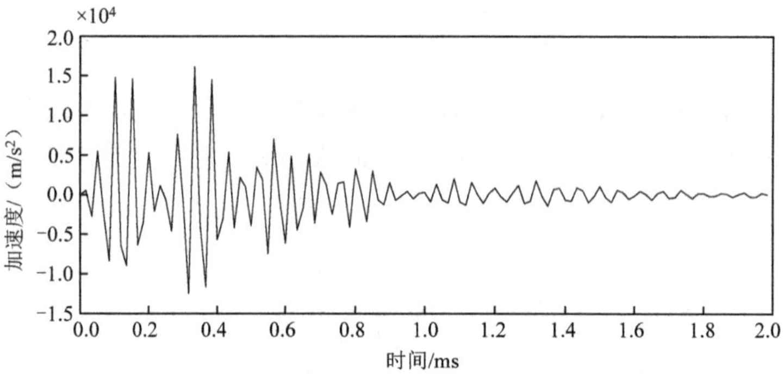

（b）1300mm

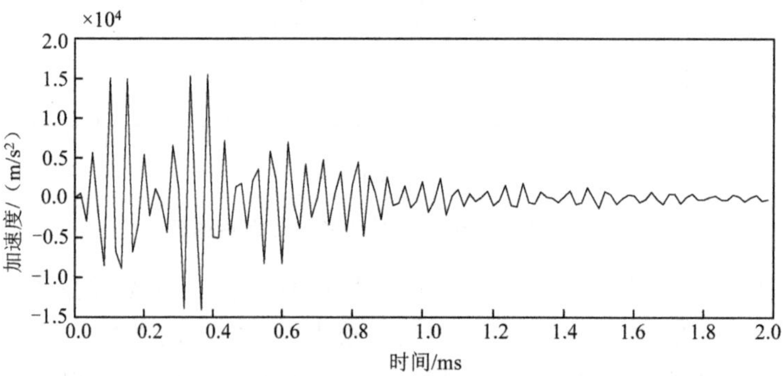

（c）1400mm

图 3-35　不同形变状态下的 CREA 锚杆锚固受荷响应数值仿真分析

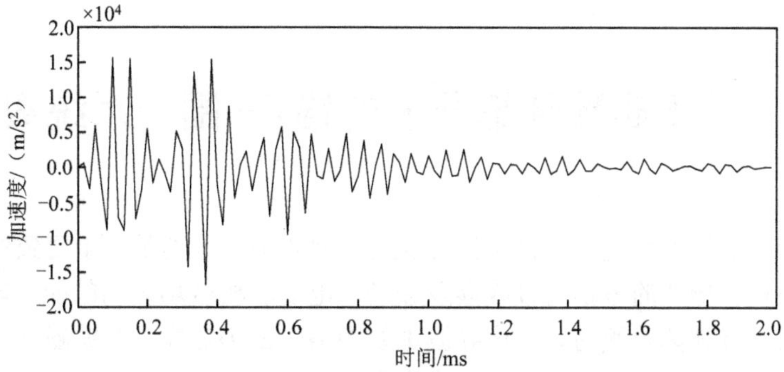

（d）1500mm

图 3-35（续）

表 3-12 锚杆锚固计算长度和相对误差

锚杆长度/mm	首波时间/ms	锚固前端面波包时间/ms	锚固底端面波包时间/ms	锚固设定长度/mm	锚杆计算长度/mm	锚固计算长度/mm	相对误差/%
1200	0.15	0.333	0.167	700	460	708	2.75
1300	0.15	0.333	0.666	800	460	830	0.77
1400	0.15	0.366	0.716	900	540	875	1.07
1500	0.15	0.366	0.766	1000	540	990	2.00

由表 3-12 可知，不同长度下锚杆自由段设定长度、锚固设定长度误差均在 3%以下，均与计算长度基本一致。这证明了超声导波在 CREA 锚杆形变计算中的有效性。从锚杆计算长度与实际设定长度的对比可以看出，超声导波法可以较准确地计算锚杆长度、自由段长度和锚固长度。

第 4 章　基于磁致伸缩导波的锚杆-围岩系统数值仿真

电磁超声换能器产生超声导波的工作机理包括两种，分别是基于磁致伸缩机理和基于洛伦兹力机理。导波的激励与接收涉及磁场、电场和机械场之间的能量转换。对非铁磁性金属材料进行缺陷检测时，超声导波主要由洛伦兹力激发。对铁磁性金属材料进行缺陷检测时，超声导波主要由磁致伸缩力激发。砂浆锚杆为铁磁性金属材料，本章采用COMSOL有限元软件对基于磁致伸缩导波的自由锚杆和锚杆-围岩系统无损检测进行数值仿真和分析。

4.1　磁致伸缩导波无损检测原理

磁致伸缩导波检测技术以磁致伸缩效应为基础来发射和接收导波。磁致伸缩效应是指铁磁性材料在外加磁场的作用下，其自身大小和形状发生改变的现象。磁致伸缩是铁磁性物质的固有特性。铁磁性材料按照磁致伸缩形变的不同可以分为线磁致伸缩、体磁致伸缩和扭转磁致伸缩。通常将仅仅发生在沿磁力线方向的伸缩相对形变称为线磁致伸缩效应。对于已经磁化的铁磁体，当其沿长度方向产生形变时，其磁场也会发生变化的现象称为磁致伸缩逆效应。当外加磁场强度增大时，铁磁性物质的体积会产生微小的变化，该现象称为体磁致伸缩效应，该效应只有在强磁场作用下才能显示出来。因此，通常所说的磁致伸缩效应指的是线磁致伸缩效应及其逆效应。扭转磁致伸缩效应是指对圆管状试件添加轴向磁场，并在其轴向通入电流后，在试件周边发生扭曲的现象。其逆效应是当材料轴向发生周向扭转，同时加载轴向交变磁场时，其圆周方向发生的交变磁化的现象。

铁磁性材料内部存在许多自发磁化的小单元，在每个单元区域中，所有的原子磁矩整齐排列，但其方向是不同的，称为磁畴。磁畴的形状、大小及相互之间的搭配统称磁畴结构。磁畴结构的变化可以影响铁磁材料的磁性能，铁磁材料内部磁畴结构的改变是引起磁致伸缩效应的主要原因。如图 4-1 所示，对铁磁材料施加恒定磁场后，其内部磁畴在磁场的作用下产生改变，同时晶格被带动产生变形。铁磁体内的微观形变累加，在宏观上的效果就是磁致伸缩形变。相反地，已经被磁化的铁磁性材料，当其产生形变时，内部晶格会发生改变，随着晶格的变形，铁磁性材料的磁畴会发生变化，其磁性也随之改变。磁致伸缩导波本质上是铁磁材料在交变磁环境作用下伸长或缩短形成的应力导波[90]。

铁磁性试件在交变磁场的作用下，其外形尺寸会产生 Δl 的长度变化，即产生磁致伸缩应变，从而在铁磁性试件内激发出弹性波。这些波经过复杂的反射、透射、折射等现象，形成在有限体积试件中传播的导波，如图 4-2 所示。

作用在铁磁性试件上的磁致伸缩导波引起试件内部磁畴伸缩变化，从而导致其内部磁场发生改变。根据电磁感应，试件上的线圈获得感应电动势，完成信号接收。

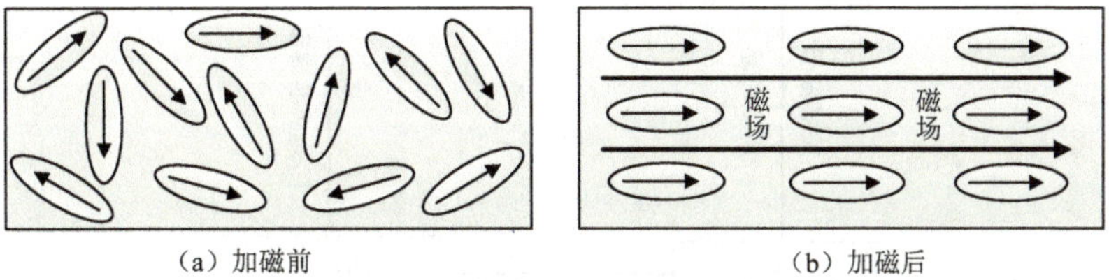

图 4-1　加磁前后的磁畴状态

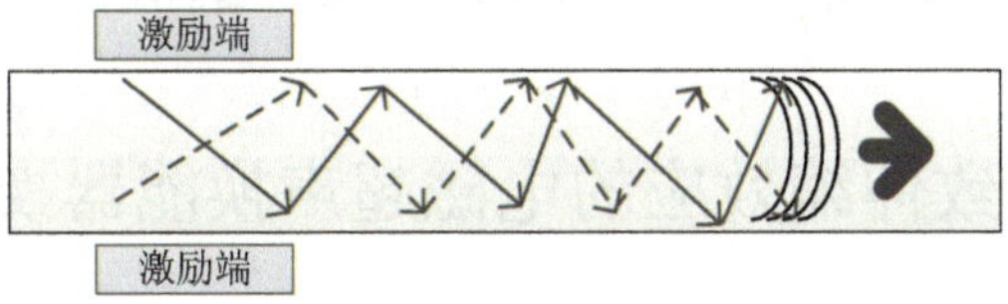

图 4-2　导波形成过程

磁致伸缩导波在波导介质中传播时，遇到缺陷、介质突变等情况时，由于介质的不连续性，会产生反射、透射、折射、频散等现象。通过采集这些信号并对其进行分析处理，可实现对试件的质量检测。

4.2　基于磁致伸缩效应的电磁超声换能器换能机理

基于磁致伸缩的电磁超声换能器的主要组成部分包括永磁体（产生偏置磁场）、线圈和待测试件，其基本结构如图 4-3 所示。

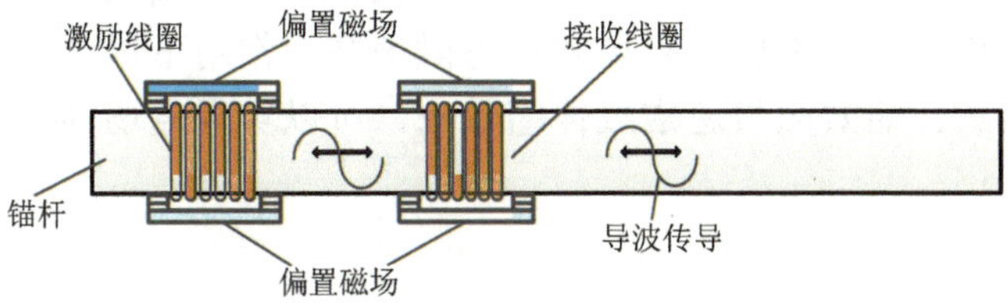

图 4-3　电磁超声换能器的基本结构

基于磁致伸缩效应的电磁超声换能器在对试件检测的过程中往往涉及多种能量的转换和不同物理场的耦合。电磁超声换能器的能量转换过程如图 4-4 所示。在换能过程中，高频交流信号会在线圈周围感应出交变的动态磁场，实现电能与磁场能的转换。由于磁致伸缩效应的存在，该交变磁场使被测试件内部产生应变，形成弹性导波，从而将动态磁场能转换成机械能。导波在传播的过程中改变了被测试件内部的磁场强度，在外加偏置磁场下，变化磁场感应出的电压信号被外部线圈接收，该过程实现了机械能到磁场能和电能的转换。通过分析接收到的超声导波信号，可以实现对被测试件的质量检测。

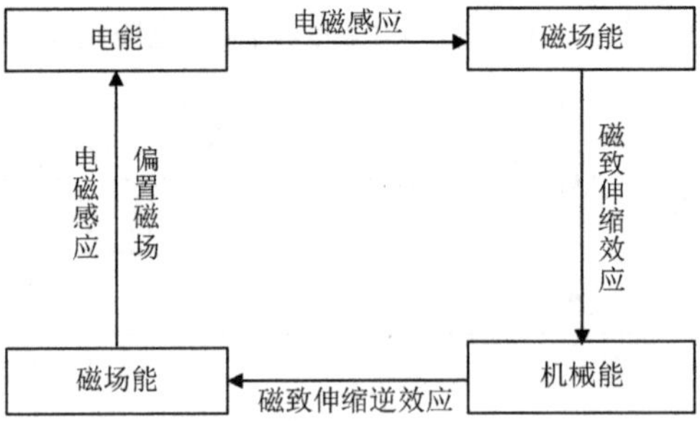

图 4-4 基于磁致伸缩效应的电磁超声换能器的能量转换过程

4.3 基于磁致伸缩效应的电磁超声换能器换能效率分析

4.3.1 基于磁致伸缩效应的电磁超声换能器有限元模型建立

COMSOL Multiphysics 是一款有限元数值仿真软件，通过求解偏微分方程组实现物理现象仿真。利用 COMSOL 软件进行建模的流程一般分为七步：物理场选择、几何模型建立、材料参数和激励信号设定、边界条件设定、网格划分、求解器设定和后处理。

1. 物理场选择

本试验主要使用 COMSOL Multiphysics 有限元仿真软件中的 AC/DC 模块中的磁场模块和结构力学模块，其中磁场模块对静态偏置磁场和线圈产生的动态磁场进行计算，结构力学模块对静态偏置磁场和动态磁场共同作用下锚杆的磁致伸缩应力进行计算。通过磁致伸缩效应与逆磁致伸缩效应，可以实现电场-磁场-机械力场多物理场耦合。

2. 几何模型建立

在 COMSOL Multiphysics 中建立基于磁致伸缩效应的电磁超声换能器的三维几何模型，如图 4-5 所示。该模型主要包括锚杆、电磁超声换能器激励端和接收端三部分，分别在电磁超声换能器激励端和接收端设置两个空气域，如图 4-6 所示，使得激励端和接收端分开并减少干扰和计算量。锚杆直径为 20mm，长度为 2000mm。

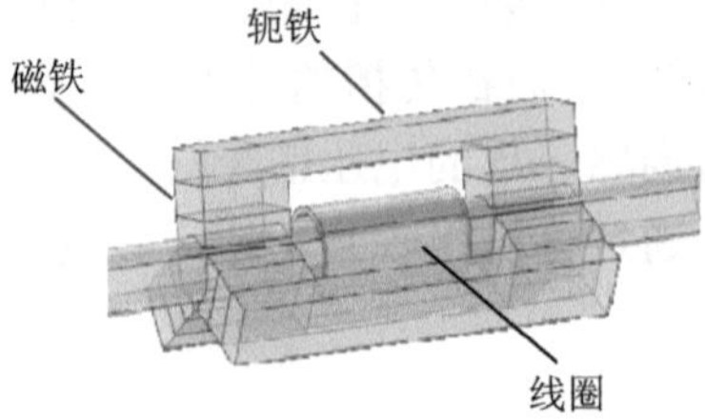

图 4-5 电磁超声换能器的三维几何模型

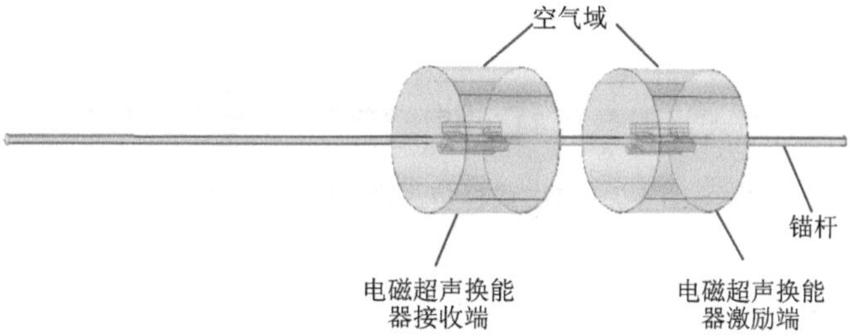

图 4-6　基于磁致伸缩的自由锚杆检测模型

3. 材料参数和激励信号设定

几何模型建立之后，需要给几何模型的各个域添加材料，并确定求解所需的材料物理参数。COMSOL Multiphysics 内置的材料库中有多种材料可供选择，用户也可以自定义材料并添加到材料库中。永磁体的材质属性为铷铁硼，其相对磁导率为 1.05，轭铁使用 35 钢材质，激励线圈采用线径为 0.6mm 的漆包线，设置匝数为 100 匝，接收线圈采用线径为 0.3mm 的漆包线，设置匝数为 200 匝，电导率为 5.998×10^7S/m。锚杆材质参数如表 4-1 所示。磁致伸缩电磁超声换能器激励端线圈中的电流采用中心频率 50kHz 的 5 周期汉宁窗调制的正弦波。

表 4-1　锚杆材质参数

属性	数值
电导率/（S/m）	8.4×10^6
相对介电常数	1
密度/（kg/m^3）	7800
杨氏模量/Pa	210×10^9
泊松比	0.30
饱和磁化强度/（A/m）	1.5×10^6
初始磁化率	200
饱和磁致伸缩系数	4.17×10^{-6}

4. 边界条件设定

锚杆底端设置为固定约束。在磁场模块中，设置磁绝缘边界条件。

5. 网格划分

网格划分决定了模型收敛性及结果的精确性。为提高建模效率，COMSOL 软件中内置有自动划分网格的功能，其划分依据是物理场及边界条件，用户可以根据自身需求选择网格的细化程度。综合考虑精度和计算需求，将锚杆网格划分设置为扫掠，网格最大 2mm，最小 0.2mm；线圈和永磁体采用自由四面体网格，网格最大 3mm，最小 1mm；空气域采用自由四面体网格，网格最大 30mm，最小 3mm。自由锚杆仿真模型网格划分结果如图 4-7 所示。

图 4-7 自由锚杆仿真模型网格划分结果

6. 求解器设定

使用稳态求解器分析偏置磁场分布情况和偏置磁场对自由锚杆的磁化情况。使用瞬态求解器求解动态磁场、换能过程和导波的传播过程，并根据激励信号的频率设置相应的存储步长和求解步长。

7. 后处理

对所得数据进行分析处理，根据研究需要绘制所需图形，可以生成一维的点、线图，也可以生成二维、三维的表面云图和流线图等。

图 4-8 所示为自由锚杆检测，锚杆长度为 2000mm，激励端距离锚杆左端面 480mm，接收端距离激励端为 400mm。通过仿真求解，得到接收线圈的电压波形，如图 4-9 所示。

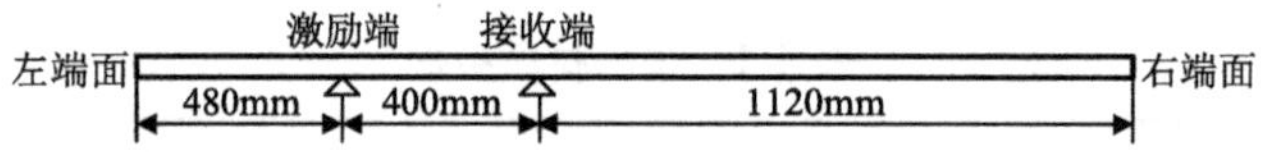

图 4-8 自由锚杆检测

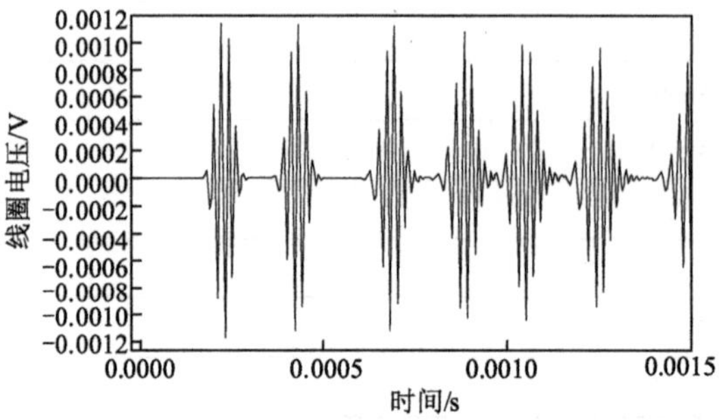

图 4-9 接收线圈的电压波形

图 4-9 中，第一个波包为接收端第一次接收到激励端向右传播的导波，第二个波包为激励端向左传播的导波经左端面反射的回波，第三个波包为激励端向右传播的导波经过右端面反射的导波，第四个波包为第二个波包向右经过右端面反射的导波，第五个波包为第三个波包向左传播经过左端面反射的导波，第六个和第七个波包为三次反射的导波。第一个波包和第五个波包的时间差为两倍锚杆长度的行程时间，根据频散曲线可知频率为 50kHz 时的超声导波在自由锚杆中的传播速度为 5044m/s，可以计算出锚杆的长度和相对误差，如表 4-2 所示。

表 4-2　锚杆计算长度和相对误差

第一个波包时刻/ms	第五个波包时刻/ms	计算长度/mm	实际长度/mm	相对误差/%
0.224	1.041	2060.4	2000	3.02

4.3.2　激励频率对磁致伸缩电磁超声换能器换能效率的影响

利用磁致伸缩导波进行无损检测时，所使用的电流频率一般在 20kHz 以上。为了研究激励电流频率对电磁超声换能器换能效率的影响，保持其他参数不变，只改变激励电流的频率。在仿真模型中，采用 5 周期汉宁窗调制的正弦波激励信号，激励信号频率分别设置为 20kHz、30kHz、40kHz、50kHz、60kHz、70kHz、80kHz 和 90kHz 时，对完整的自由锚杆进行激励仿真实验，仿真结果如图 4-10 所示。

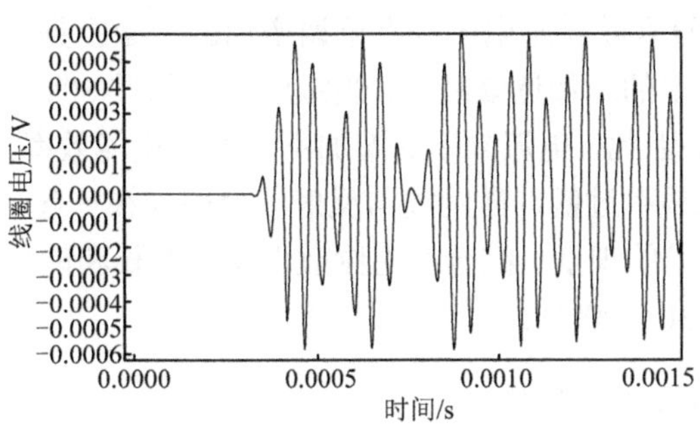

（a）频率为 20kHz

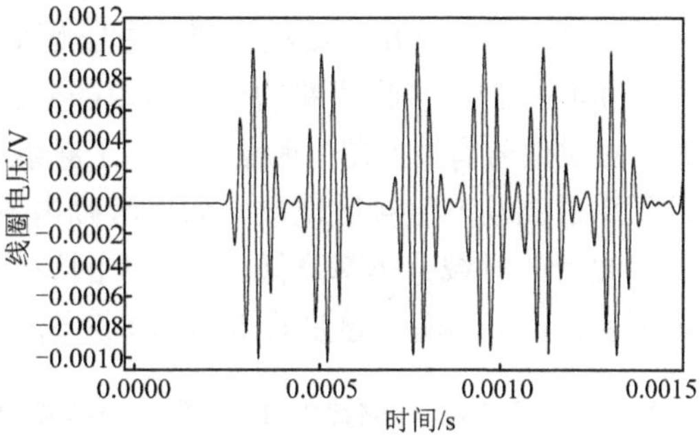

（b）频率为 30kHz

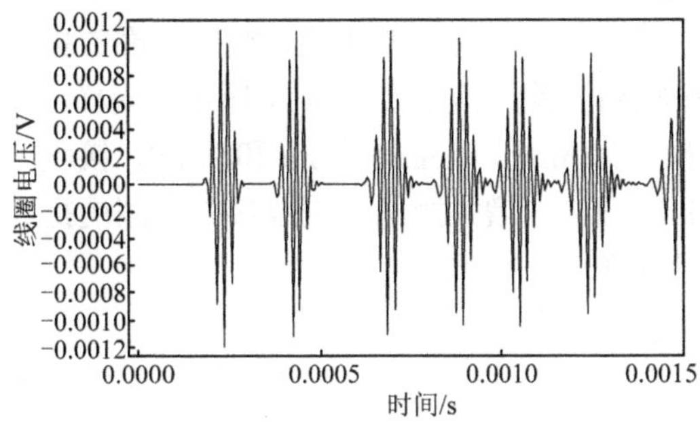

（c）频率为 40kHz

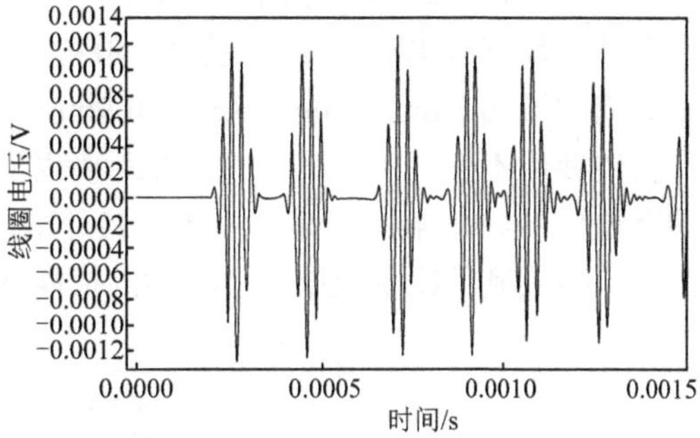

（d）频率为 50kHz

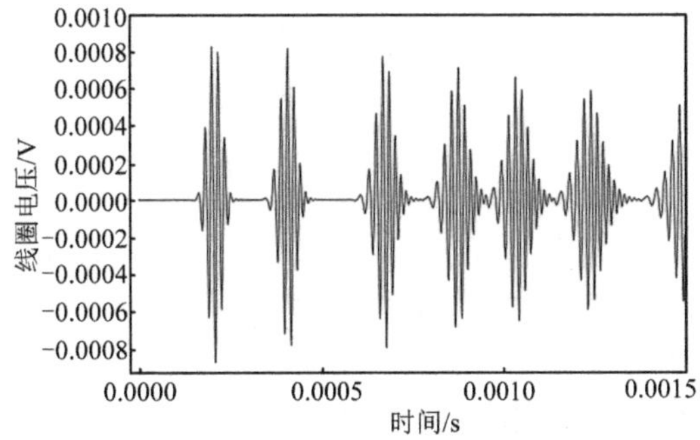

（e）频率为 60kHz

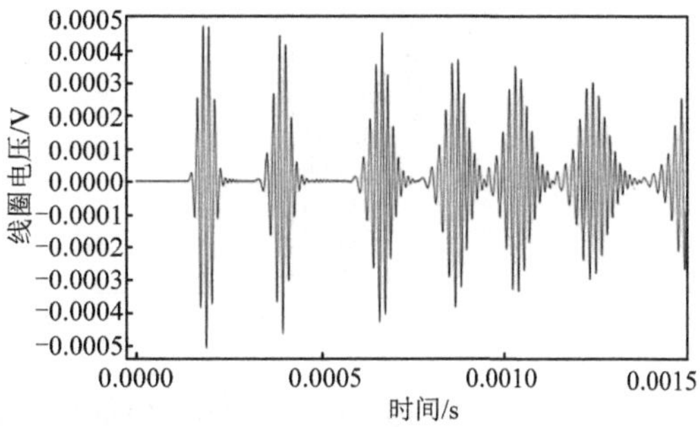

（f）频率为 70kHz

图 4-10　不同激励频率对应的接收线圈电压信号

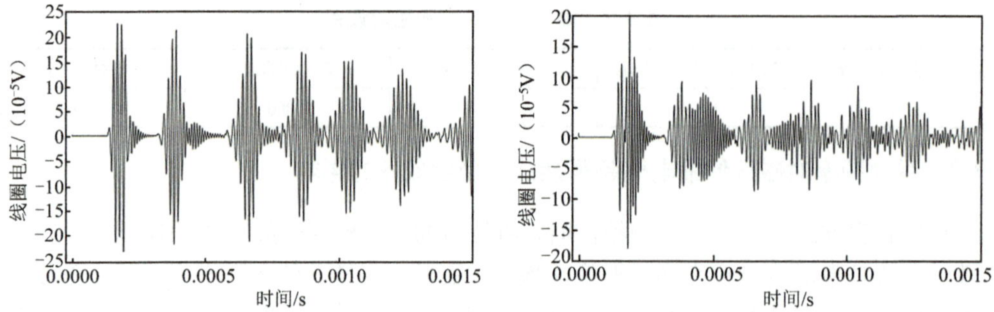

（g）频率为 80kHz　　（h）频率为 90kHz

图 4-10（续）

由图 4-10 可知，接收线圈的电压幅值没有随激励电流频率单调增加。当激励频率大于 40kHz 时，接收线圈的电压幅值随着频率的增加逐渐减小；当激励频率超过 80kHz 时，回波信号有“拖尾”现象，发生了频散。因此，电流频率的增加不会提高换能效率，且频率过高易产生频散现象。如果激励电流频率过低，激励波与反射波会叠加在一起，导致波形的时域分辨率降低，不利于回波信号的识别。综合考虑频散现象、波长和能量等因素，L(0, 1)模态导波的激励频率应选择 30～70kHz。

4.3.3 提离距离对磁致伸缩电磁超声换能器效率的影响

线圈与锚杆之间的提离距离是影响电磁超声换能器性能的一个重要因素，其直接影响锚杆内部感应电流密度和趋肤层的深度。仿真中设定其他参数不变，激励线圈的提离距离依次设为 3mm、5mm、7mm 和 9mm，接收到的首波信号如图 4-11 所示。同样，保持其他参数不变，接收线圈的提离距离也依次设为 3mm、5mm、7mm 和 9mm，接收到的首波信号如图 4-12 所示。由图 4-11 和图 4-12 可知，增大激励线圈或接收线圈的提离距离，接收到的线圈电压都会减小，换能效率变低。

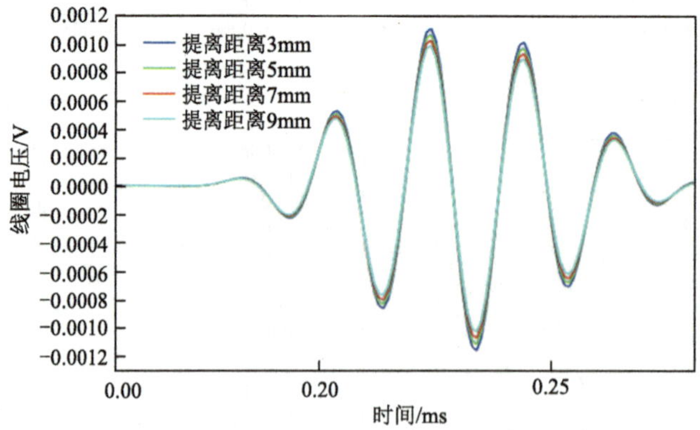

图 4-11　不同激励线圈提离距离的接收线圈电压的首波信号

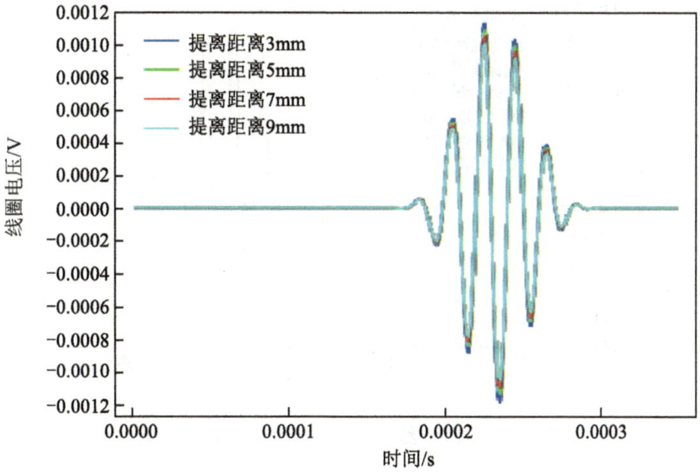

图 4-12　不同接收线圈提离距离的接收线圈电压的首波信号

4.3.4　线圈匝数对磁致伸缩电磁超声换能效率的影响

根据电磁感应定律，激励线圈匝数不仅会影响产生的交流磁场大小，也会影响磁致伸缩导波的强度。为了研究激励线圈匝数对磁致伸缩电磁超声换能器换能效率的影响，在不改变电磁超声换能器其他结构参数的基础上，固定接收线圈的匝数为 200 匝，激励线圈的匝数分别为 50 匝、75 匝、100 匝、125 匝和 150 匝，对应的接收电压波形如图 4-13 所示。结果表明增加激励线圈的匝数，接收信号幅值增加。

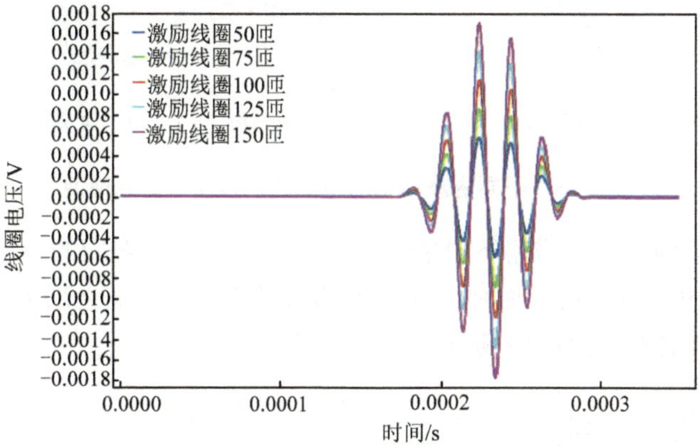

图 4-13　激励线圈匝数对接收电压的影响

在其他参数不变的情况下，固定激励线圈匝数为 100 匝，接收线圈的匝数分别为 50 匝、75 匝、100 匝、125 匝、150 匝、175 匝和 200 匝，对应的接收电压波形如图 4-14 所示。结果表明增加接收线圈的匝数，接收信号幅值也会增加。

综上所述，增加激励线圈或接收线圈的匝数，都能够提高磁致伸缩电磁超声换能器的换能效率。

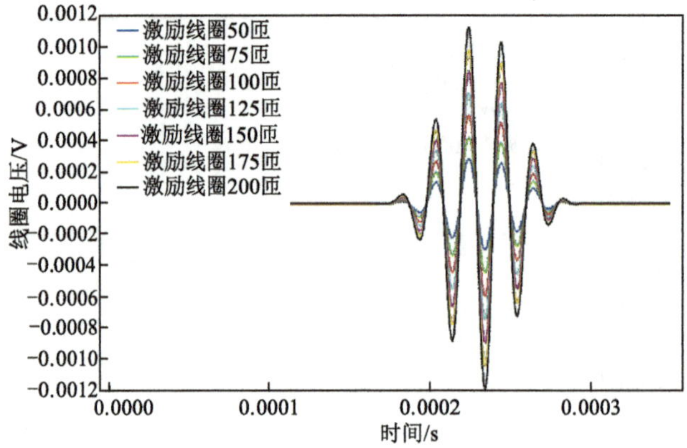

图 4-14 接收线圈匝数对接收电压的影响

4.3.5 偏置磁场对磁致伸缩电磁超声换能器换能效率的影响

1. 不同磁路情况下

通过改变磁路数目研究偏置磁场对电磁超声换能器换能效率的影响。锚杆直径为20mm，永磁体尺寸为30mm×20mm×10mm，分别设置2、3、4磁路的偏置磁场，电磁超声换能器仿真模型如图4-15所示，激励端与接收端磁路数量保持一致，对磁通密度分布与接收信号关系进行分析。采用中心频率50kHz的5周期汉宁调制信号作为激励信号。

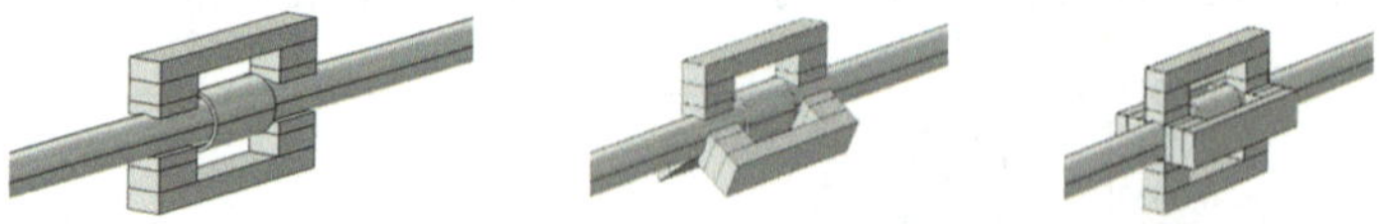

（a）2 磁路结构　（b）3 磁路结构　（c）4 磁路结构

图 4-15 不同磁路结构的电磁超声换能器仿真模型

图 4-16 所示为在不同磁路下电磁超声换能器中间位置对应的锚杆径向截面磁通密度分布，可以看出，当磁路增加时，锚杆内部的磁通密度也随之增大；同时，相比于2磁路，3磁路和4磁路截面的磁场分布更加均匀。

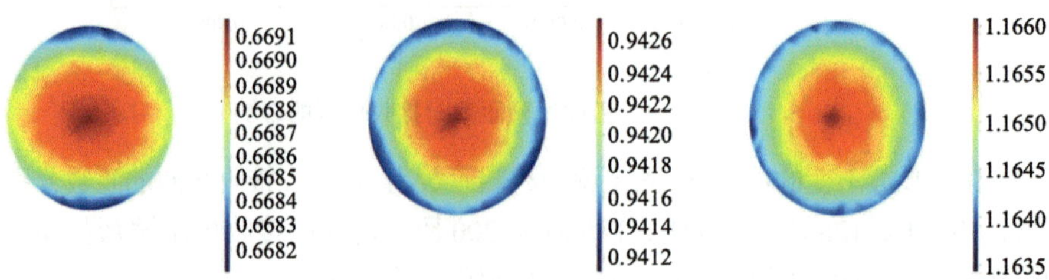

（a）2 磁路磁通密度分布　（b）3 磁路磁通密度分布　（c）4 磁路磁通密度分布

图 4-16 不同磁路下电磁超声换能器中间位置对应的锚杆径向截面磁通密度分布

不同磁路下接收到的首波波形如图 4-17 所示。从接收到的首波幅值可以看出，磁路数量的增加提高了信号的幅值。考虑锚杆截面尺寸较小，同时在实际中磁路越多，在设置上操作越复杂，因此一般使用 2 磁路或 3 磁路的电磁超声换能器。

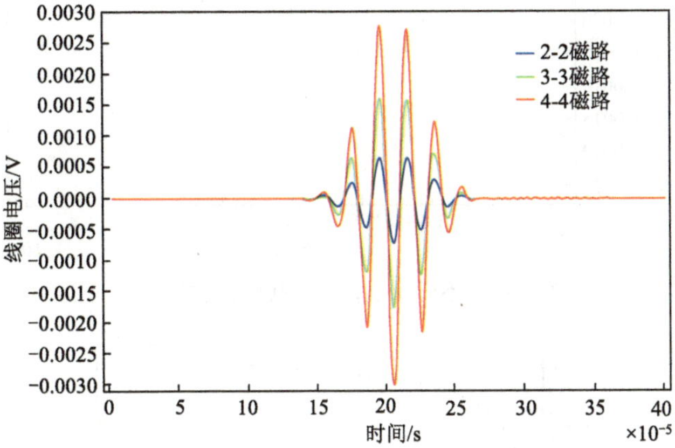

图 4-17　不同磁路下接收到的首波波形

2. 不同永磁体个数情况下

通过改变标准永磁体的个数，研究偏置磁场对电磁超声换能器换能效率的影响。在激励端与接收端都为 3 磁路情况下，永磁体数量从 1 个增加至 4 个。电磁超声换能器区域内锚杆轴线上的磁通密度分布如图 4-18 所示。可以看出，随着永磁体数量的增加，磁通密度逐渐增强。不同永磁体个数情况下接收到的首波波形如图 4-19 所示，可以看出，偏置磁场强度增大，首波幅值增大，但增速变缓。

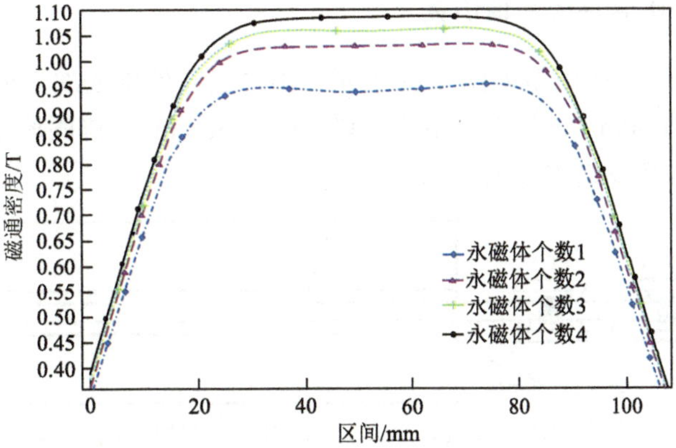

图 4-18　锚杆轴线上的磁通密度分布

铁磁材料的磁特性曲线如图 4-20 所示。由图可知，随着偏置磁场强度的增加，磁通密度增长越来越缓慢。综合考虑实际操作中的成本与性能，以及安装和拆卸电磁超声换能器工程中的安全因素，应选择适当的磁场强度。

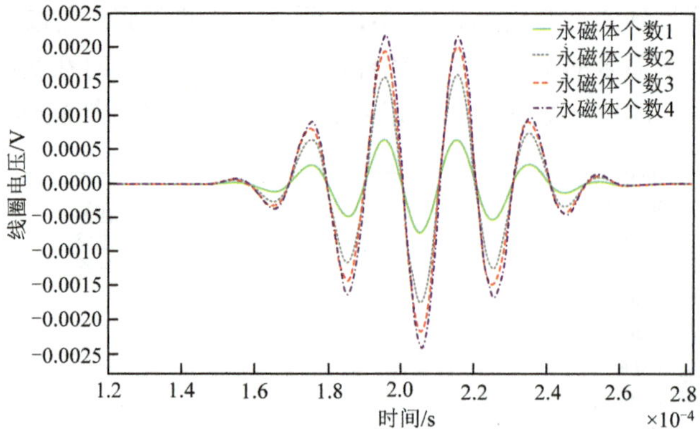

图 4-19　不同永磁体个数接收的首波波形

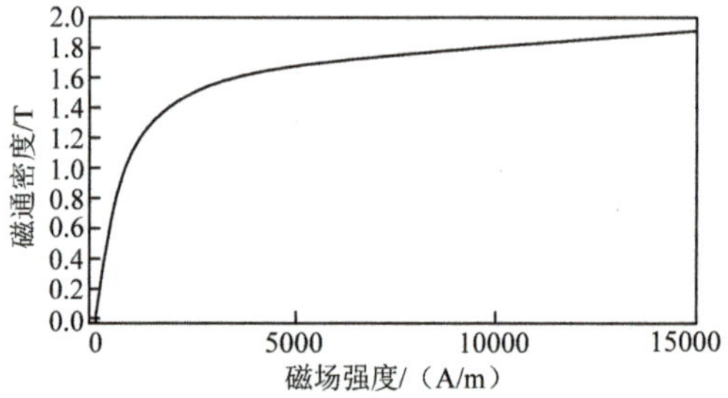

图 4-20　铁磁材料的磁特性曲线

4.4　砂浆锚杆-围岩系统数值仿真

4.4.1　完整锚杆-围岩系统数值仿真

锚杆-围岩三层结构模型如图 4-21 所示，由内层向外层依次为锚杆、灌浆层和围岩层。选用锚杆长 2000mm，其中自由段设置长度为 500mm，锚固段长度为 1500mm，锚杆直径为 20mm，灌浆锚固厚度为 10mm。

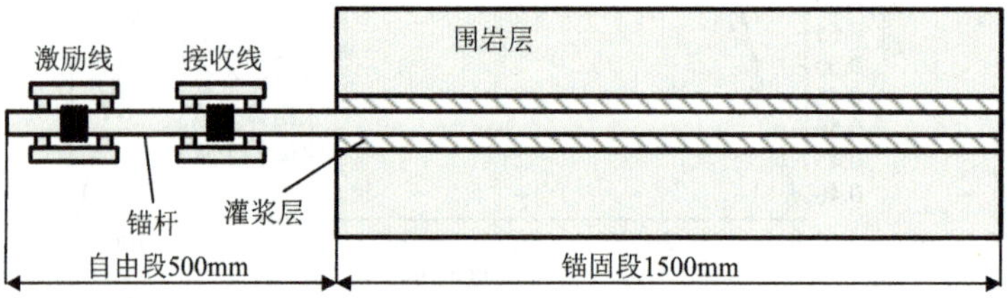

图 4-21　锚杆-围岩三层结构模型

锚杆-围岩系统三维模型及网格划分如图 4-22 所示，锚杆网格与自由锚杆仿真中的设置相同，灌浆的网格划分方式设置为扫掠，尺寸与锚杆扫掠保持一致。围岩网格划分方式选用自由四面体方法，最大 30mm，最小 3mm，材料参数如表 3-1 所示。激励线圈和接收线圈长度均为 60mm，激励信号采用中心频率为 50kHz 的汉宁窗调制的 5 周期正弦信号，接收端接收到的波形如图 4-23 所示。

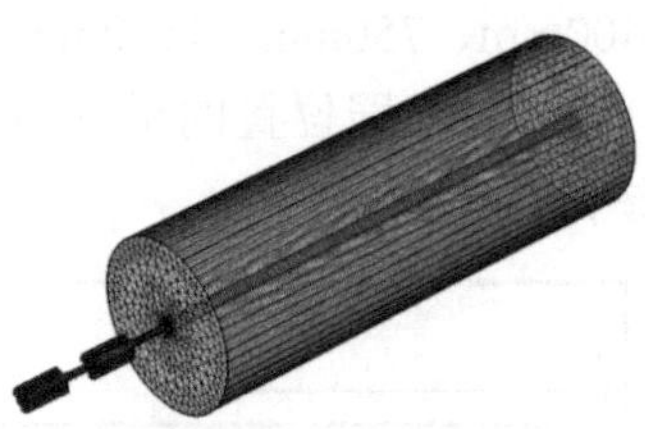

图 4-22　锚杆-围岩系统三维模型及网格划分

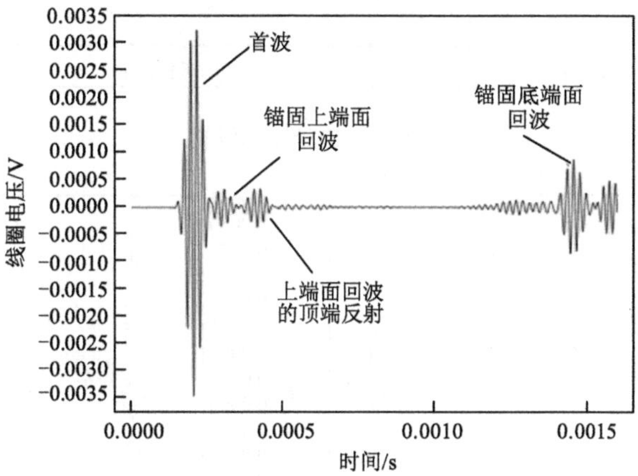

图 4-23　50kHz 激励下接收端接收到的波形

由自由锚杆频散曲线可知，当激励信号频率为 50kHz 时，自由锚杆波速为 5044m/s。图 4-23 中的第一个波包为接收到的首波，第二个波包为锚固前端面回波，第三个波包为锚固前端面回波经自由段的前端面再次反射的回波。第一个波包与第三个波包的传播行程是两倍锚杆自由段长度，第二个波包与第四个波包的传播行程为两倍锚固长度。锚杆自由段计算长度和相对误差如表 4-3 所示。根据第二个波包与第四个波包的时刻，可计算出固结波速为 2615m/s，如表 4-4 所示。

表 4-3　锚杆自由段计算长度和相对误差

第一个波包时刻/ms	第三个波包时刻/ms	锚杆自由段计算长度/mm	锚杆自由段实际长度/mm	相对误差/%
0.215	0.406	481.7	500	3.66

表 4-4　固结波速

第二个波包时刻/ms	第四个波包时刻/ms	锚固段长度/mm	计算固结波速/（m/s）
0.306	1.453	1500	2615

4.4.2　锚固系统锚杆缺陷数值仿真

实际施工过程中所使用的砂浆锚杆长期处于潮湿环境中时，表面容易锈蚀，严重时在表面形成裂纹或者空洞等缺陷，影响锚杆的支护性能。因此，不能忽视对锚杆的锈蚀缺陷检测。

仿真实验中，使用矩形缺陷模拟锈蚀缺陷。设置前端、中端、后端三种缺陷位置，距离锚固前端面长度 L_1 分别为 400mm、750mm、1100mm。缺陷长度为 30mm，深度为 3mm。锚杆缺陷设置如图 4-24 所示。不同位置的锚杆锈蚀缺陷接收信号波形分别如图 4-25 所示，可看出不同位置缺陷的反射波形。

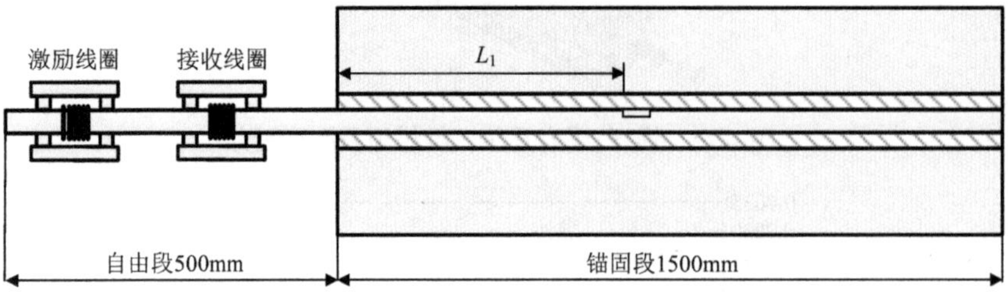

图 4-24 锚杆缺陷设置

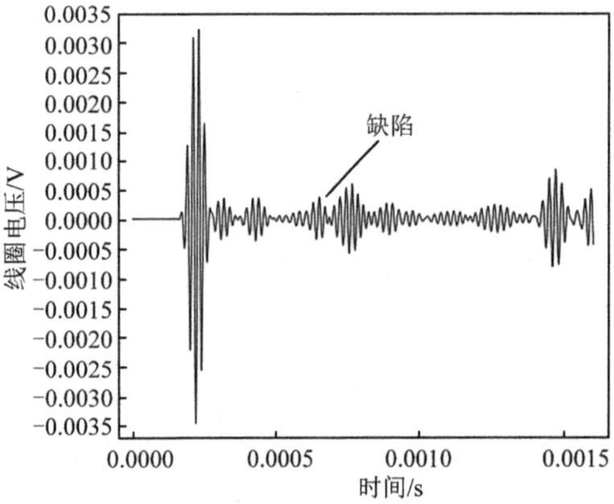

（a）L_1=400mm

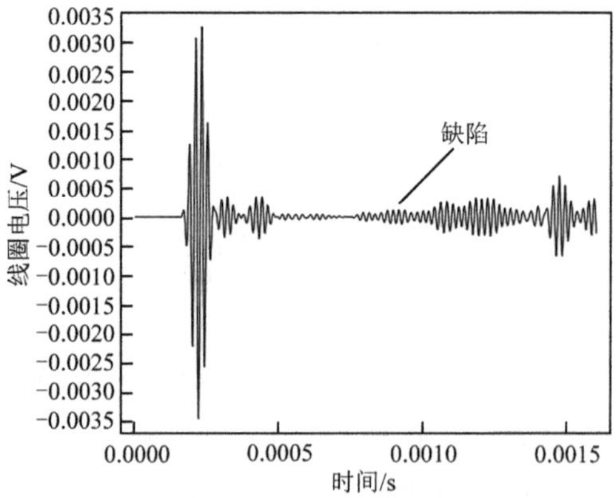

（b）L_1=750mm

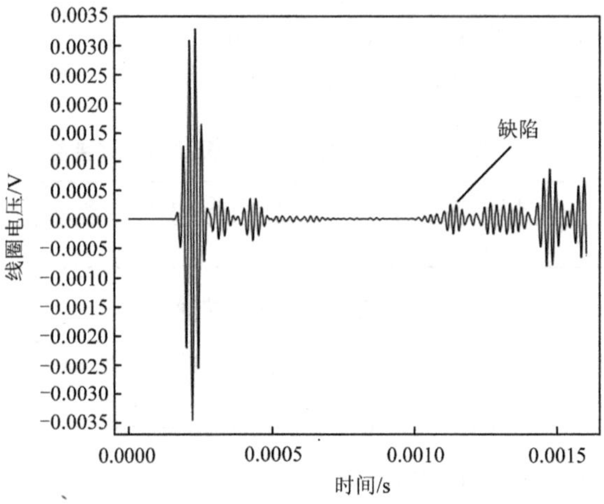

（c）L_1=1100mm

图 4-25 不同位置的锚杆锈蚀缺陷接收信号波形

4.4.3　锚杆-围岩系统灌浆层缺陷数值仿真

1. 锚杆-围岩系统灌浆层单缺陷数值仿真

采用空气层模拟因灌浆不饱满引起的锚固段缺陷，单个灌浆锚空缺陷长度 L_1 分别设置为 150mm、300mm、450mm、600mm、750mm 和 900mm，锚空缺陷中心距离锚固前端面长度 L_2 为 750mm 保持不变，其模型如图 4-26 所示。

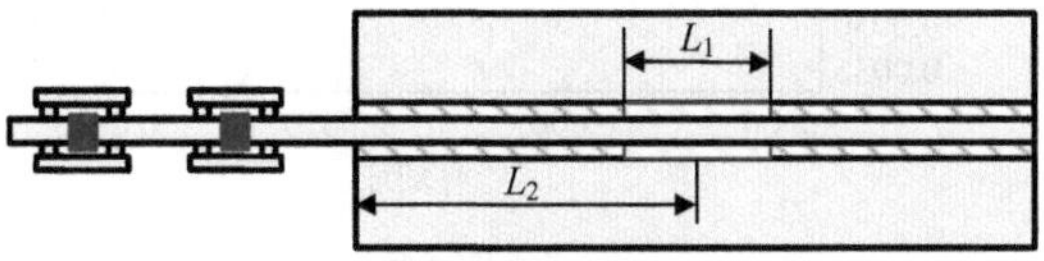

图 4-26　单锚空缺陷的锚杆锚固

接收到的信号波形随着缺陷长度的变化而发生改变。不同锚空缺陷长度的接收信号波形如图 4-27 所示。

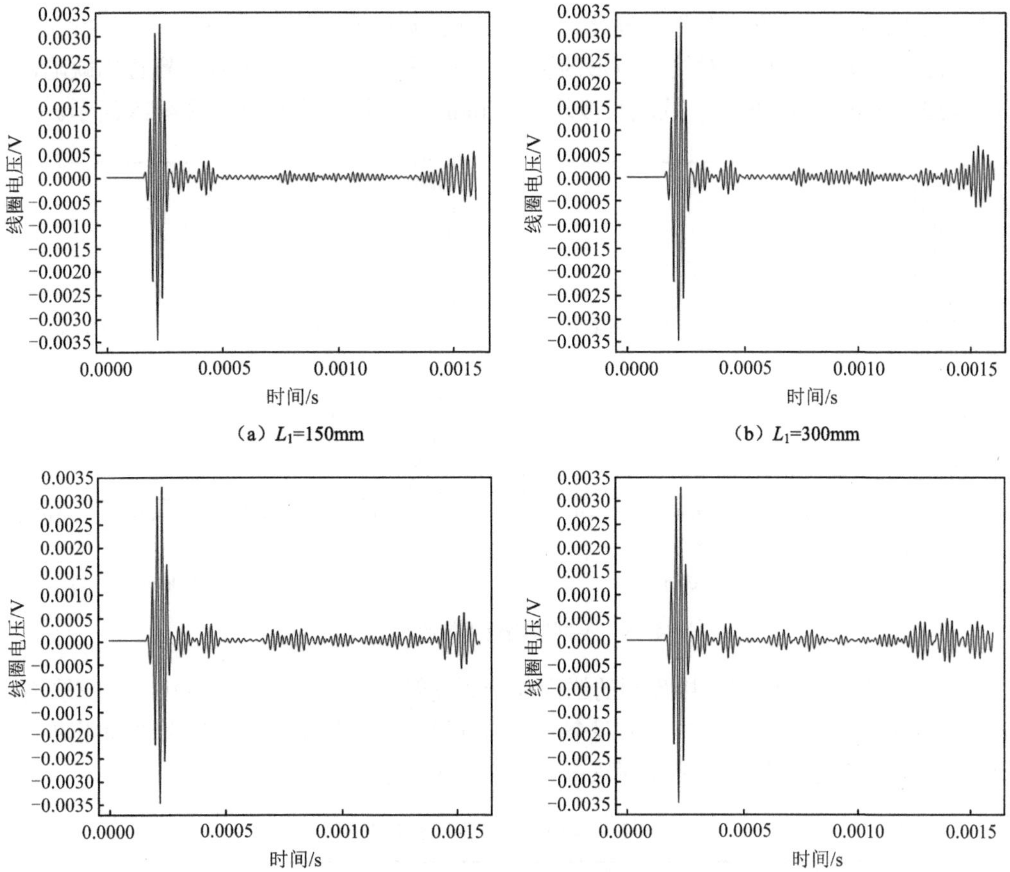

（a）L_1=150mm　（b）L_1=300mm

（c）L_1=450mm　（d）L_1=600mm

图 4-27　不同锚空缺陷长度的接收信号波形

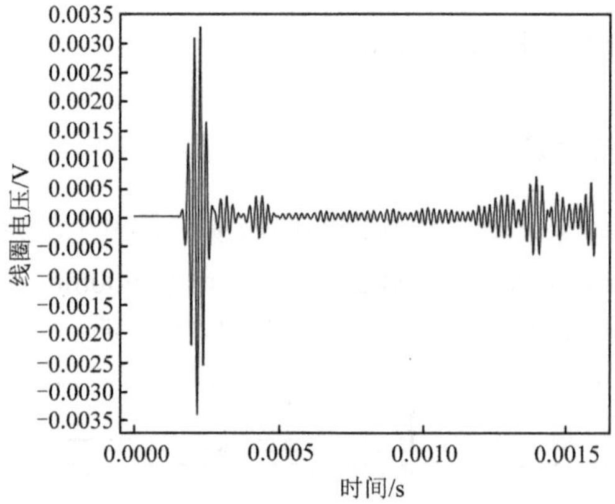

（e）L_1=750mm

图 4-27（续）

由图 4-27 可知，缺陷前端面反射波，即第四个波包，随着锚空缺陷增大，缺陷前端面的反射信号幅度越强。但当 L_1=750mm 时，因为缺陷前端面过于接近锚固前端面，波包与锚固前端面反射波发生了混叠，所以已无法观察到第四个波包。

为分析不同缺陷位置对接收波形的影响，在锚固前端和后端分别设置锚固缺陷，L_2 分别为 500mm 和 1000mm，缺陷长度均为 150mm，接收信号波形如图 4-28 所示。

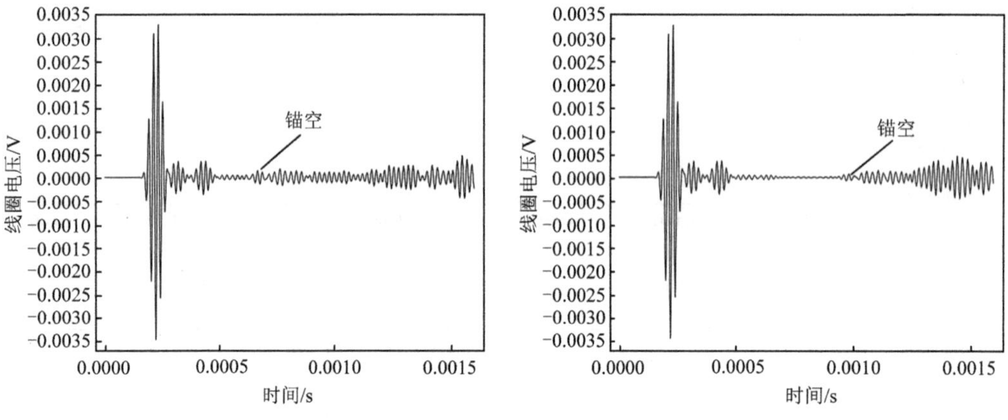

图 4-28　不同缺陷位置接收信号波形

由图 4-28（a）可知，接收到的锚固前端面反射信号对应第二个波包，锚空缺陷反射信号对应第四个波包，第二和第四个波包的时间差为两倍缺陷距锚固前端面距离的行程时间，可计算出缺陷位置和相对误差，如表 4-5 所示。

表 4-5　缺陷计算位置和相对误差

第二个波包时刻/ms	第四个波包时刻/ms	缺陷距锚固前端面计算距离/mm	缺陷距锚固前端面实际距离/mm	相对误差/%
0.322	0.666	449.78	425	5.83

2. 锚杆-围岩系统灌浆层双缺陷数值仿真

设置两个灌浆锚空缺陷，缺陷长度均为 100mm。一个缺陷的前端距离锚固前端面为 400mm，另一个缺陷的后端距离锚固后端面为 400mm。双缺陷锚杆锚固结构如图 4-29 所示，接收信号波形如图 4-30 所示。

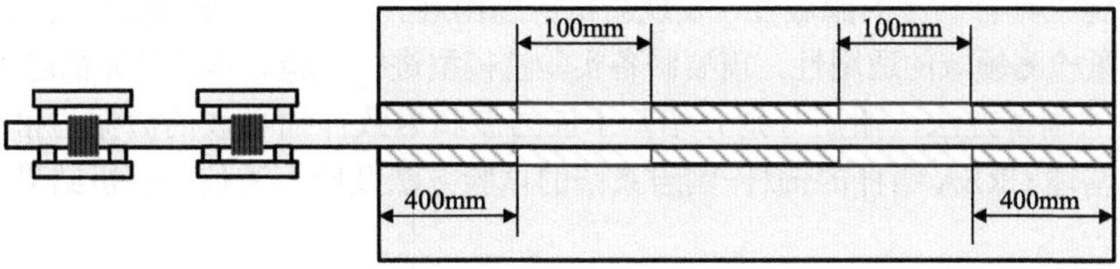

图 4-29　双缺陷锚杆锚固结构

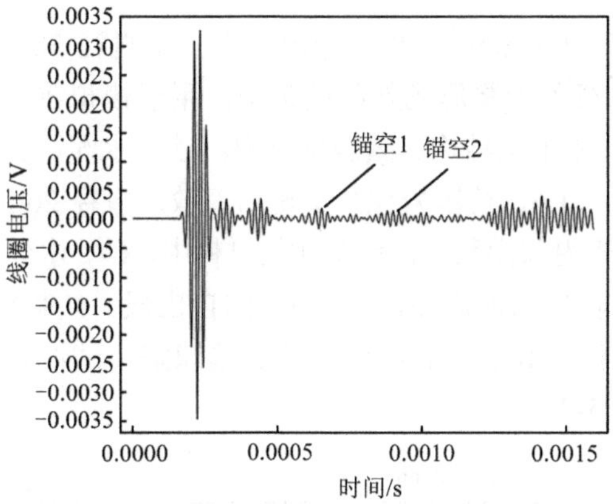

图 4-30　双缺陷锚杆锚固结构的接收信号波形

由图 4-30 可知，两处锚空缺陷都有反射回波，由于导波反射界面增多，回波的混叠现象比单缺陷严重。

第 5 章　锚杆-围岩系统无损检测试验

锚杆施工具有高度的隐蔽性，发现质量问题困难。为了验证无损检测技术及其在锚杆锚固质量检测领域的适用性，需要制备实验室模型进行试验。本章首先描述砂浆锚杆-围岩系统的制备方法，随后分别介绍基于应力波和磁致伸缩导波的激振与拾振试验系统，最后阐述 CREA 锚杆的锚杆-围岩系统的试验方法及应力波信号分析结果。

5.1　锚杆模型制备

在直径 300mm、长 1500mm 的 PVC 管内放入一个直径 50mm、长 1800mm 的 PVC 管，两管之间灌入水泥石子砂浆形成外部灌浆层，用于模拟围岩材料。待围岩成型后，抽出内部的 PVC 管，形成中空结构。围岩材料中，砂、水泥、大石子、小石子、水的配比为 6.7∶5.3∶6.1∶4.1∶1.6。待围岩完全干透后，放入直径 20mm 的热轧带肋钢筋，空隙中填充水泥砂浆，形成内部灌浆层。水泥砂浆材料中，砂、水泥、水的比例为 4∶2∶1。为方便传感器安装，热轧带肋钢筋预留 500mm 的自由段。共制作 4 组锚杆-围岩系统试件，试件 1 无缺陷，试件 2 和 3 具有不同位置的单缺陷，试件 4 具有两个缺陷，截面如图 5-1 所示，实物如图 5-2 所示。

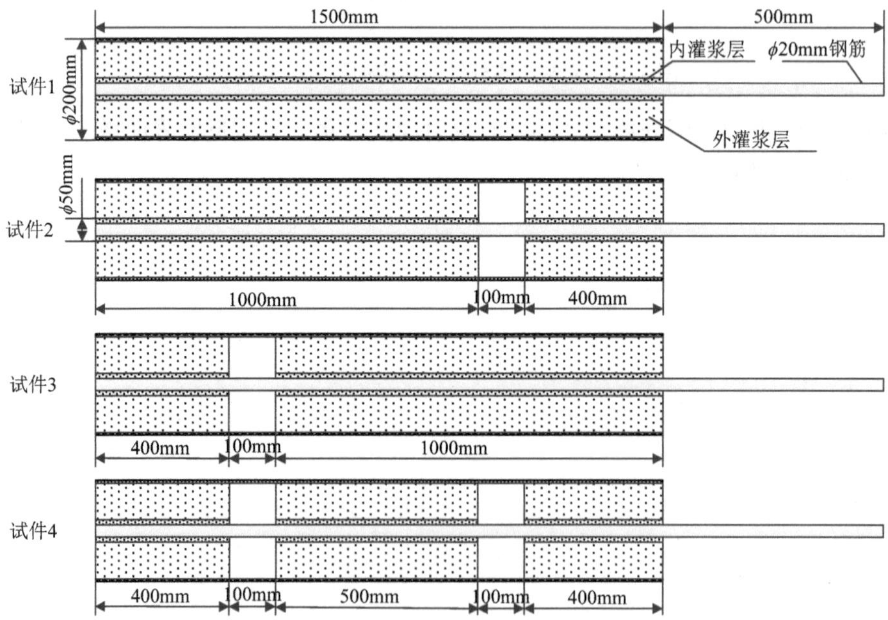

图 5-1　锚杆-围岩系统试件截面图

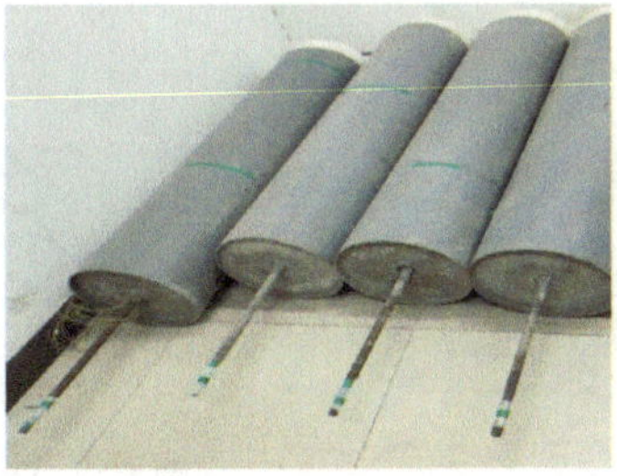

图 5-2 锚杆-围岩系统试件实物

5.2 基于应力波的激振与拾振系统

进行锚杆无损检测试验时，采用力锤敲击和加速度传感器振动激励两种方式对试件进行激励，使用加速度传感器对应力波拾振。

1. 力锤激振及拾振系统

力锤激振及拾振系统包括力锤、加速度传感器、DH8302 动态信号测试分析系统及安装 DHDAS 测试软件的计算机，其系统组成如图 5-3 所示。力锤敲击锚固样本自由段端面激发应力波，通过加速度传感器拾取返回信号；同时，力锤的敲击力信号通过信号线传送到计算机。

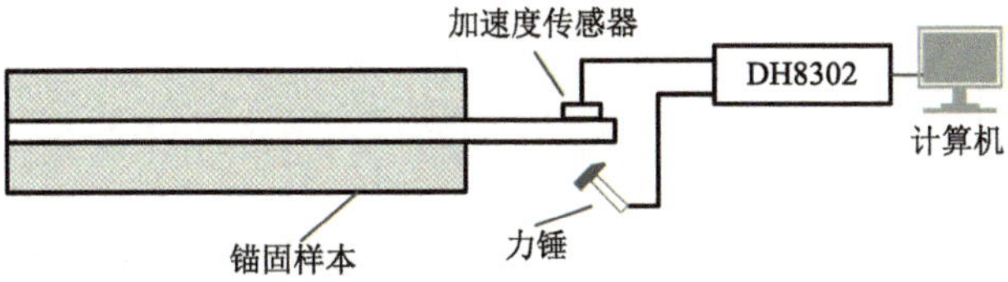

图 5-3 力锤激振及拾振系统

采用的力锤型号为 LC02，力传感器型号为 3A102，如图 5-4 所示。力传感器灵敏度为 4pC/N，量程为 5000N。力锤配备有四个不同材质的敲击头，分别为橡胶、塑料、铝制和钢制。敲击头的软硬质地不同，能够获得不同的信号脉冲宽度，所覆盖的频率成分也不同。

试验采用的 DH8302 动态信号测试分析系统具有四个采集通道，可以实现对传感器信号的采集；同时，通过千兆以太网接口连接上位机，实现信号的传输，如图 5-5 所示。

该系统的主要技术指标如下。

（1）每个通道包含独立的 18 位逐次逼近模拟/数字（analog/digital，A/D）转换器和数字信号处理器（digital signal processor，DSP）实时信号处理系统，实现信号的精准采集。

（2）电压量程包括±5mV、±10mV、±20mV、±50mV、±100mV、±200mV、±500mV、±1V、±2V、±5V、±10V，满量程误差示值不大于 0.05%。

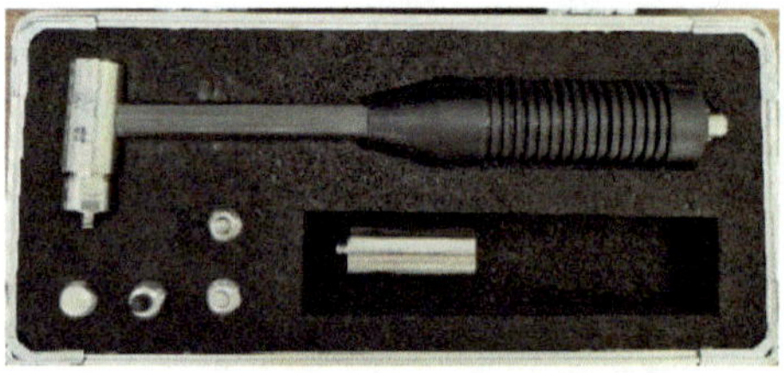

图 5-4 力锤

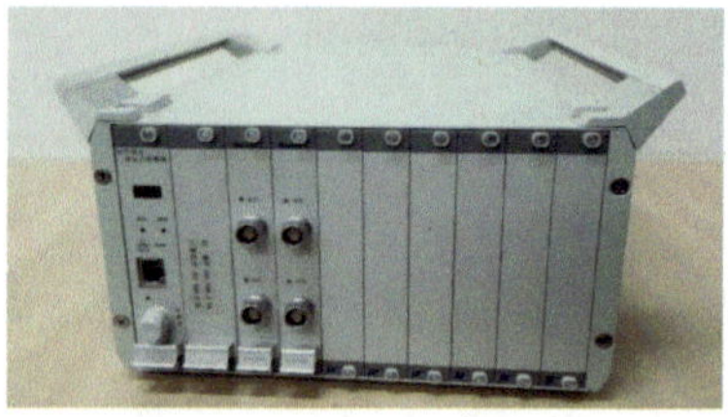

图 5-5 DH8302 动态信号测试分析系统

（3）满量程非线性不大于 0.01%。

（4）频率响应范围从 DC～300kHz（-3～0.5dB）。

DHDAS 测试分析系统的采样频率设置范围为 10Hz～1MHz。该系统能够分析的频率满足：分析频率=采样频率/2.56，能够实现的分析频率范围为 4Hz～400kHz。锚杆无损检测试验中，应力波和导波采用电压信号测量，可选择有限冲激响应（finite impulse response，FIR）、无限冲激响应（infinite impulse response，IIR）等方式进行信号滤波。信号采集界面如图 5-6 所示。

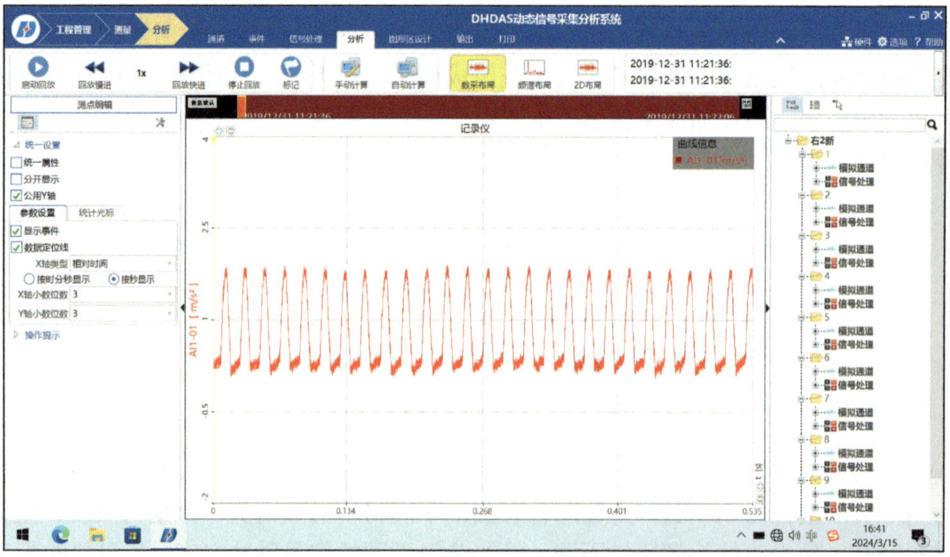

图 5-6 DHDAS 测试分析软件信号采集界面

该分析系统可以通过移动光标选择并放大感兴趣的信号范围，并将信号另存为图像文件、文本文档或 Excel 工作簿，以便于下一步的数据分析和处理工作。

应力波信号采集试验中，将加速度传感器安装在锚杆侧面，通过夹具保证两者密切接触；通过力锤敲击锚杆顶端，给锚杆施加瞬时扰动力，从而产生应力波；通过加速度传感器采集应力波信号并上传到上位机中，如图 5-7 所示。力锤激发应力波信号具有随机性，因此需要对同一锚杆样本采取同点多次激发，保留规律性较强的波形。

试验过程中有以下注意事项。

（1）确保各个设备之间连线稳定。

（2）确保试验环境安静，避免试验过程中外界环境的干扰。

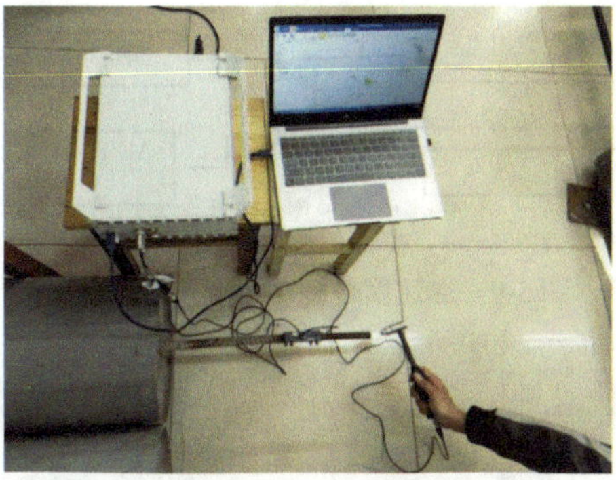

图 5-7　力锤激励的应力波采集试验系统

（3）加速度传感器应平行于杆体轴线，如果二者不平行，入射波与反射波之间将产生相位差。

（4）力锤敲击前，锚头敲击面应磨平，以保证应力波垂直杆轴方向传播。

（5）力锤敲击锚头顶端施加激励时，敲击应快速稳定，尽量使首脉冲狭窄且符合半正弦形状。

力锤激励得到的两组应力波响应信号如图 5-8 所示。

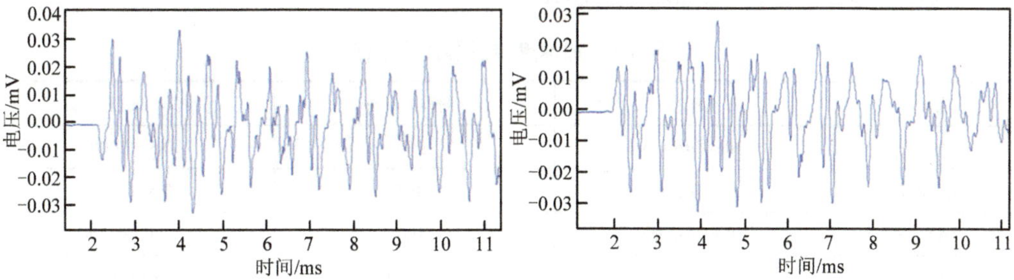

（a）完整锚固样本（试件 1）的应力波响应信号　　（b）单缺陷锚固样本（试件 2）的应力波响应信号

图 5-8　力锤激励应力波响应信号

2. 加速度传感器激振及拾振系统

加速度传感器激振及拾振系统包括分别用于激振和拾振的加速度传感器、DH8302 动态信号测试分析系统、安装 DHDAS 测试软件的上位机、功率放大器和信号发生器，其系统组成如图 5-9 所示。信号发生器周期性地产生调制波信号，通过功率放大器作用于激振加速度传感器。拾振加速度传感器不断采集激励信号及应力波反射信号，通过 DH8302 传送至上位机的 DHDAS 测试软件中。

加速度传感器用于激振时，需要施加输入信号波。为满足不同的试验需求，配备多种型号的压电集成电路（integrated electronics piezoelectric，IEPE）加速度传感器，如图 5-10 所示。IEPE 加速度传感器内部集成了压电陶瓷元件、放大器和恒流源，具有较好的抗噪性能，广泛应用于各种振动试验、振动控制、结构测试及模态测试中。

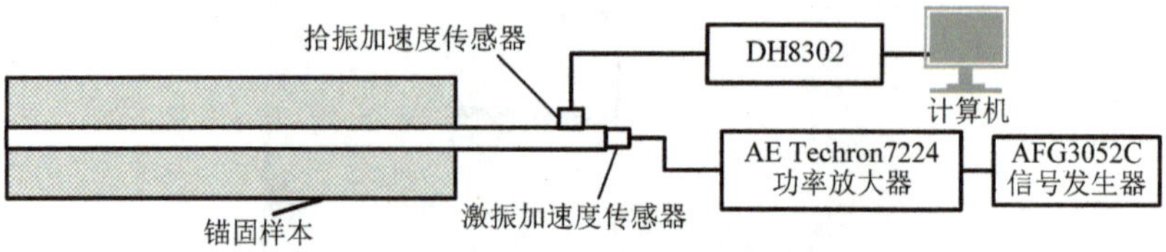

图 5-9 加速度传感器激振及拾振系统

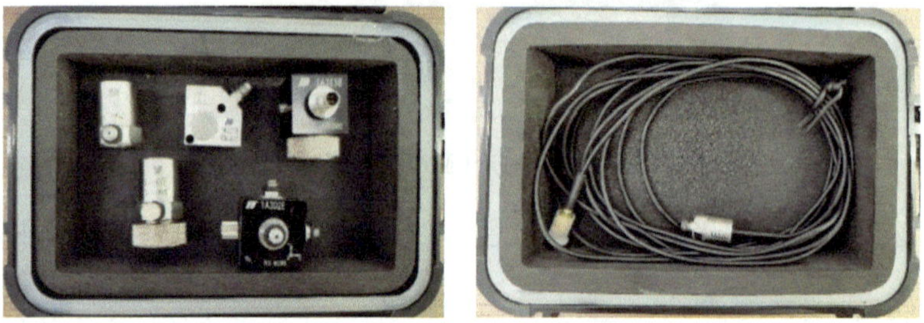

图 5-10 IEPE 加速度传感器

加速度传感器包括单向和三向两类，分别用于单轴和三轴的振动测量。试验使用的加速度传感器性能指标如表 5-1 所示。其中，1A111E、1A1322E 和 1A520 型为单向加速度传感器，其余均为三向加速度传感器。

表 5-1 加速度传感器性能指标

型号	灵敏度	量程/(m/s^2)	频率 Hz/(±10%)
1A111E	10mV/(m/s^2)	500	0.5～7000
1A302E	1mV/(m/s^2)	5000	0.5～4000
1A315E	50mV/(m/s^2)	100	0.5～4000
1A322E	0.5mV/(m/s^2)	10000	0.5～10000
1A520	0.005pC/(m/s^2)	1000000	1～12000

试验采用的信号发生器为泰克（Tektronix）任意波形发生器，其不仅可以产生多种标准波形，还可以利用外部存储器导入激励信号。信号发生器产生的信号幅值较低，用于驱动传感器产生振动信号时，需要连接功率放大器，选用了 AE Techron7224 功率放大器提供高频低噪的放大信号。波形发生器和功率放大器设备如图 5-11 所示。

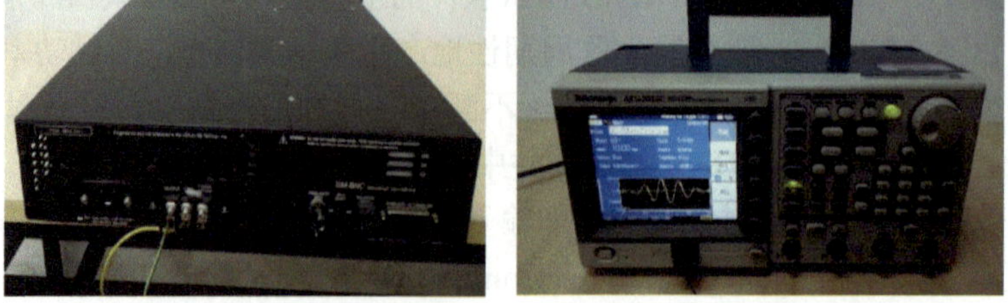

（a）Tektronix AFG3052C 信号发生器　（b）AE Techron7224 功率放大器

图 5-11 波形发生器和功率放大器设备

试验时，在锚固自由段端面施加激励信号，侧端面接收反射波信号。激励传感器固定在自由段顶端，以保证激励信号以纵波为主。加速度传感器布置及激励信号设置如图 5-12 所示。接收传感器固定在靠近顶端的锚杆侧面，如图 5-12（a）所示；激励信号是中心频率为 20kHz 的 5 周期汉宁窗调制正弦波，触发间隔 3s，峰峰值为 10V，运行模式为 Burst 脉冲触发模式，如图 5-12（b）所示。

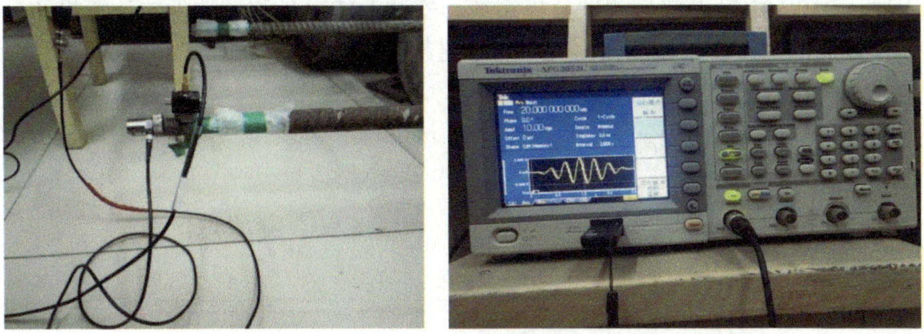

（a）加速度传感器布置　　（b）激励信号设置

图 5-12　加速度传感器布置及激励信号设置

应力波在锚杆-围岩系统中纵向传播，在锚固的前端面、缺陷位置、锚杆的底端发生反射。应力波主要沿着锚杆轴向传播和反射。锚杆杆顶侧端面的加速度传感器接收反射波信号，并通过 DH8302 动态信号测试分析系统上传至计算机，如图 5-13 所示。

图 5-13　加速度传感器激励的应力波采集试验系统

加速度传感器激励得到的两组应力波响应信号如图 5-14 所示。可以看出，与力锤激励相比，加速度传感器可以采用频率更高、模态更单一的激励信号，模态叠加情况改善，更容易判断出各端面的反射点。

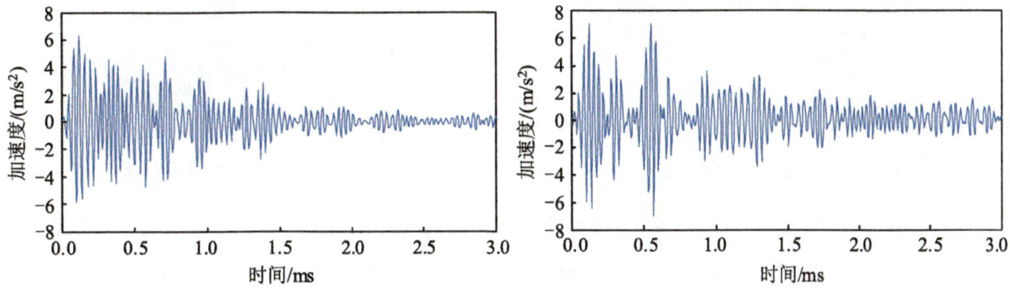

（a）完整锚固样本（试件 1）的应力波响应信号　　（b）单缺陷锚固样本（试件 2）的应力波响应信号

图 5-14　加速度传感器激励应力波响应信号

5.3 基于磁致伸缩超声导波的激振与拾振系统

磁致伸缩纵向导波锚杆检测系统结构图如图 5-15 所示。检测试件为自由锚杆和锚杆-围岩系统。其主要的试验设备有 Tektronix AFG3052 信号发生器、AE Techron7224 功率放大器、DH8302 动态信号测试分析系统、安装 DHDAS 测试软件的计算机和基于磁致伸缩换效应的电磁超声换能器。其中，电磁超声换能器主要由线圈、永磁体和铁磁性锚杆组成。

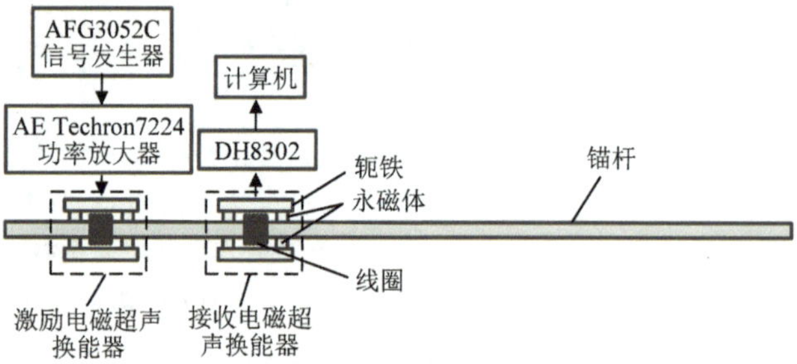

图 5-15 磁致伸缩纵向导波锚杆检测系统结构

自由锚杆检测试验平台如图 5-16 所示。信号发生器产生的激励信号经功率放大器放大后传入激励线圈；锚杆受永磁偏置磁场和线圈动态磁场的共同作用，产生磁致伸缩应变，在动态磁场作用下有规律地振动，产生在杆中传播的导波；当导波经过接收线圈时，由于磁致伸缩逆效应，杆的振动引起空间磁场变化，接收线圈在变化磁场作用下感应出电信号，经信号采集装置传入计算机。

电磁超声换能器如图 5-17 所示。磁路由偏置永磁体和轭铁组成，提供与交变磁场平行的静态磁场。

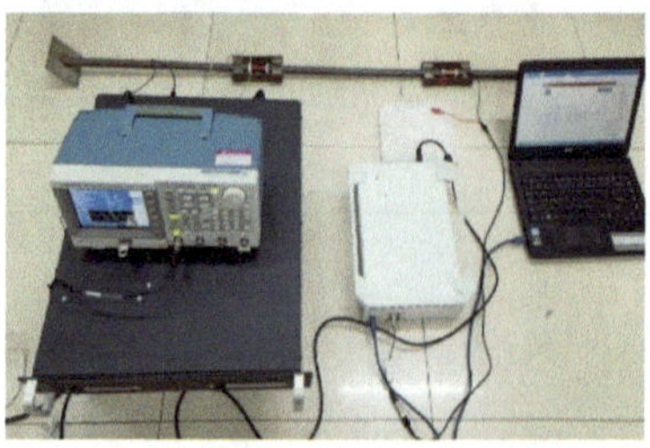

图 5-16 自由锚杆检测试验平台

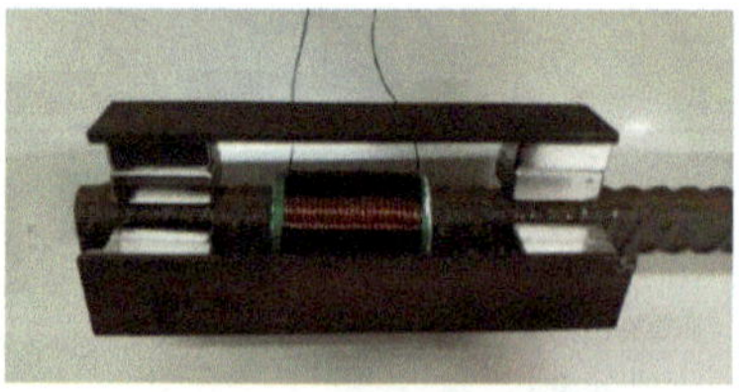

图 5-17 电磁超声换能器

进行信号采集试验时，将磁致伸缩换能器布置于完整锚杆-围岩系统上，设置形式如图 5-18 所示。激励端和接收端分别距离自由段前端面 100mm 和 400mm。采用中心频率为 50kHz 的 5 周期汉宁窗调制正弦波作为激励信号。经过滤波处理后，完整锚固（试件 1）接收信号波形如图 5-19 所示。

图 5-20 所示为经过滤波后试件 2～4 的检测结果，可以通过各端面反射波判断锚固的质量。

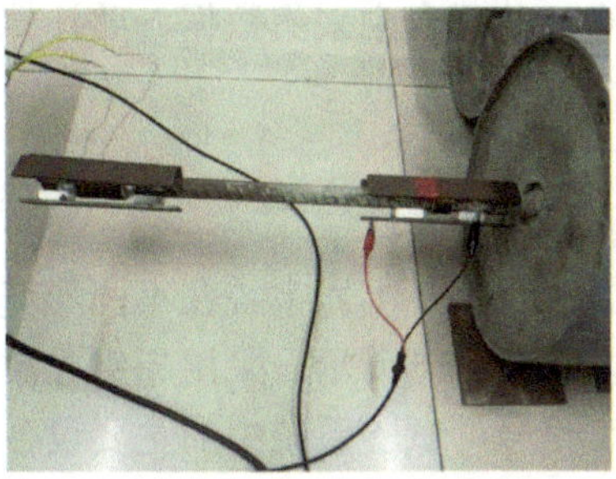

图5-18　锚固试验设置

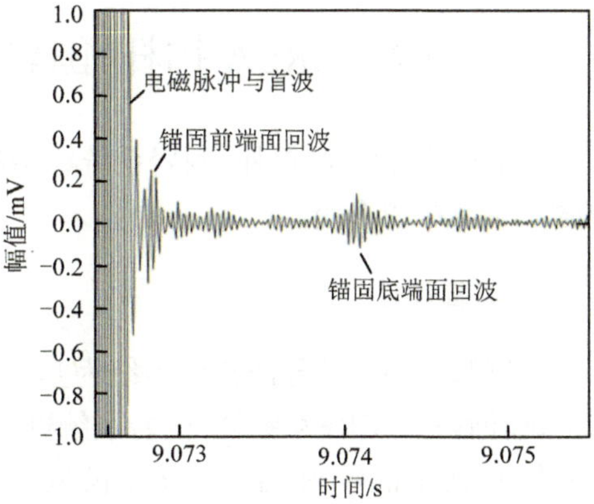

图5-19　完整锚固接收信号波形

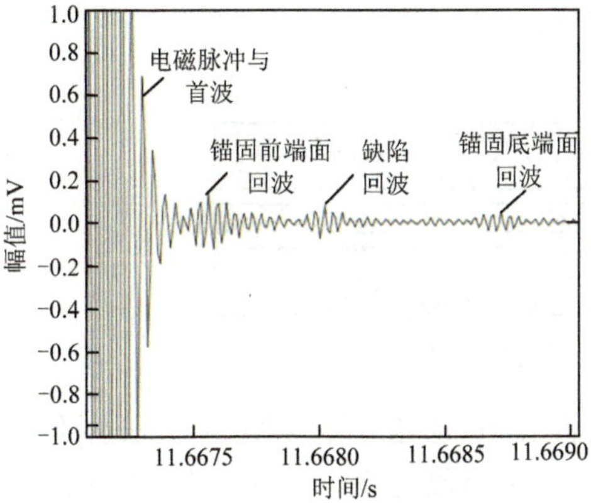

（a）试件2接收波形

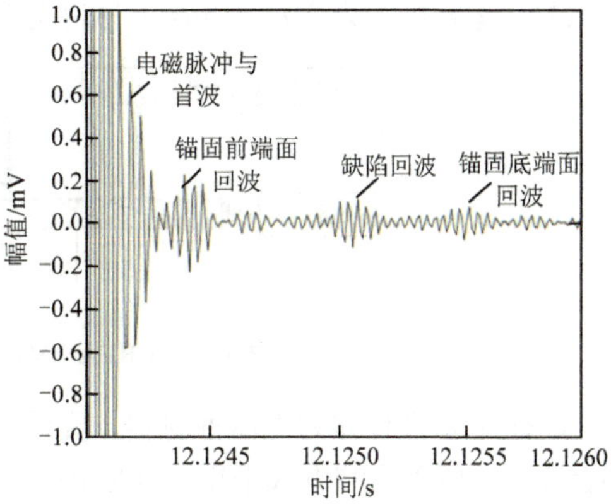

（b）试件3接收波形

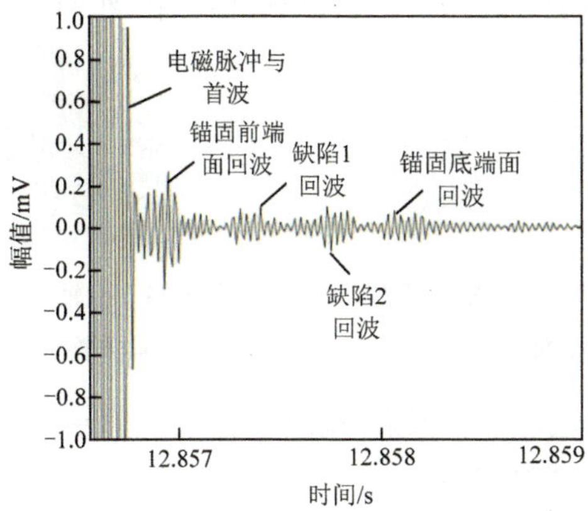

（c）试件4接收波形

图5-20　不同锚固缺陷接收波形

5.4 CREA 锚杆-围岩系统无损检测试验与分析

本节建立 CREA 锚杆-围岩系统模型的试验平台，从平台中采集数据，并计算锚杆在锚固系统中的形变。

1. 试验设计

本试验以超声波导波检测系统为基础，采集 CREA 锚杆-围岩系统在不同形变程度下的试验数据。CREA 锚杆-围岩系统试验平台模型如图 5-21 所示。采用超声导波法在建立的 CREA 锚杆-围岩系统试验模型中采集加速度信号，试验系统中的主要设备包括 Tektronix 任意波形发生器、IEPE 加速度传感器、DH8302 动态信号测试分析系统等。激励信号是中心频率为 20kHz 的 5 周期汉宁窗调制正弦波，信号触发间隔为 2s，峰峰值为 10V，运行模式为突发（burst）脉冲触发模式。

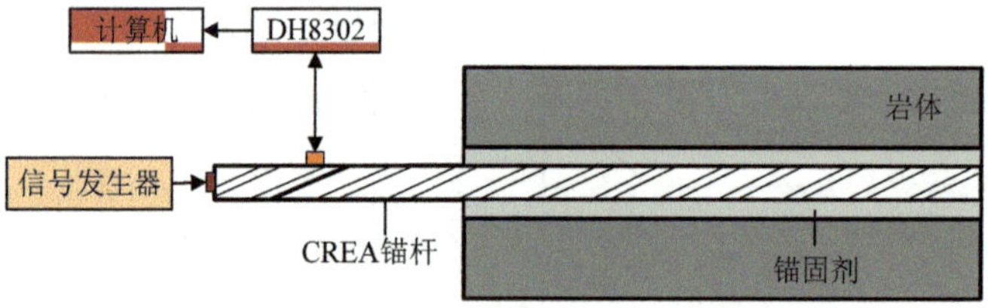

图 5-21 CREA 锚杆-围岩系统试验平台模型

CREA 锚杆杆体为无磁性材料，无法直接将 IEPE 加速度传感器磁吸在杆体上进行耦合连接，所以安装方式采用双面胶进行耦合。信号激励传感器采用单轴压电式加速度传感器，放置在锚杆自由段端面，如图 5-22 所示；信号接收传感器采用三轴压电式加速度传感器，放置在与锚杆平行 Z 方向的杆体端面上，如图 5-23 所示。

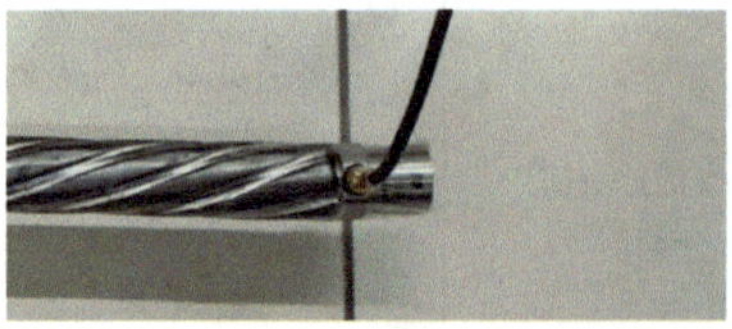

图 5-22 单轴压电式加速度传感器放置在锚杆自由段端面

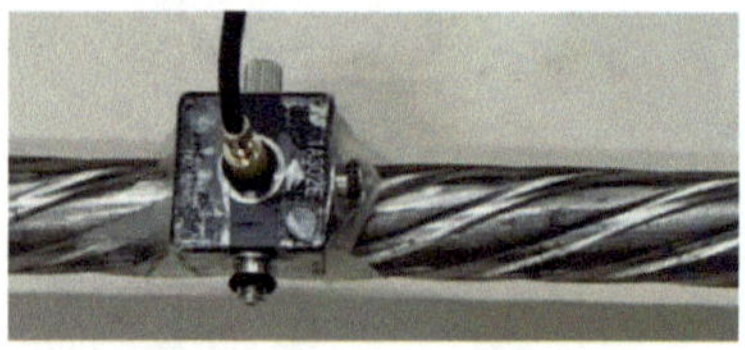

图 5-23 三轴压电式加速度传感器放置在锚杆平行 Z 方向的杆体端面上

在试验中，DH8302 动态信号采集系统采集加速度信号，并通过千兆网络接口将信号传送至计算机中进行处理和分析。

2. 试验原理

根据 CREA 锚杆无磁耐腐蚀的特性，选用超声导波方法对 CREA 锚杆的拉伸形变进行检测。激励信号施加在锚杆自由段端面处。锚杆产生轴向振动，振动信号在锚杆内部传播。信号到达锚杆底部时发生反射和透射。在激励端 100mm 处安装一个压电传感器的信号接收装置，用于采集反射信号的波形，经过传感器采集到的波形信号传入采集卡后再传入计算机系统软件中进行滤波和降噪处理，最后根据反射信号计算锚杆长度的形变量，实现对锚杆形变的检测。

3. 锚固试验平台

试验平台由混凝土制成，长 1000mm、宽 700mm、高 700mm，其模型参数如表 5-2 所示。

表 5-2　锚杆锚固模型参数

锚杆长度/mm	自由段长度/mm	锚固段长度/mm	锚杆直径/mm	锚固直径/mm
1200	500	700	18	200
1350	500	850	18	200
1500	500	1000	18	200

如图 5-24 所示，采用 1200mm、1350mm 和 1500mm 三种锚杆在试验台上进行试验。试验台模拟 CREA 锚杆在围岩中发生的形变，自由段长度保持为 500mm。

4. 数据采集结果

加速度信号在计算机分析系统上进行导出、存储和处理分析，试验设备连接如图 5-25 所示。

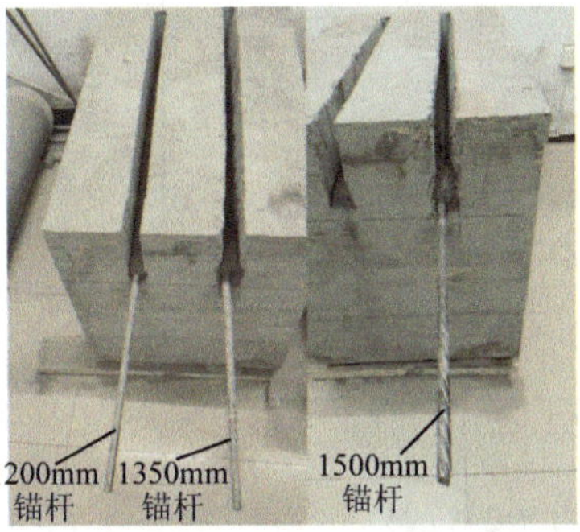

图 5-24　CREA 锚杆-围岩系统试验平台实物

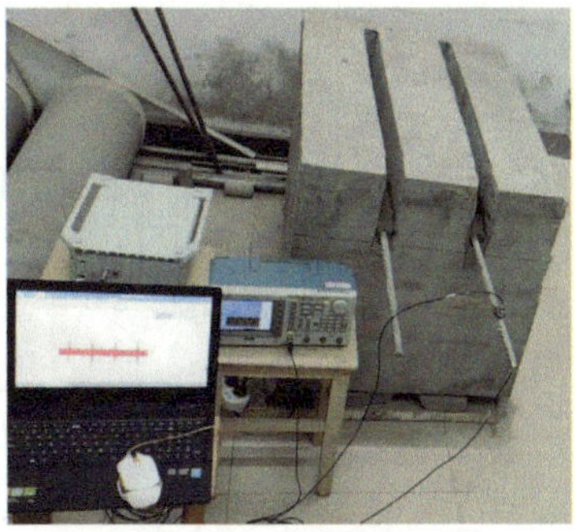

图 5-25　试验设备连接

从 DHDAS 测试分析软件中选取三种不同形变的锚杆-围岩系统试验波形数据，其中 1200mm 锚杆-围岩系统加速度曲线如图 5-26 所示。

由图 5-26 可知，第一个波包为激励信号向右传播过程中第一次被接收装置接收的信号波形；第二个波包为激励信号沿杆体传播到底端后反射回来的信号波形；第三个波包为锚固前端面回波经过自由段端面反射的二次回波，与锚固底端面的回波重叠；第四个波包则为锚固底端面回波。在不同形变状态下，CREA 锚杆-围岩系统试验波形如图 5-27 所示。

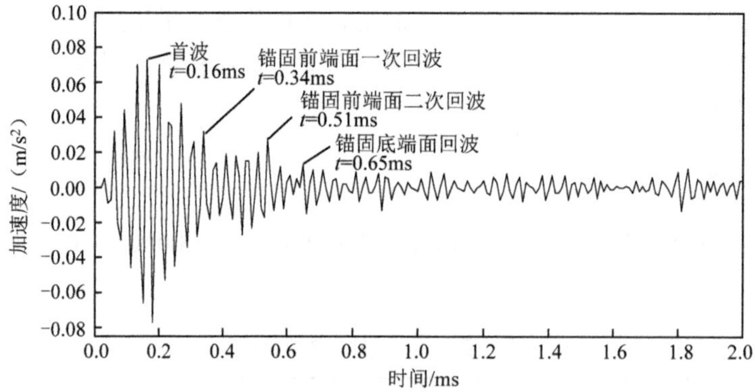

图 5-26　1200mm 锚杆-围岩系统加速度曲线

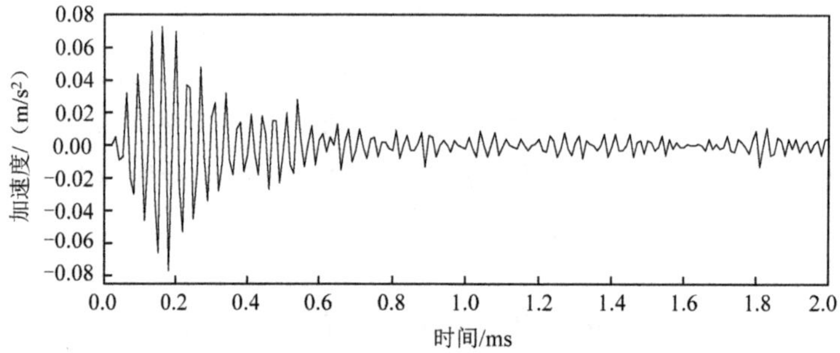

（a） 1200mm锚杆锚固系统模型实验数据波形

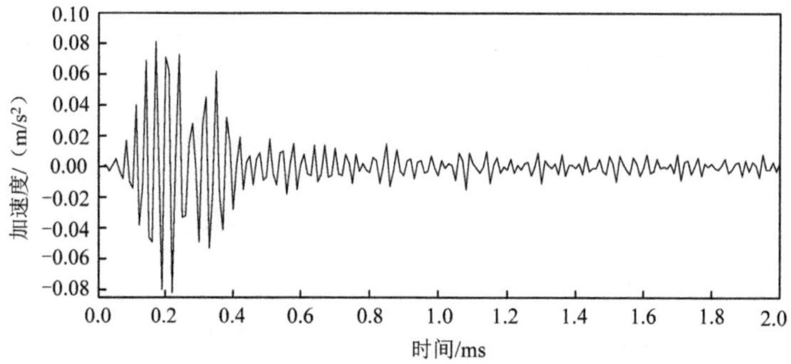

（b） 1350mm锚杆锚固系统模型实验数据波形

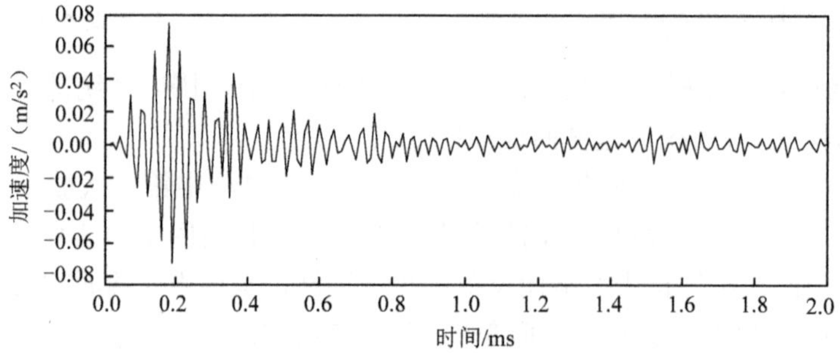

（c） 1500mm锚杆锚固系统模型实验数据波形

图 5-27　不同形变状态下 CREA 锚杆-围岩系统试验波形

由图 5-27 可知，试验数据波形的特征呈衰减趋势，与仿真数据波形特征相似。根据导波在锚杆上的传播速度和时间，对不同形变程度的锚杆-围岩系统中各模型的锚杆锚固长度进行计算，结果如表 5-3 所示。

表 5-3　锚杆锚固计算长度和相对误差

锚杆形变量/mm	自由段端面时间间隔/ms	锚固前端面时间间隔/ms	锚杆锚固设计长度/mm	自由锚杆计算长度/mm	锚固计算长度/mm	相对误差/%
1200	0.18	0.31	1200	450	770	1.6
1350	0.18	0.35	1350	450	870	2.22
1500	0.18	0.41	1500	450	1030	1.33

从表 5-3 中的计算结果可以看到，不同形变下锚杆锚固设计长度和计算长度之间的误差均在 2.3%以内。试验中的导波信号受到外界噪声和环境的影响较大，但是依然可以看出图 5-27 中不同形变锚杆系统下的波形特征。

第 6 章　锚杆-围岩系统无损检测数据预处理

利用导波对锚杆进行无损检测时，检测信号中有用信号的幅度往往较弱，易被噪声干扰，导致检测信号难以分辨。本章首先采用小波阈值降噪方法对锚杆实测信号进行降噪处理，然后介绍 VMD[91]与 ICA 联合降噪方法原理，最后使用 VMD-ICA 联合降噪方法对锚杆实测信号进行降噪处理分析。

6.1　小波阈值降噪方法

6.1.1　小波阈值降噪原理

小波阈值降噪原理图如图 6-1 所示。

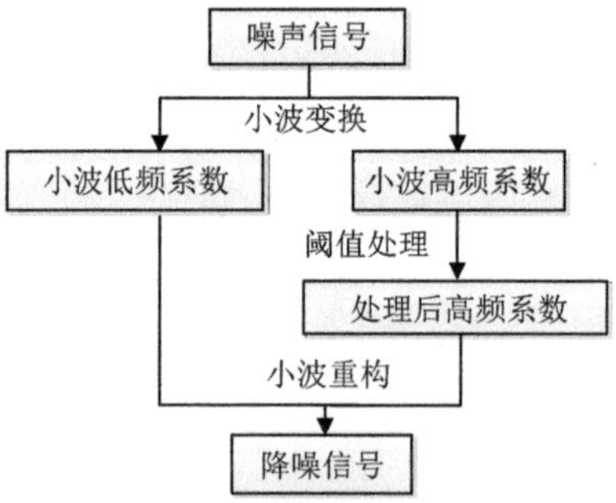

图 6-1　小波阈值降噪原理图

小波阈值降噪的效果与阈值和阈值函数选择有关。当信号中噪声较大，信噪比较小时，选用的极大、极小阈值为

$$\text{thr} = \begin{cases} 0, & N \leqslant 32 \\ 0.3936 + 0.1829\left(\dfrac{\ln N}{\ln 2}\right), & N > 32 \end{cases} \tag{6-1}$$

式中，N 为信号长度。

常用的阈值函数包括硬阈值函数和软阈值函数。

硬阈值函数为

$$\hat{\omega}_{j,k} = \begin{cases} \hat{\omega}_{j,k}, & \left|\hat{\omega}_{j,k}\right| \geqslant \lambda \\ 0, & \left|\hat{\omega}_{j,k}\right| < \lambda \end{cases} \tag{6-2}$$

式中，$\hat{\omega}$ 表示进行滤波处理的阈值函数。

软阈值函数为

$$\hat{\omega}_{j,k}=\begin{cases}\operatorname{sign}(\omega_{j,k})\cdot(|\omega_{j,k}|-\lambda), & |\omega_{j,k}|\geqslant\lambda \\ 0, & |\omega_{j,k}|<\lambda\end{cases} \tag{6-3}$$

式中，$\omega_{j,k}$ 为滤波处理前的小波变换系数；$\operatorname{sign}(\cdot)$ 为符号函数；阈值 λ 取为 $\sigma\sqrt{2\ln(N)}$，$\sigma=\dfrac{\operatorname{median}(|\omega_{j,k}|)}{0.6745}$ 是对噪声水平的估计值，N 为信号长度。

6.1.2　锚杆实测信号的小波降噪

以磁致伸缩导波为例，试验采用的自由锚杆长度为 3000mm，直径为 20mm。激励线圈中心距离锚杆左端面 300mm，接收线圈距离左端面 600mm。激励信号频率为 50kHz，激励线圈激发的磁致伸缩导波在锚杆中传播，到达锚杆端面时会发生反射，接收到的原始信号波形如图 6-2 所示。可以看出，信号中存在大量噪声，难以准确估计端面反射信号的时刻，导致锚杆的计算长度与实际长度误差较大。超声导波在锚杆中的传播波速为 5044m/s。采用的小波基为 sym3，对信号进行五层小波分解，阈值函数选择硬阈值，降噪后的信号如图 6-3 所示。

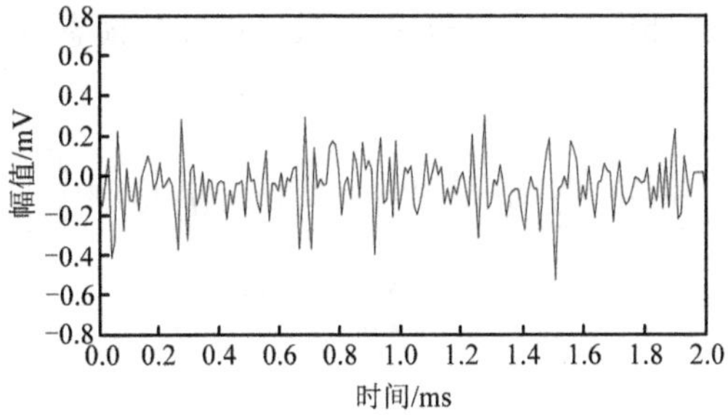

图 6-2　接收到的原始信号波形

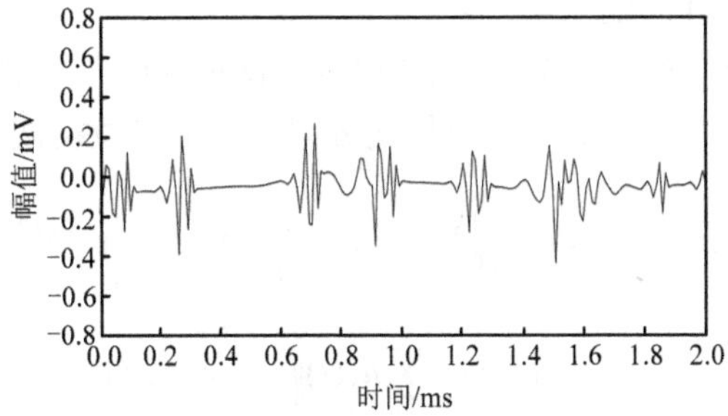

图 6-3　小波阈值降噪后的信号

小波阈值降噪前后锚杆长度计算结果如表 6-1 所示。

表 6-1　小波阈值降噪前后锚杆长度计算结果

信号	左端第一次回波时刻/ms	左端第二次回波时刻/ms	计算长度/mm	实际长度/mm	相对误差/%
原始信号	0.28	1.56	3228	3000	7.6
降噪后信号	0.28	1.54	3178	3000	5.9

由图 6-3 和表 6-1 可知，经小波阈值滤波后的信号波包更加清晰，更易判断出反射波的时刻，计算的锚杆长度与实际长度的相对误差降到了 5.9%。

6.2 变分模态分解与独立分量分析联合降噪方法

6.2.1 变分模态分解原理

变分模态分解（VMD）算法通过搜寻约束变分模型最优解来确定每个模态的中心频率和带宽，最终实现对信号的有效分解。

通过希尔伯特（Hilbert）变换计算每个本征模态函数（intrinsic mode function，IMF）$u_k(t)$的解析信号，并得到其单边频谱为$\left[\delta(t)+\frac{\mathrm{j}}{\pi t}\right]*u_k(t)$。

每个模态通过其单边频谱与指数 $\mathrm{e}^{-\mathrm{j}\omega_k t}$ 的混合估计中心频率，将各模态的频谱调至相应的基频带，即$\left[\left(\delta(t)+\frac{\mathrm{j}}{\pi t}\right)*u_k(t)\right]\mathrm{e}^{-\mathrm{j}\omega_k t}$。

通过计算调解信号的梯度平方（L^2）的范数，估计各模态分量的带宽，其约束变分模型为

$$\begin{cases}\min\limits_{\{u_k\},\{\omega_k\}}\left\{\sum\limits_k\left\|\partial_t\left[\left(\delta(t)+\frac{\mathrm{j}}{\pi t}\right)*u_k(t)\right]\mathrm{e}^{-\mathrm{j}\omega_k t}\right\|_2^2\right\}\\ \text{s.t.}\quad \sum\limits_k u_k=f(t)\end{cases}\tag{6-4}$$

式中，$\delta(t)$ 为冲激函数；∂_t 为对 t 求偏导数；$u_k(t)$ 为第 k 个变分模态分量；ω_k 为第 k 个分量的中心频率；$f(t)$ 为输入信号。

为了求取约束变分模型最优解，VMD 引入二次惩罚因子 α 和拉格朗日算子 $\lambda(t)$，将待求解的约束性变分问题转变为非约束性变分问题。增广拉格朗日函数表达式如下：

$$\begin{aligned}L(\{u_k\},\{\omega_k\},\lambda)=&\alpha\sum_k\left\|\partial_t\left[\left(\delta(t)+\frac{j}{\pi t}\right)*u_k(t)\right]\mathrm{e}^{-\mathrm{j}\omega_k t}\right\|_2^2\\&+\left\|f(t)-\sum_k u_k(t)\right\|_2^2+\left\langle\lambda(t),f(t)-\sum_k u_k(t)\right\rangle\end{aligned}\tag{6-5}$$

利用交替方向乘子法求解上述变分问题，通过交替更新 λ^{n+1}、ω_k^{n+1}、u_k^{n+1} 求取增广拉格朗日的鞍点。其中，u_k^{n+1} 的表达式为

$$u_k^{n+1}=\underset{u_k\in X}{\arg\min}\left\{\alpha\left\|\partial_t\left[\left(\delta(t)+\frac{\mathrm{j}}{\pi t}\right)*u_k(t)\right]\mathrm{e}^{-\mathrm{j}\omega_k t}\right\|_2^2+\left\|f(t)-\sum_i u_i(t)+\frac{\lambda(t)}{2}\right\|_2^2\right\}\tag{6-6}$$

式中，u_k^{n+1} 为第 n+1 次的模态函数；ω_k 为模态函数功率谱的重心。

由于傅里叶变换具有等效性，因此利用帕什瓦（Parseval）定理在频域内求解：

$$\hat{u}_k^{n+1} = \underset{\hat{u}_k, u_k \in X}{\arg\min} \left\{ \alpha \left\| \mathrm{j}\omega [(1+\mathrm{sgn}(\omega+\omega_k))\hat{u}_k(\omega+\omega_k)] \right\|_2^2 + \left\| \hat{f}(\omega) - \sum_i \hat{u}_i \left(\omega + \frac{\hat{\lambda}(\omega)}{2} \right) \right\|_2^2 \right\} \tag{6-7}$$

将式（6-7）等号右侧第一项的变量 $\mathrm{j}\omega$ 替换为 $\mathrm{j}(\omega-\omega_k)$，得

$$\hat{u}_k^{n+1} = \underset{\hat{u}_k, u_k \in X}{\arg\min} \left\{ \alpha \left\| \mathrm{j}(\omega-\omega_k) [(1+\mathrm{sgn}(\omega+\omega_k))\hat{u}_k(\omega+\omega_k)] \right\|_2^2 + \left\| \hat{f}(\omega) - \sum_i \hat{u}_i \left(\omega + \frac{\hat{\lambda}(\omega)}{2} \right) \right\|_2^2 \right\} \tag{6-8}$$

将式（6-8）转换为非负频率段的半空间积分：

$$\hat{u}_k^{n+1} = \underset{\hat{u}_k, u_k \in X}{\arg\min} \left\{ \int_0^\infty 4\alpha(\omega+\omega_k)^2 \left| \hat{u}(\omega) \right| + 2 \left| \hat{f}(\omega) - \sum_i \hat{u}_i(\omega) + \frac{\hat{\lambda}(\omega)}{2} \right|^2 \mathrm{d}\omega \right\} \tag{6-9}$$

模态分量求解表达式为

$$\hat{u}_k^{n+1}(\omega) = \frac{\hat{f}(\omega) - \sum_i \hat{u}_i(\omega) + \frac{\hat{\lambda}(\omega)}{2}}{1+2\alpha(\omega-\omega_k)^2} \tag{6-10}$$

根据同样的过程，将中心频率的取值问题转换到频域，解得中心频率为

$$\omega_k^{n+1} = \frac{\int_0^\infty \omega \left| \hat{u}(\omega) \right|^2 \mathrm{d}\omega}{\int_0^\infty \left| \hat{u}(\omega) \right|^2 \mathrm{d}\omega} \tag{6-11}$$

式中，$\hat{u}_k^{n+1}$ 等同于 $\hat{f}(\omega) - \sum_{i \neq k} \hat{u}_i(\omega)$ 通过维纳滤波的剩余量；ω_k^{n+1} 为相应模态分量功率谱的重心。

λ 更新方法如下：

$$\hat{\lambda}^{n+1}(\omega) = \hat{\lambda}^n(\omega) + \tau[\hat{f}(\omega) - \sum_k \hat{u}_k^{n+1}(\omega)] \tag{6-12}$$

6.2.2　变分模态分解参数选择

模态分解层数 K 的选取影响分解的 IMF 数量。当 K 取值过大且 α 取值过小时，将出现模态混叠；当 K 取值过小且 α 取值过大时，将导致信息丢失。VMD 分解时，难以选择最佳的模态分解层数 K 和惩罚参数 α，本节利用布谷鸟搜索（cuckoo search，CS）算法对参数 K 和 α 进行寻优。

1. CS 算法

CS 算法是由 Yang 和 Deb[92]基于布谷鸟的巢寄生特性及莱维飞行模式提出的，首先在可行解空间中随机初始化 N 个鸟巢的位置，并计算每个鸟巢位置的适应度值，将适应度值最优的鸟巢位置保留到下一代，然后继续进入鸟巢位置的迭代过程。

CS 算法基于以下三条理想化规则：

（1）每只布谷鸟每次只产一个卵，并随机选择一个鸟巢来孵化。

（2）每组鸟巢中，最好鸟蛋所在的巢将保留到下一代。

（3）寄生巢数量是固定的，且布谷鸟产的卵被宿主发现的概率为 $P_a \in [0,1]$。

布谷鸟对鸟巢的位置和路径更新是按照莱维飞行模式进行的，路径和位置更新公式为

$$x_i^{t+i} = x_i^t + \alpha \odot L(u,v) \tag{6-13}$$

式中，x_i^t 为第 i 个鸟蛋在第 t 次迭代中鸟巢所在的位置；$\odot$ 为点乘积；$\alpha = \alpha_0(x_i^t - x_{\text{best}}^t)$ 为随机行走中的步长控制量，其中 x_{best}^t 为当前优鸟巢位置，α_0 通常取值为 1；$L(u,v)$ 为莱维随机搜索路径。

在更新过程中，用一个随机数 r 与发现概率 P_a 相比较，以确定个体是否更新，对当前最优鸟巢进行筛选，最后保留最优鸟巢位置 x_{best}^t。

2. 峭度准则

峭度是描述波形尖峰度的一个无量纲参数，峭度值 K_u 定义为

$$K_u = \frac{E(x-\mu)^4}{\sigma^4} \tag{6-14}$$

式中，μ、σ 分别为信号 x 的均值和标准差；$E(x)$ 为信号 x 的期望值[93]。

当峭度值 $K_u=3$ 定义为零峭度时，分布曲线有正常峰度。如果信号中叠加了大量冲激脉冲信号，则信号的峭度值增大。利用 VMD 算法对锚杆的导波信号进行分解，如果 IMF 信号峭度值较大，出现规律性冲激脉冲，则表示导波中包含较多反射波信息。

3. CS 算法优化 VMD 参数

利用 CS 算法进行参数优化时，选用峭度值作为适应度函数。在经 VMD 分解后，计算所有 IMF 的峭度值，将其最大值称为局部极大值，用 $\max E_p^{\text{IMF}}$ 表示，与该值所对应的 IMF 分量称为局部最佳分量。

VMD 算法的 α 和 K 的优化步骤如下。

步骤 1：初始化鸟巢个数、更新概率、迭代次数等参数，随机产生 n 个鸟巢的初始位置 X_i，$i=1,2,3,\cdots,n$，确定适应度函数为峭度值。

步骤 2：在不同参数条件下对信号进行 VMD 运算，计算每组参数 α 和 K 相应的适应度值 $\max E_p^{\text{IMF}}$，并记录当前的最优解。

步骤 3：保留上代最佳 IMF 分量的鸟巢，利用式（6-13）对鸟巢位置进行更新。

步骤 4：比较新的鸟巢适应度值与上代鸟巢适应度值，选取更好的鸟巢位置并保留。

步骤 5：比较随机数 r 和发现概率 P_a，若 $r>P_a$ 则更新鸟巢位置，反之保留位置不变。

步骤 6：若未满足终止条件，则返回步骤 2。

步骤 7：输出全局最优位置。

6.2.3　VMD-ICA 联合降噪方法

1. ICA 方法

ICA 方法在源信号先验信息和传送通道信息参数未知的情况下分离出源信号。其处理过程如图 6-4 所示，其中 $\boldsymbol{s}=(s_1(t), s_2(t), \cdots, s_n(t))^{\mathrm{T}}$ 表示 n 个未知相互独立的源信号组成的向量，$\boldsymbol{v}=(v_1(t), v_2(t), \cdots, v_n(t))^{\mathrm{T}}$ 表示噪声向量，$\boldsymbol{x}=(x_1(t), x_2(t), \cdots, x_m(t))^{\mathrm{T}}$ 表示由 m 个信号组成的向量，$\boldsymbol{y}=(y_1(t), y_2(t), \cdots, y_n(t))^{\mathrm{T}}$ 是待求的分离信号向量。

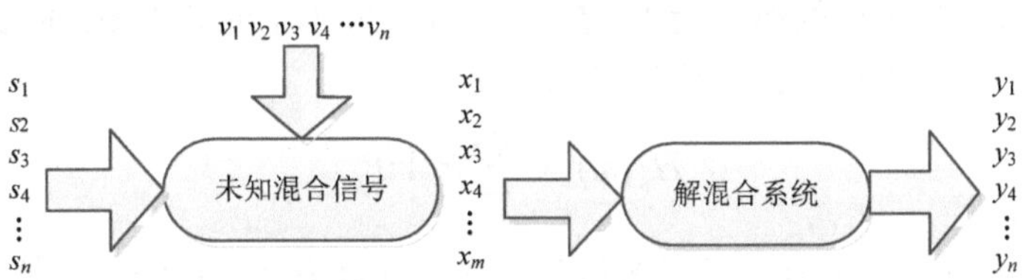

图 6-4　ICA 方法处理过程

设源信号为 $\boldsymbol{s}(t)$，各分量之间互相独立，观测到的线性混合模型为

$$\boldsymbol{x}(t) = \boldsymbol{A}\boldsymbol{s}(t) \tag{6-15}$$

式中，$\boldsymbol{A}$ 为混合矩阵。

为了简单起见，设式（6-15）中 $\boldsymbol{s}(t)$和 $\boldsymbol{x}(t)$中分量的个数是相等的，这种情况下 $\boldsymbol{A}$ 为一个方阵。源信号 $\boldsymbol{s}(t)$的估计 $\tilde{\boldsymbol{s}}(t)$ 满足如下等式：

$$\tilde{\boldsymbol{s}}(t) = \boldsymbol{W}\boldsymbol{x}(t) = \boldsymbol{B}\boldsymbol{s}(t) \tag{6-16}$$

式中，$\boldsymbol{W}$ 为分离矩阵；$\boldsymbol{B}$ 为全局矩阵，$\boldsymbol{B}=\boldsymbol{W}\boldsymbol{A}$。

在混合矩阵 $\boldsymbol{A}$ 及源信号 $\boldsymbol{s}$ 都未知的情况下，估计出的各独立分量的排列顺序及幅值具有不确定性，但是不影响信号整体的判断。为了提高计算的收敛速率，通常采用快速 ICA 算法。

2. 排列熵算法

排列熵（permutation entropy，PE）是由 Bandt 和 Pompe[94]提出的一种衡量序列复杂度和动力学突变的方法。该算法的步骤如下。

针对一个时间序列 $\{\boldsymbol{X}(i), i=1,2,3,\cdots,n\}$ 进行相空间重构，可得到重构矩阵 $\boldsymbol{X}_{\mathrm{R}}$ 如下：

$$\boldsymbol{X}_{\mathrm{R}}=\begin{bmatrix} x(1), x(1+\tau), \cdots, x[1+(m-1)\tau] \\ x(2), x(2+\tau), \cdots, x[2+(m-1)\tau] \\ \vdots \\ x(j), x(j+\tau), \cdots, x[j+(m-1)\tau] \\ \vdots \\ x(K), x(K+\tau), \cdots, x[K+(m-1)\tau] \end{bmatrix} \quad (j=1,2,3,\cdots,K) \tag{6-17}$$

式中，m 为嵌入维数；τ 为延迟时间；$K=n-(m-1)f$ 为重构向量个数。

将 $\boldsymbol{X}_{\mathrm{R}}$ 重构矩阵中的第 j 个重构分量按照升序重新排列，即

$$x[i+(j_1-1)\tau]\leqslant x[i+(j_2-1)\tau]\leqslant\cdots\leqslant x[i+(j_m-1)\tau] \tag{6-18}$$

若重构分量中有相等的值，如

$$x[i+(j_1-1)\tau]=x[i+(j_2-1)\tau] \tag{6-19}$$

则按照 j_1 和 j_2 值的大小来排序，如当 $j_1<j_2$ 时，有

$$x[i+(j_1-1)\tau]\leqslant x[i+(j_2-1)\tau] \tag{6-20}$$

对于重构矩阵中的每一行，都可以得到一组符号序列：

$$\boldsymbol{S}(l)=(j_1,j_2,\cdots,j_m) \tag{6-21}$$

式中，$l=1,2,\cdots,k$，且 $k\leqslant m!$。

每一种符号序列出现的概率为 P_1, P_2, …, P_k，此时时间序列 $\boldsymbol{X}(i)$的 k 种不同符号序列的排列熵 $H_{\mathrm{p}}(m)$ 可以按照信息熵的形式定义为

$$H_{\mathrm{p}}(m)=-\sum_{j=1}^{k}P_j\ \ln P_j \tag{6-22}$$

当 $P_j=1/m!$时，$H_{\mathrm{p}}(m)$达到最大值 $\ln(m!)$。对 $H_{\mathrm{p}}(m)$进行归一化处理，有

$$0\leqslant H_{\mathrm{p}}=H_{\mathrm{p}}/\ln(m!)\leqslant 1 \tag{6-23}$$

时间序列 $\boldsymbol{X}(i)$，$i=1,2,3,\cdots,n$ 的随机程度由 H_{p} 的大小表示，H_{p} 越小，说明时间序列越规则；反之，时间序列随机性越强。

3. VMD-ICA 联合降噪

通过 CS-VMD 运算，得到若干 IMF 分量，选取峭度值较高的分量重构成一组信号，利用快速 ICA 算法对其与源信号组成的两路输入通道进行解混，得到降噪后的信号。对于由噪声引起的毛刺波形，可以进一步进行小波阈值处理。

基于 CS-VMD 参数优化与 ICA 联合降噪方法的主要步骤如下。

步骤 1：利用 CS 算法优化 VMD 参数。

步骤 2：利用 VMD 方法分解接收的导波回波信号。

步骤 3：依据 PE 值对分解的各模态进行重构，得到观测信号 $s_1(t)$。

步骤 4：利用快速 ICA 算法对步骤 3 得到的观测信号 $s_1(t)$和源信号 $s_2(t)$进行解混，得到联合降噪后的信号。

步骤 5：对解混后的信号进行小波阈值处理，滤除由噪声引起的毛刺。

6.2.4 锚杆实测信号的 VMD 和 ICA 联合降噪

1. 自由锚杆实验分析

采用 VMD 和 ICA 联合降噪方法对图 6-2 中的自由锚杆试验数据进行降噪处理。用 CS 算法优化 VMD 参数组合[K,α]。其中，CS 算法参数设置如下：鸟巢数 n=20，更新概率 P_a=0.25，分解层数 K 的搜索范围为（2,15），惩罚因子 α 的搜索范围为（100,3000），最大迭代次数为 50 次。经过寻优，获得最优参数为 K=7、α=1525，分解结果如图 6-5 所示。

经 VMD 分解后，各层 IMF 分量的 PE 值如表 6-2 所示。选取 PE 值大于 0.5 的 IMF 构成虚拟通道，取 IMF2～IMF6 重构信号。

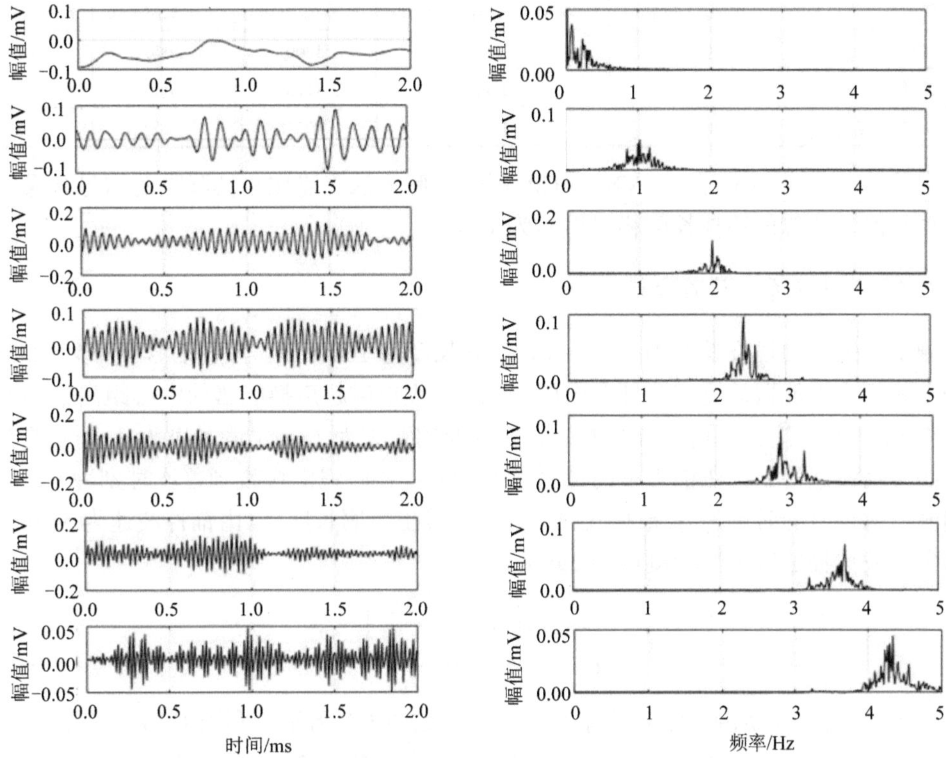

（a）波形　（b）频谱

图 6-5　模态分量波形及频谱

表 6-2　各层 IMF 分量的 PE 值

IMF	1	2	3	4	5	6	7
PE 值	0.361	0.514	0.550	0.585	0.560	0.582	0.489

经小波降噪和 VMD-ICA 联合降噪后的效果分别如图 6-6（a）和（b）所示，表 6-3 是原始接收信号和经降噪后得到的锚杆长度值和相对误差。

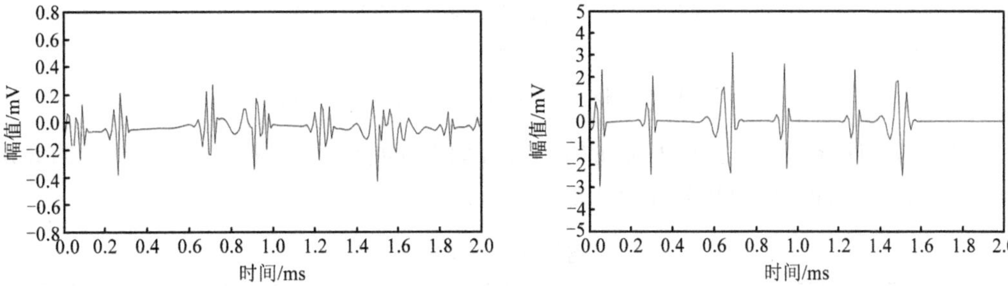

（a）小波降噪效果　（b）VMD-ICA 联合降噪效果

图 6-6　两种降噪算法的降噪效果对比

表 6-3　锚杆长度计算结果和相对误差对比

降噪算法	左端第一次回波时刻/ms	左端第二次回波时刻/ms	计算长度/mm	实际长度/mm	相对误差/%
原始信号	0.28	1.56	3200	3000	6.7
小波降噪	0.28	1.54	3178	3000	5.9
VMD-ICA 降噪	0.30	1.51	3052	3000	1.7

由图 6-6 和表 6-3 可知，VMD-ICA 联合降噪方法降噪比小波降噪的信号含噪声少且波形平滑，计算的锚杆长度相对误差为 1.7%。

2. 锚杆-围岩系统试验分析

测试中采用的锚杆长度为 2000mm，锚固长度为 1000mm。激励信号频率为 50kHz，激励电磁超声换能器放置在锚杆自由段顶端，接收电磁超声换能器的中心距离锚固前端面 500mm。假设接收线圈中心距离锚固前端面的距离为 L_1，锚固长度为 L_2，导波在锚杆中的传播波速为 c_1，在锚固里的传播速度为 c_2，接收线圈接收到首波时刻为 t_1、锚固底端面反射信号的时刻为 t_2，根据式(6-24)可计算出锚固长度。自由锚杆波速为 5044m/s，锚固中导波传播速度经试验测试为 2996m/s。

$$L_2 = \frac{c_2\left(t_2 - t_1 - \dfrac{2L_1}{c_1}\right)}{2} \tag{6-24}$$

锚固-围岩系统实测接收到的原始信号波形如图 6-7 所示。利用 CS 算法优化 VMD 参数组合[K,α]。其中，CS 算法参数设置如下：鸟巢数 n=20，更新概率 P_a=0.25，分解层数 K 的搜索范围为（2,15），惩罚因子 α 的搜索范围为（100,3000），最大迭代次数为 50 次，寻优结果为 K=9、α=1424。分解结果如图 6-8 所示。

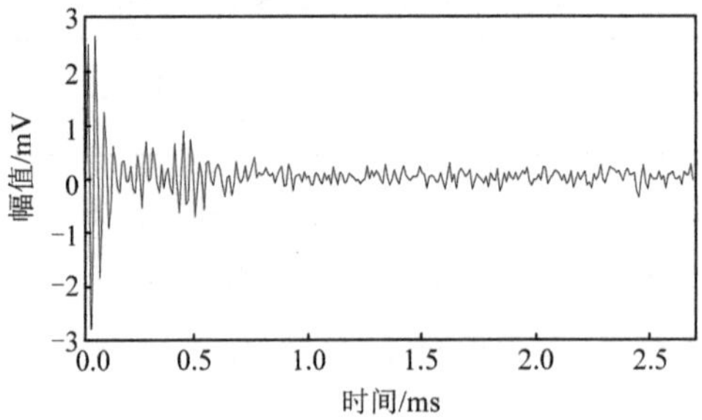

图 6-7　锚固-围岩系统实测接收到的原始信号波形

计算 VMD 分解后每层 IMF 分量的 PE 值，如表 6-4 所示。选取 PE 值大于 0.5 的 IMF 构成虚拟通道，即选取 IMF3～IMF9 重构信号。

表 6-4　各层 IMF 分量的 PE 值

IMF	1	2	3	4	5	6	7	8	9
PE 值	0.3321	0.4458	0.5387	0.5328	0.5365	0.5842	0.5958	0.5845	0.5346

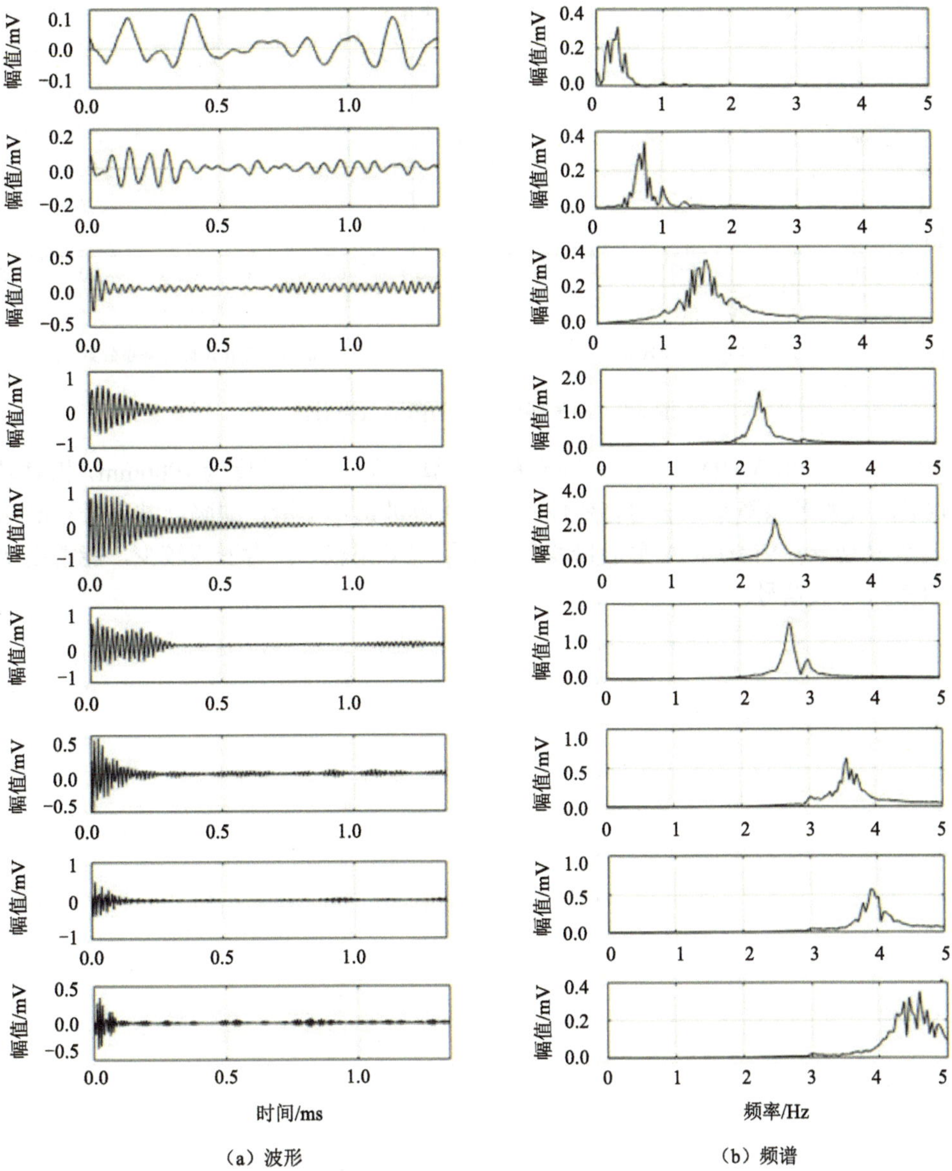

图 6-8　模态分量波形及频谱

由图 6-7 可知，信号受到噪声干扰，底端回波时刻难以确定。分别应用小波降噪方法和 VMD-ICA 联合降噪方法对信号进行处理，得到的降噪效果分别如图 6-9（a）和（b）所示。表 6-5 为接收到的原始信号和经降噪后得到的锚固长度结果和相对误差。

表 6-5　锚固长度计算结果和相对误差对比

降噪算法	首波时刻/ms	底端回波时刻/ms	锚固计算长度/mm	锚固实际长度/mm	相对误差/%
原始信号	0.06	0.97	1066	1000	6.6
小波阈值降噪	0.06	0.95	1036	1000	3.6
VMD-ICA 联合降噪	0.06	0.93	1006	1000	0.6

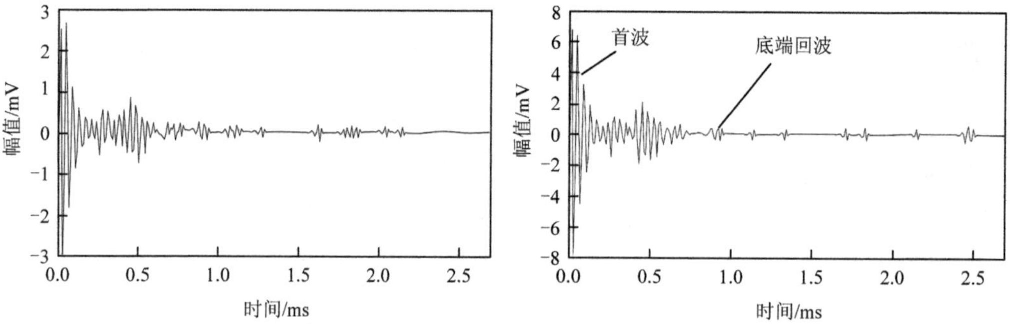

（a）小波阈值降噪效果　　（b）VMD-ICA 联合降噪效果

图 6-9　两种降噪算法的降噪效果对比

由表 6-5 可知，VMD-ICA 联合降噪算法计算得到的锚固长度为 1006mm，相对误差为 0.6%，证明了该降噪算法的有效性。小波去噪波形不平滑，缺陷回波信号和底端面回波有失真现象；VMD-ICA 联合降噪算法的降噪效果较好，含噪声较少，能看出缺陷回波及底端回波信号。

第 7 章　基于频率响应函数和概率神经网络的无损检测方法

锚杆-围岩系统的缺陷会引起质量、刚度等物理参数的改变，进而引起结构动力特性的变化。根据振动测试理论，模态参数（固有频率、振型、阻尼比等）主要由频率响应函数间接估计获得。频率响应函数能够直观地展现结构系统特点，便于在频域内进行分析，可降低模态参数估计误差对检测结果的影响。针对锚杆-围岩系统的实测频率响应函数数据维度高、包含噪声和非线性成分的问题，本章首先采用 PCA 算法对实测频率响应函数进行降维，然后设计基于 PNN 的锚杆-围岩系统无损检测算法。

7.1　频率响应函数

将频率响应函数作为锚杆-围岩系统缺陷识别的特征参数具有以下几个优势。

（1）系统的固有频率和频率响应函数曲线的峰值处的频率相对应，反映了整体系统的动力特性。

（2）频率响应函数能较好地描述结构的动力学特征。

（3）频率响应函数易于测量。

7.1.1　频率响应函数的概念

具有黏性阻尼的单自由度系统的振动微分方程如下：

$$\boldsymbol{m}\ddot{\boldsymbol{x}}(t)+\boldsymbol{c}\dot{\boldsymbol{x}}(t)+\boldsymbol{k}\boldsymbol{x}(t)=\boldsymbol{f}(t) \tag{7-1}$$

式中，$\boldsymbol{c}=\alpha\boldsymbol{m}+\beta\boldsymbol{k}$ 为比例阻尼矩阵，α 与 β 分别为比例阻尼系数，$\boldsymbol{m}$、$\boldsymbol{k}$ 分别为系统的质量矩阵和刚度矩阵；$\boldsymbol{f}(t)$ 为系统所受外力向量；$\boldsymbol{x}(t)$、$\dot{\boldsymbol{x}}(t)$、$\ddot{\boldsymbol{x}}(t)$ 分别为结构的位移、速度及加速度向量。

在振动测试前，锚杆-围岩系统处于静止状态，其初始条件设为零，即 $\boldsymbol{x}(0)=0$，$\dot{\boldsymbol{x}}(0)=0$。对式（7-1）进行拉普拉斯变换，可得

$$(ms^2+cs+k)\boldsymbol{X}(s)=\boldsymbol{F}(s) \tag{7-2}$$

式中，s 为复变量；$\boldsymbol{X}(s)$ 和 $\boldsymbol{F}(s)$ 分别为 $\boldsymbol{x}(t)$、$\boldsymbol{f}(t)$ 的拉普拉斯变换。

由式（7-2）可得

$$\boldsymbol{X}(s)=H(s)\boldsymbol{F}(s) \tag{7-3}$$

式中，$H(s)$ 为传递函数，即

$$H(s)=\frac{1}{ms^2+cs+k} \tag{7-4}$$

令 $s=\mathrm{j}\omega$，频率响应函数可表示为

$$H(s)\big|_{s=\mathrm{j}\omega}=H(\mathrm{j}\omega)=\frac{1}{-m\omega^2+\mathrm{j}\omega c+k} \tag{7-5}$$

7.1.2 频率响应函数的质量评价

实测频率响应函数信噪比的大小直接影响频率响应函数的估计值。在实际测量中频率响应函数的信噪比无法获得，一般使用相干函数来判断实测频率响应函数的估计质量。

相干函数定义为

$$\gamma_{fx}^2(f)=\frac{\left|G_{fx}(f)\right|^2}{G_{ff}(f)G_{xx}(f)} \tag{7-6}$$

式中，$G_{fx}(f)$ 为 $\boldsymbol{f}(t)$、$\boldsymbol{x}(t)$ 的单边互功率谱密度函数；$G_{ff}(f)$ 和 $G_{xx}(f)$ 分别为 $\boldsymbol{f}(t)$ 和 $\boldsymbol{x}(t)$ 的单边自功率谱密度函数。

相干函数表达了激励信号和响应信号之间的相关程度，范围在 0～1。输入或输出信号存在不相关噪声、系统存在延迟对相干函数影响较大。其值越接近 1，表明激励信号和响应信号之间的相关性越强。通常情况下，当相干函数大于 0.8 时，认为测得的频率响应函数是可靠的。因此，可通过相干函数评价频率响应函数的估计质量，判断频率响应函数被干扰的程度，为频率响应函数的测量和分析工作的准确性提供依据。5.1 节中四类锚杆试件通过力锤激振法获得的频率响应函数及其相干函数如图 7-1 所示。

由图 7-1 可知，在频率响应函数谱峰附近，相干函数值均高于 0.9，说明力锤的激励信号和锚杆的响应信号之间有较好的相干性，实测的频率响应函数信噪比较高，数据可靠。

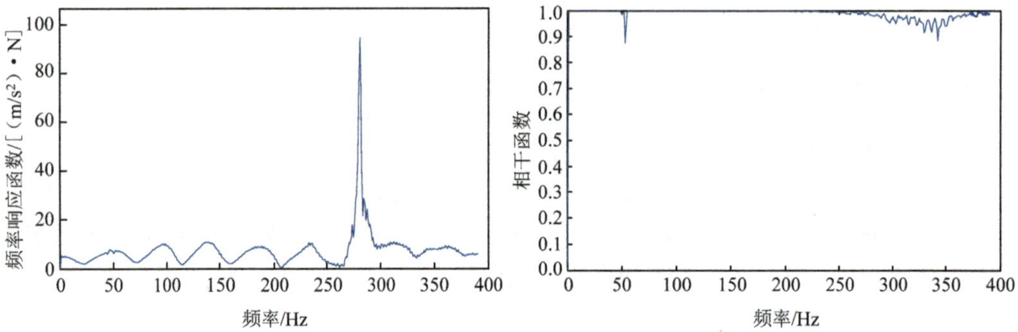

（a）试件 1 实测频率响应函数及其相干函数

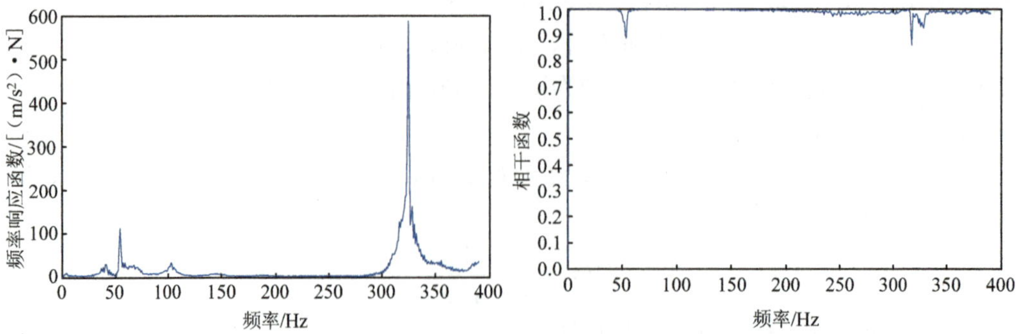

（b）试件 2 实测频率响应函数及其相干函数

图 7-1 实测频率响应函数及其相干函数

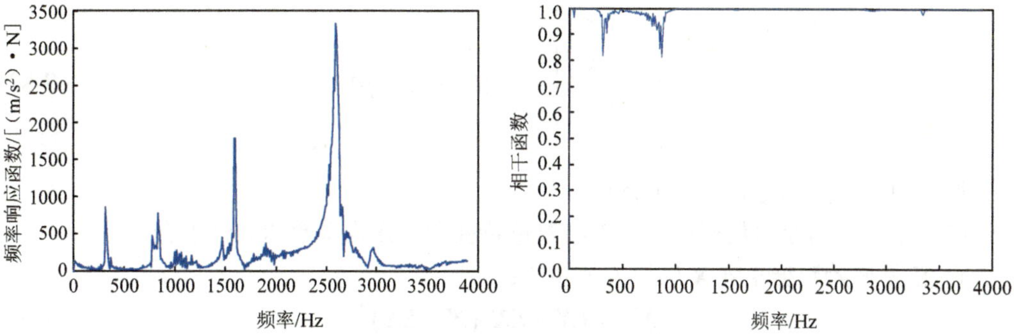

（c）试件 3 实测频率响应函数及其相干函数

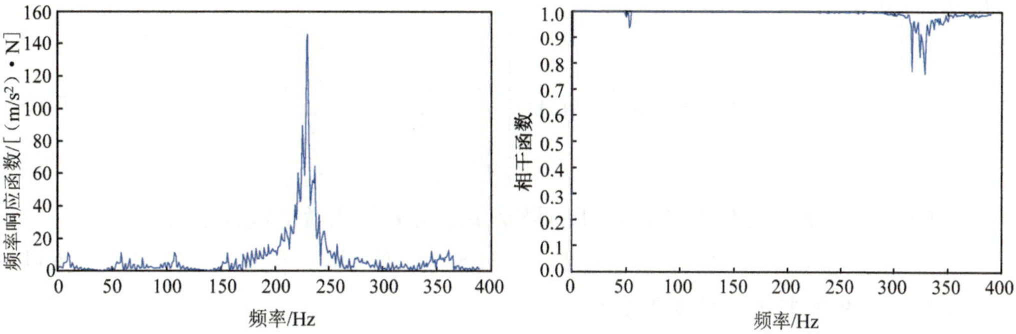

（d）试件 4 实测频率响应函数及其相干函数

图 7-1（续）

7.2　主元分析法

主元分析（PCA）算法是一种常用的数据降维算法，其将原始变量映射到新的坐标系中，得到互不相关的新变量来表征原始变量，在保留原始信息特征的前提下实现对变量空间的降维。

7.2.1　主元分析的基本原理

设有 n 个样本，每一个样本对 p 项变量（指标）进行观测：$\boldsymbol{X}_1,\boldsymbol{X}_2,\cdots,\boldsymbol{X}_p$，则原始数据矩阵 $\boldsymbol{X}$ 表示如下：

$$\boldsymbol{X}=\begin{bmatrix} x_{11} & x_{12} & \cdots & x_{1p} \\ x_{21} & x_{22} & \cdots & x_{2p} \\ \vdots & \vdots & & \vdots \\ x_{n1} & x_{n2} & \cdots & x_{np} \end{bmatrix}=\left[\boldsymbol{X}_1,\boldsymbol{X}_2,\cdots,\boldsymbol{X}_p\right] \tag{7-7}$$

式中：

$$\boldsymbol{X}_i=\begin{bmatrix}\boldsymbol{x}_{1i}\\ \boldsymbol{x}_{2i}\\ \vdots\\ \boldsymbol{x}_{ni}\end{bmatrix}\qquad (i=1,2,\cdots,p) \tag{7-8}$$

原始数据矩阵的主元有如下特征。

（1）主元是由原始数据协方差阵的单位特征向量作为系数的线性组合。

设 $\boldsymbol{\Sigma}$ 是原始数据矩阵 $\boldsymbol{X}$ 的协方差矩阵：

$$\boldsymbol{\Sigma}=E(\boldsymbol{X}-E\boldsymbol{X})(\boldsymbol{X}-E\boldsymbol{X})^{\mathrm{T}} \tag{7-9}$$

设矩阵 $\boldsymbol{\Sigma}$ 的特征根为 $\lambda_1,\lambda_2,\cdots,\lambda_p$，且 $\lambda_1\geqslant\lambda_2\geqslant\cdots\geqslant\lambda_p>0$，其单位特征向量分别为 $u_1,u_2,\cdots,u_p$，令

$$\boldsymbol{U}=(\boldsymbol{u}_1,\boldsymbol{u}_2,\cdots,\boldsymbol{u}_p)=\begin{bmatrix}u_{11} & u_{12} & \cdots & u_{1p}\\ u_{21} & u_{22} & \cdots & u_{2p}\\ \vdots & \vdots & & \vdots\\ u_{p1} & u_{p2} & \cdots & u_{pp}\end{bmatrix} \tag{7-10}$$

$\boldsymbol{X}$ 的主元 $\boldsymbol{F}_1,\boldsymbol{F}_2,\cdots,\boldsymbol{F}_p$ 是单位特征向量 $\boldsymbol{u}_1,\boldsymbol{u}_2,\cdots,\boldsymbol{u}_p$ 为系数的线性组合，即

$$\boldsymbol{F}_i=u_{1i}\boldsymbol{X}_1+u_{2i}\boldsymbol{X}_2+\cdots+u_{pi}\boldsymbol{X}_p\qquad (i=1,2,\cdots,p) \tag{7-11}$$

（2）任意两个主元之间线性无关。

（3）若 $\boldsymbol{X}_0$ 是 $\boldsymbol{X}$ 的一个标准化线性组合，且 $\boldsymbol{X}_0$ 与 $\boldsymbol{X}$ 的前 k 个主元不存在相关性，则当 $\boldsymbol{X}_0$ 是 $\boldsymbol{X}$ 的第 k+1 个主元时，$\boldsymbol{X}_0$ 的方差是最大的。

（4）$\boldsymbol{X}$ 的前 k 个主元所构成的子空间 $(1\leqslant k\leqslant p)$ 与 $\boldsymbol{X}$ 的均方距离比任何其他 k 个向量所构成的子空间到 $\boldsymbol{X}$ 的均方距离都要小。

（5）任一主元的方差为协方差阵 $\boldsymbol{\Sigma}$ 的特征根：

$$\mathrm{Var}(\boldsymbol{F}_i)=\lambda_i\qquad (i=1,2,\cdots,p) \tag{7-12}$$

因为 $\lambda_1\geqslant\lambda_2\geqslant\cdots\geqslant\lambda_p>0$，即 $\mathrm{Var}(\boldsymbol{F}_1)\geqslant\mathrm{Var}(\boldsymbol{F}_2)\geqslant\cdots\geqslant\mathrm{Var}(\boldsymbol{F}_p)>0$，所以可得 $\boldsymbol{F}_1$ 是 $\boldsymbol{X}_1,X_2,\cdots,\boldsymbol{X}_p$ 一切线性组合中方差最大的主元，$\boldsymbol{F}_2$ 是 $\boldsymbol{X}_1,X_2,\cdots,\boldsymbol{X}_p$ 一切线性组合中方差次大的主元，依此类推。

7.2.2 选取主元个数

在建立主元分析模型时，需要选取主元个数。选取主元个数的原则是能尽可能多地概括原始变量的信息。主元个数选择不当会直接影响最终诊断效果。若选取主元太少，则包含的原始变量信息不全；若选取主元太多，则会造成信息的冗余。

本章使用方差累计贡献率选取主元，即主元对应的特征值占总特征值之和的比例。假设取 k 个主元，则第 k 个主元的单一贡献率 γ_k 和前 k 个主元的累计贡献率 K_k 分别表示如下：

$$\gamma_k=\frac{\lambda_k}{\sum_{i=1}^{p}\lambda_i} \tag{7-13}$$

$$K_k = \frac{\sum_{i=1}^{k}\lambda_i}{\sum_{i=1}^{p}\lambda_i}\times 100\% \tag{7-14}$$

式中，λ_i 为数据矩阵协方差阵的特征根；p 为向量个数。

γ_k 的值越大，说明第 k 个主元综合原始数据 $\boldsymbol{X}_1,\boldsymbol{X}_2,\cdots,\boldsymbol{X}_p$ 信息的能力越强，涵盖原始数据矩阵的信息越多。

通常情况下，当前 k 个主元的累计贡献率 K_k 超过 90%时，说明前 k 个主元包含了原始数据的绝大部分信息。

7.2.3　对实测数据提取主元

用实测锚杆频率响应函数建立锚杆缺陷识别矩阵，矩阵的每一行对应一种锚杆缺陷识别类型，再用 PCA 算法对缺陷矩阵进行压缩降维，提取矩阵的主要信息特征，在保留原矩阵信息的前提下实现降维。PCA 算法的操作流程图如图 7-2 所示。

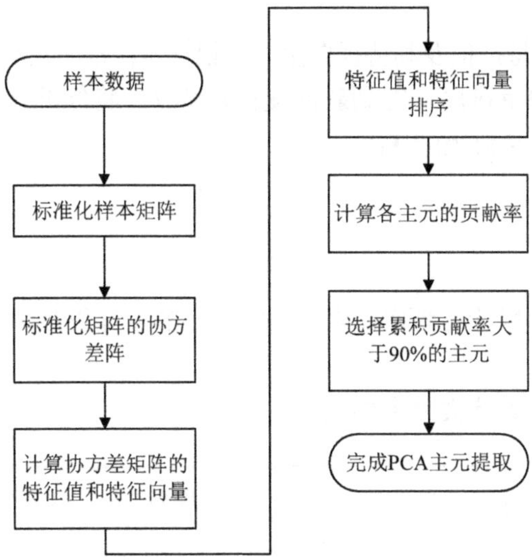

图 7-2　PCA 算法的操作流程图

频率响应函数主元提取主要包括三步。

1. 构建频率响应函数矩阵

基于单点激励法，测量锚杆-围岩系统激励信号和响应信号的原始值，并估计频率响应函数矩阵：

$$\boldsymbol{H} = \left[h_{ij}\right]_{m\times n} = \left[\boldsymbol{h}_1 \quad \boldsymbol{h}_2 \quad \cdots \quad \boldsymbol{h}_m\right]^{\mathrm{T}} \tag{7-15}$$

式中，m 为实测数；n 为每条频率响应函数曲线的谱线数。

对频率响应函数矩阵进行矩阵标准化，获得 $\boldsymbol{X}_i$：

$$X_i=\left[\frac{h_{i1}-\bar{h}_1}{\sqrt{s_1}}\quad\frac{h_{i2}-\bar{h}_2}{\sqrt{s_2}}\quad\cdots\quad\frac{h_{ij}-\bar{h}_j}{\sqrt{s_j}}\quad\cdots\quad\frac{h_{in}-\bar{h}_n}{\sqrt{s_n}}\right]^{\mathrm{T}}\tag{7-16}$$

式中，s_j 和 $\bar{h}_j$ 分别为样本方差和样本均值。标准化后的矩阵 $\boldsymbol{X}$ 表示如下：

$$\boldsymbol{X}=\begin{bmatrix}x_{11} & x_{12} & \cdots & x_{1n}\\ x_{21} & x_{22} & \cdots & x_{2n}\\ \vdots & \vdots & & \vdots\\ x_{m1} & x_{m2} & \cdots & x_{mn}\end{bmatrix}=[\boldsymbol{X}_1\quad \boldsymbol{X}_2\quad\cdots\quad \boldsymbol{X}_m]^{\mathrm{T}}\tag{7-17}$$

2. 提取基于 PCA 的频率响应函数主元

计算协方差矩阵 $\boldsymbol{C}_{m\times m}$：

$$\boldsymbol{C}_{m\times m}=\frac{1}{m}\sum_{j=1}^{m}(\boldsymbol{X}_j-\bar{\boldsymbol{X}})(\boldsymbol{X}_j-\bar{\boldsymbol{X}})^{\mathrm{T}}\tag{7-18}$$

式中，$\bar{\boldsymbol{X}}=\frac{1}{m}\sum_{j=1}^{m}\boldsymbol{X}_j$。

计算协方差矩阵的特征值及其特征向量，并根据特征根的大小排序 $\lambda_1>\lambda_2>\cdots>\lambda_m$；同时，将对应的特征向量排序，得到新的变换矩阵 $\boldsymbol{T}$。将标准化的频率响应函数矩阵 $\boldsymbol{X}$ 右乘 $\boldsymbol{T}$，得到新的特征参数矩阵 $\boldsymbol{Y}$：

$$\boldsymbol{Y}=\boldsymbol{XT}\tag{7-19}$$

3. 确定主元个数

计算单一贡献率和累计贡献率。当前 r 个主元的累计贡献率达到 90%以上时，确定主元个数为 r。

各主元的贡献率及累计贡献率如图 7-3 所示。

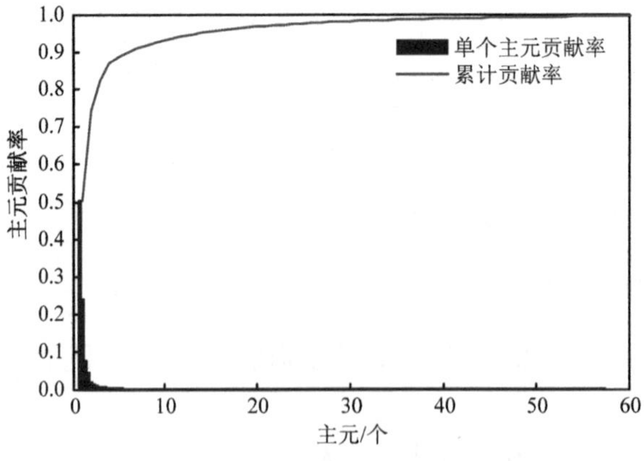

图 7-3　各主元的贡献率及累计贡献率

由图 7-3 分析可得，前 4 个主元累计贡献率已超过 85%，前 6 个主元累计贡献率已经超过 90%。从第 10 个主元开始，累计贡献率的变化逐渐减小并趋于平稳，从第 11 个主元以后的单个贡献率可以忽略不计。一般情况下，当所取主元的累积贡献率超过 90%时，说明选取的主元包含了原始数据的绝大部分信息。所以，从第 1 个主元依次向后选取主元，至少选取 6 个主元来表征实测锚杆–围岩系统的频率响应函数，以实现降维。

7.3　概率神经网络

PNN 是 Specht[95]提出的一种结构简单且应用广泛的神经网络。PNN 是一种结合贝叶斯（Bayesian）分类和核密度估计（又名 Parzen）窗的概率密度函数的前馈神经网络。PNN 的主要优点如下。

（1）结构简单，运算速度快。PNN 能够一次性完成训练，通过线性学习方法提高训练速度。

（2）绝对的收敛性。只要训练数据足够多，PNN 就能保证会收敛到贝叶斯分类器。

（3）训练的可操控性强。在训练集中增加数据或删减数据时，PNN 不需要进行重复训练。

（4）置信度明确。PNN 能够给出一个显示决策置信度大小的结果。

7.3.1　PNN 的理论基础

1. 贝叶斯分类器

设贝叶斯分类器中有 c 个模式集合，其中第 i 类模式的先验概率为 $P(\omega_i)$，对任意一个随机矢量 $\boldsymbol{x}\in R^{\mathrm{d}}$，根据贝叶斯定理，可得出模式 ω_i 的后验概率 $P(\omega_i/\boldsymbol{x})$：

$$P(\omega_i/\boldsymbol{x})=\frac{P(\boldsymbol{x}/\omega_i)P(\omega_i)}{P(\boldsymbol{x})}=\frac{P(\boldsymbol{x}/\omega_i)P(\omega_i)}{\sum_{i=1}^{c}P(\boldsymbol{x}/\omega_i)P(\omega_i)} \tag{7-20}$$

依据每个事件发生时对应的后验概率值可以得到最大后验概率的判决准则：$\forall i,j=1,2,\cdots,c,\ i\neq j$，若 $P(\omega_i/\boldsymbol{x})>P(\omega_j/\boldsymbol{x})$，则 $\boldsymbol{x}\in\omega_i$。最大后验概率的判决准则结合式(7-20)可得贝叶斯判决准则：$\forall i,j=1,2,\cdots,c,\ \ i\neq j$，若 $P(\boldsymbol{x}/\omega_i)P(\omega_i)>P(\boldsymbol{x}/\omega_j)P(\omega_j)$，则 $\boldsymbol{x}\in\omega_i$。

贝叶斯判决准则可进一步进行改写：若 $P(\boldsymbol{x}/\omega_i)=\dfrac{1}{P(\omega_i)}\max\limits_{j=1}^{c}\left\{P(\boldsymbol{x}/\omega_j)P(\omega_j)\right\}$，则 $\boldsymbol{x}\in\omega_i$。如果 $P(\omega_i)=P(\omega_j)$，再进一步改写：若 $P(\boldsymbol{x}/\omega_i)=\max\limits_{j=1}^{c}\left\{P(\boldsymbol{x}/\omega_j)\right\}$，则 $\boldsymbol{x}\in\omega_i$。通常，可将此作为神经网络的输出，在 PNN 中被用来判断输入样本的类型。

因为 PNN 可能会对缺陷类型产生错误判断，所以引入风险函数（代价函数），来修正贝叶斯判决。代价函数定义为 $\forall i,j=1,2,\cdots,c,\ i\neq j$，若满足 $r_i(\boldsymbol{x})>r_j(\boldsymbol{x})$，则 $\boldsymbol{x}\in\omega_i$。其中，

$$r_j(\boldsymbol{x})=\sum_{i=1}^{c}L_{ij}P(\boldsymbol{x}/\omega_i)P(\omega_i)\qquad(j=1,2,\cdots,c) \tag{7-21}$$

式中，L_{ij}为ω_i分类到ω_j所需要承担的平均风险。

当分类准确时，可认为不需要承担风险，即$L_{ij}=0$，$j=1,2,\cdots,c$；如果分类出现错误，则需要承担风险，即$L_{ij}=L_{ji}\neq 0(i\neq j)$。

当$L_{ij}=L_{ji}=1(i\neq j)$时，式（7-21）就变成了贝叶斯分类器。

2. Parzen 窗方法

在贝叶斯分类中，概率密度函数$P(\boldsymbol{x}/\omega_i)$一般是未知的，通常只给出训练样本。在这种情况下，需要用锚杆的缺陷样本对$P(\boldsymbol{x}/\omega_i)$进行估计。在保证样本充足的前提下，Parzen 窗函数能够对任意未知密度函数实现收敛。Parzen 窗方法对样本的分布不需要有任何的预先说明，但是需要根据统计理论对特殊的特征向量实现逼近。

若模式ω_i有N_i个模式样本$\boldsymbol{x}_j^{(i)}(i=1,2,\cdots,c;\ j=1,2,\cdots,N_i)$，Parzen 窗函数取高斯核，对模式$\omega_i$而言，Parzen 窗函数的类条件概率密度估计如下：

$$\hat{P}_{N_i}(\boldsymbol{x}/\omega_i)=\frac{1}{(2\pi)^{d/2}\sigma^d N_i}\sum_{j=1}^{N_i}\exp[-(\boldsymbol{x}-\boldsymbol{x}_j^{(i)})^{\mathrm{T}}(\boldsymbol{x}-\boldsymbol{x}_j^{(i)})/2\sigma^2] \tag{7-22}$$

式中，σ为平滑因子；d为特征向量的维度。

常用的概率密度函数估计为

$$\hat{P}_n(\boldsymbol{x})=\frac{1}{n}\sum_{i=1}^{n}\frac{1}{V_n}\varphi\left(\frac{\boldsymbol{x}-\boldsymbol{x}_i}{h_n}\right) \tag{7-23}$$

Specht 等在此基础上，提出一个实现 Parzen 窗的概率密度函数估计：

$$\hat{P}_n(\boldsymbol{x})=\frac{1}{nV_n}\sum_{i=1}^{n}\exp\left(-\frac{(\boldsymbol{x}-\boldsymbol{x}_i)^{\mathrm{T}}(\boldsymbol{x}-\boldsymbol{x}_i)}{2\sigma^2}\right) \tag{7-24}$$

式中，i为模式类别编号；n为训练模式总数。

7.3.2 PNN 的数学描述

假设有两种已知模型θ_{A}、θ_{B}，设$\boldsymbol{X}=(x_1,x_2,\cdots,x_n)$为要通过 PNN 判断模型的特征样本。有$N$个样本用来训练网络，$N_{\mathrm{A}}$和$N_{\mathrm{B}}$分别表示类型$\theta_{\mathrm{A}}$和$\theta_{\mathrm{B}}$在训练集中的个数。

若$h_{\mathrm{A}}l_{\mathrm{A}}f_{\mathrm{A}}(\boldsymbol{X})>h_{\mathrm{B}}l_{\mathrm{B}}f_{\mathrm{B}}(\boldsymbol{X})$，则$X\in\theta_{\mathrm{A}}$；若$h_{\mathrm{A}}l_{\mathrm{A}}f_{\mathrm{A}}(\boldsymbol{X})<h_{\mathrm{B}}l_{\mathrm{B}}f_{\mathrm{B}}(\boldsymbol{X})$，则$X\in\theta_{\mathrm{B}}$。其中，$h_{\mathrm{A}}$和$h_{\mathrm{B}}$分别为模型$\theta_{\mathrm{A}}$和$\theta_{\mathrm{B}}$的先验概率（$h_{\mathrm{A}}=N_{\mathrm{A}}/N,h_{\mathrm{B}}=N_{\mathrm{B}}/N$），$l_{\mathrm{A}}$为神经网络错误地将本属于模型$\theta_{\mathrm{A}}$的特征样本归类为模型$\theta_{\mathrm{B}}$的代价因子，$l_{\mathrm{B}}$为神经网络错误地将本属于模型$\theta_{\mathrm{B}}$的特征样本归类为模型$\theta_{\mathrm{A}}$的代价因子，$f_{\mathrm{A}}$和$f_{\mathrm{B}}$分别为模型$\theta_{\mathrm{A}}$和$\theta_{\mathrm{B}}$的概率密度函数。

7.3.3 PNN 算法

PNN 模型共由四层组成：输入层、模式层（隐含层）、求和层和输出层，如图 7-4 所示。

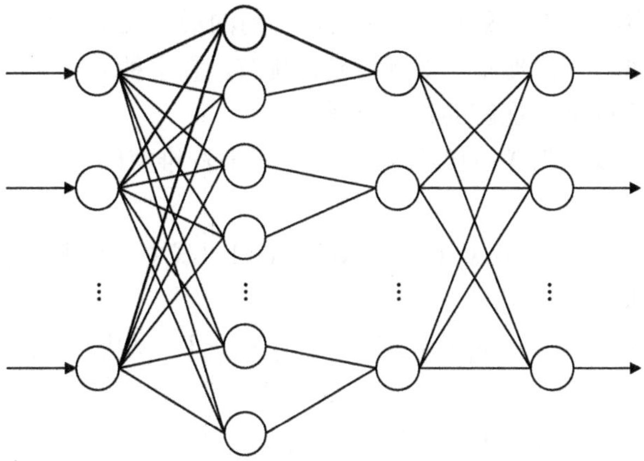

图 7-4　PNN 的基本结构

输入层的神经元个数与输入样本的维数一致，主要任务是将接收的输入样本传递给网络。

模式层通过连接权值和输入层进行连接，其神经元的个数是所有训练样本个数的总和。模式层的任务是计算测试样本和训练样本集的匹配度（相似度），每个模式单元的输出为

$$f(\boldsymbol{X},\boldsymbol{W}_i)=\exp\left[-\frac{(\boldsymbol{X}-\boldsymbol{W}_i)^{\mathrm{T}}(\boldsymbol{X}-\boldsymbol{W}_i)}{2\delta^2}\right] \tag{7-25}$$

式中，$\boldsymbol{W}_i$ 为输入层和模式层之间的连接权值向量。

求和层主要将属于同一类别的概率进行累计，根据式（7-25）进行计算，得到对应模式的估计概率密度函数。每种类别只对应一个求和层的单元，且求和层的每一个单元只与和自己同类别的模式层单元连接，与其他类别的模式层单元不连接。

输出层由阈值辨别器构成，负责输出对应较大后验概率密度的那一个类别，每个输出层神经元对应一类模式。输出层的每个神经元分别对应一种模式类别，采用竞争输出的方式，对比从求和层接收的各类别概率密度函数，将拥有最大概率密度函数的神经元对应的输出设为 1，而输出层的其他神经元的输出均设为 0。

7.4　粒子群优化算法优化 PNN 参数

7.4.1　粒子群优化算法概述

粒子群优化（PSO）算法[96]是美国学者 Kennedy 和 Eberhart 在 1995 年提出的一种具有全局随机搜索能力的群智能算法。该算法是对鸟群社会系统的简化模拟，体现了鸟群社会中的信息共享机制，一经提出就引起学术界的高度重视，并通过反复实践验证了其可行性和优越性。PSO 算法通过模拟群体特点及个体间协作竞争的关系，达到在复杂空间中寻优的目的。

在 PSO 算法中，通常情况下，粒子会对当前的最优粒子进行跟踪，通过不断地迭代更新，对解空间进行逐代搜索，直到找到最优解。整个种群在寻优的过程中，粒子互相合作，向着适应度函数最优解的位置移动。

假设有一个粒子规模为 M 的群体按一定速度在 D 维空间内飞行。种群中粒子 i 在 t 时刻的属性如下。

（1）位置：$\boldsymbol{x}_i^t=(x_{i1}^t,x_{i2}^t,\cdots,x_{id}^t)^{\mathrm{T}}$，$x_{id}^t\in[L_d,U_d]$。式中，$L_d$ 和 U_d 分别为粒子群在搜索空间的下限和上限。

（2）速度：$\boldsymbol{v}_i^t=(v_{i1},v_{i2},\cdots,v_{id})^{\mathrm{T}}$，$v_{id}^t\in[v_{\min,d},v_{\max,d}]$。式中，$v_{\min}$、$v_{\max}$ 分别是粒子的最小速度和最大速度。

（3）单个粒子最优位置：$\boldsymbol{p}_i^t=(p_{i1}^t,p_{i2}^t,\cdots,p_{iD}^t)^{\mathrm{T}}$。

（4）全局最优粒子位置：$\boldsymbol{p}_g^t=(p_{g1}^t,p_{g2}^t,\cdots,p_{gD}^t)^{\mathrm{T}}$。

其中，$d=1,2,\cdots,D$，$i=1,2,\cdots,M$。

那么，该粒子在第 $t+1$ 时刻的速度和位置可根据下式进行更新：

$$v_{id}^{t+1}=v_{id}^t+c_1r_1(p_{id}^t-x_{id}^t)+c_2r_2(p_{gd}^t-x_{id}^t) \tag{7-26}$$

$$x_{id}^{t+1}=x_{id}^t+v_{id}^{t+1} \tag{7-27}$$

式中，r_1、r_2 为在（0,1）区间内均匀分布的随机数；c_1、c_2 为学习因子，一般取值为 $c_1=c_2=2$。

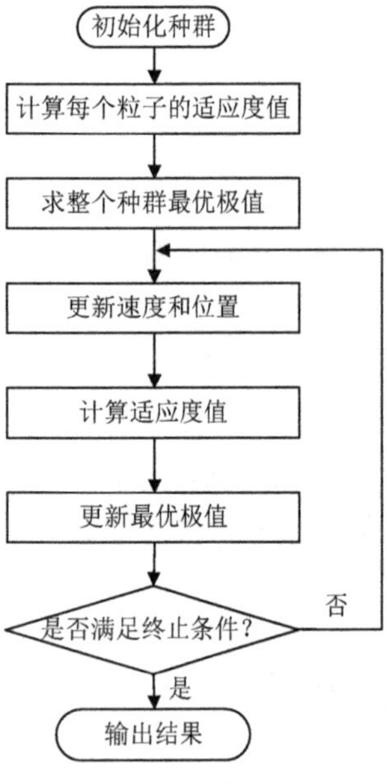

图 7-5 PSO 算法流程图

PSO 算法流程图如图 7-5 所示，其基本步骤如下。

步骤 1：初始化粒子群。对 PSO 算法中的参数、种群规模 N 进行初始化，在解空间中对粒子的初始位置 x_i 和初始速度 v_i 进行设置。

步骤 2：评价每一个主元粒子。设置适应度函数，计算每一个粒子所对应的适应度值。

步骤 3：更新粒子状态。每完成一次迭代，就用式（7-26）和式（7-27）实现对每个粒子的速度和位置的更新。如果 $v_i>v_{\max}$，则将其赋值为 $v_{\max}$；如果 $v_i<v_{\min}$，则将其赋值为 $v_{\min}$。

步骤 4：判断是否满足结束条件。如果当前迭代次数已达到预设的最大次数，或最终结果小于预设的收敛精度，则迭代停止，输出最优解；若不满足迭代条件，则跳转到步骤 2。

为改善基本 PSO 算法的收敛问题，Shi 等[97]引入了标准 PSO 算法，能够更好地对解空间进行寻优。与基本 PSO 算法相比，标准 PSO 算法增加了一个用来协调 PSO 算法全局和局部搜索能力的惯性权重。其具体改进如下：

$$v_{id}^{t+1}=wv_{id}^t+c_1r_1(p_{id}^t-x_{id}^t)+c_2r_2(p_{gd}^t-x_{id}^t) \tag{7-28}$$

$$x_{id}^{t+1}=x_{id}^t+v_{id}^{t+1} \tag{7-29}$$

式（7-28）中的 w 是非负数，称为惯性权重，其大小直接决定了粒子对当前速度的继承能力。当 w 较大时，粒子群有较强的全局搜索能力；当 w 较小时，粒子群有较强的局部搜索能力。

7.4.2　动态调整 PSO 算法学习参数

惯性权重 w 和学习因子 c_1、c_2 等对 PSO 算法的寻优能力的影响很大。其中，c_1 体现出个体通过对搜索环境的思考和判断后对自身进行认知的能力，c_2 体现了粒子间相互协作、信息共享的社会能力。本节通过选取合适的惯性权重和学习因子，提高 PSO 算法的寻优精度及收敛速度。

1. 线性递减法优化学习因子

在 PSO 算法中，学习因子 c_1、c_2 通过影响粒子群中粒子的互相通信来影响粒子的运动轨迹，设置较大或者较小的 c_1、c_2 都不利于粒子的寻优搜索。本节采取线性调整因子，c_1 和 c_2 随着迭代过程自动调节。其基本思想是在搜索初期，粒子飞行主要参考粒子本身的历史信息，而在搜索后期更加注重社会信息。学习因子 c_1、c_2 通过下式计算：

$$c_1 = c_{1s} + \frac{(c_{1e} - c_{1s}) \times t}{t_{max}} \tag{7-30}$$

$$c_2 = c_{2s} + \frac{(c_{2e} - c_{2s}) \times t}{t_{max}} \tag{7-31}$$

式中，t 和 t_{max} 分别为当前迭代次数和算法的最大迭代次数；c_{1s} 和 c_{1e} 为分别 c_1 的初始值和最终值；c_{2s} 和 c_{2e} 为分别 c_2 的初始值和最终值。

当 c_1 在区间[0.5,2.25]内线性递减，c_2 在区间[0.5,2.25]内线性递增时，可使粒子群在迭代前期有较好的全局寻优能力，在迭代后期有较好的局部收敛能力。

2. 动态调整惯性权重

惯性权重是 PSO 算法中重要的可调参数之一，其决定了粒子先前飞行速度对当前飞行速度的影响程度。通过调整惯性权重，可实现 PSO 算法全局搜索和局部搜索之间的平衡。当 PSO 算法的惯性权重较大时，粒子群具有较强的全局搜索能力，这样有利于粒子群具有较好的全局性；随着惯性权重逐渐变小，粒子群的全局搜索能力逐渐减弱，而其局部搜索能力逐渐增强。所以，合适的惯性权重能够提高 PSO 算法的寻优能力，在保证准确率的前提下减少所需的迭代步数。

采用线性策略对 PSO 算法惯性权重进行改进，计算如下：

$$w(t) = w_{max} - \frac{w_{max} - w_{min}}{t_{max}} \times t \tag{7-32}$$

式中，w_{max} 为惯性权重的最大初始值；w_{min} 为惯性权重的最小值；t 为当前迭代次数；t_{max} 为 PSO 算法的最大迭代次数。

7.4.3　基于 PSO 算法优化 PNN 参数

平滑因子 σ 对 PNN 构建的缺陷识别模型的识别精度有较大的影响。在训练样本相同的前提下，寻找最优的σ值是提高 PNN 识别分类准确率的关键。

通常情况下，PNN 中的σ值大多根据经验进行取值，这种方法缺少足够的理论依据，存在较大的随机性。本节用 PSO 算法对 PNN 进行优化，使其能够依据采集样本中锚杆缺陷数据特征自动选择最优的σ值，从而使 PNN 能够达到最高的分类准确率，提高 PNN 识别分类的能力。使用 PSO 算法对 PNN 的σ进行寻优，步骤如下。

步骤 1：初始化 PNN 的参数。

步骤 2：初始化 PSO 算法，对种群规模、迭代次数、粒子的初始速度、粒子的初始位置、每个粒子的个体极值点和全局极值点、最小误差值精度进行初始化，并将平滑因子σ作为 PSO 算法中的位置。

步骤 3：设置适应度函数，将识别率作为适应度函数。

步骤 4：计算种群中每个粒子的适应度函数值。

步骤 5：比较粒子适应度函数值，得到粒子的个体最优极值点和全局最优极值点。

步骤 6：判断是否满足 PSO 算法最大迭代数或最小误差精度要求，若满足要求，即可得出 PNN 的最优σ值并输出结果；若不满足要求，则返回步骤 3。

7.5 基于 PNN 的锚杆无损检测

7.5.1 PNN 的缺陷识别模型

将 5.1 节中的四种模型共 160 组锚杆-围岩系统实测频率响应函数提取的主元记作 $f_1, f_2, \cdots, f_{160}$，作为训练数据输入 PNN。PNN 的输出节点共有四个，分别为四种锚杆-围岩系统的类型，用 m_1、m_2、m_3、m_4表示。利用 PNN 对数据进行缺陷识别分类，模型如图 7-6 所示。

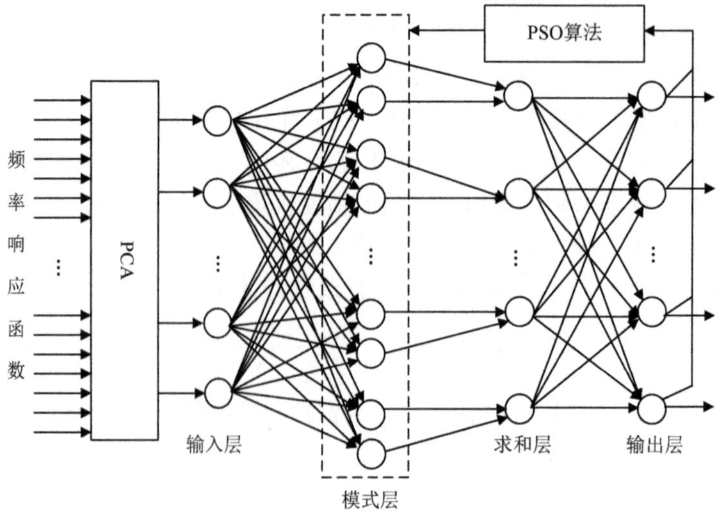

图 7-6 基于 PNN 的缺陷识别模型

利用 PCA 的 PNN 的锚杆缺陷识别分析主要分为训练和测试两个阶段。结合 PCA 的 PNN 缺陷识别流程图如图 7-7 所示。其具体缺陷识别步骤如下。

步骤 1：使用 PCA 对锚杆样本数据进行预处理，得到基本包含原始数据信息的主元。利用得到的主元构建输入 PNN 的训练集和测试集。

步骤 2：设置概率神经网络的 σ 值，训练网络，得到 PNN 分类器。

步骤 3：通过调整 σ 值，得到 PNN 识别率最好的模型。

步骤 4：利用得到的 PNN 最佳缺陷识别模型，对测试集进行缺陷识别分类。

步骤 5：得到最终缺陷分类结果。

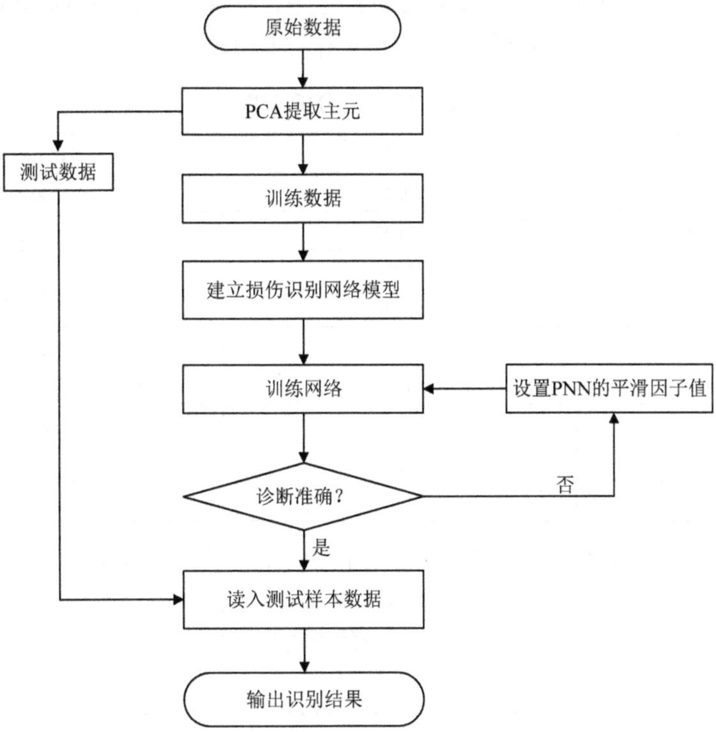

图 7-7　结合 PCA 的 PNN 缺陷识别流程图

7.5.2　PNN 对锚杆的缺陷识别与分析

当 PNN 的 σ 值取 0.1 时，从 200 组实测数据中随机选取 160 组数据作为 PNN 的训练样本，将剩余的 40 组数据作为测试样本，测试结果如表 7-1 所示。依次增加选取主元的个数，当选取前 4 个主元时，PNN 对锚杆-围岩系统缺陷识别率为 90%，当选取前 6 个主元时，PNN 的识别率为 92.5%，当选取前 9 个主元时，PNN 的识别率为 95%，随着主元个数的继续增加，PNN 的识别率不再发生变化。

表 7-1　不同的主元个数对应的 PNN 缺陷识别率

主元个数	累计贡献率/%	PNN 缺陷识别率/%
4	85.00	90.00
6	90.00	92.50
9	92.56	95.00
30	98.13	95.00
53	100.00	95.00

根据上述分析，选择前 9 个主元表征实测锚杆-围岩系统的频率响应函数，将原来的 430×200 维变量空间矩阵降维成 9×200 维矩阵，在保证数据信息有效的情况下减小了 PNN 分类器的运算量。选取的 9 个主元分析结果如表 7-2 所示。

表 7-2　主元分析结果

特征值	单独贡献率/%	累计贡献率/%
361.6879	50.33	50.33
173.8711	24.20	74.53
56.2476	7.83	82.36
32.3374	3.50	86.86
13.3468	1.85	88.71
9.3462	1.30	90.01
7.1833	1.00	91.01
5.5631	0.78	91.79
5.5112	0.77	92.56

在对系统的缺陷识别中，为了进一步分析 PNN 中的平滑因子 σ 对缺陷识别精确度的影响，针对相同的训练样本和测试样本，令 σ 分别取 0.1、0.3、0.5、1.0，用 PNN 对系统进行识别。图 7-8 为在不同 σ 值下对应的 PNN 缺陷识别结果。

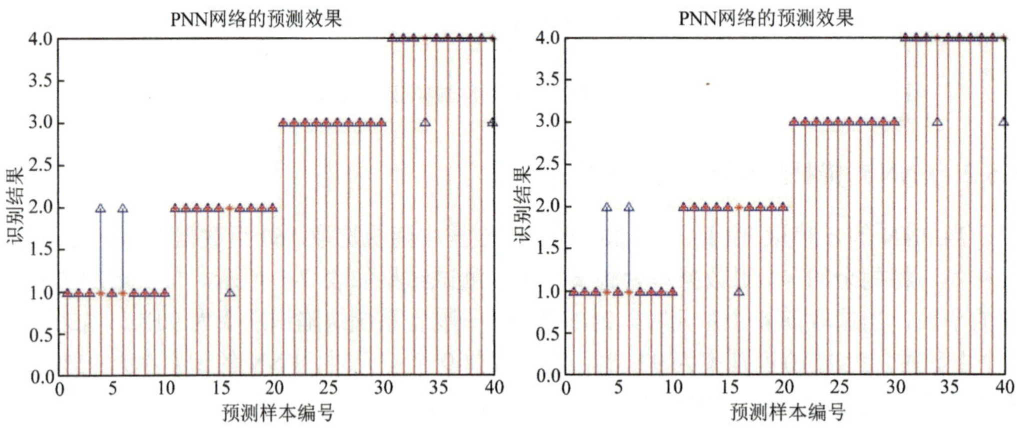

（a）σ =0.1　　（b）σ =0.3

图 7-8　在不同 σ 值下对应的 PNN 缺陷识别结果

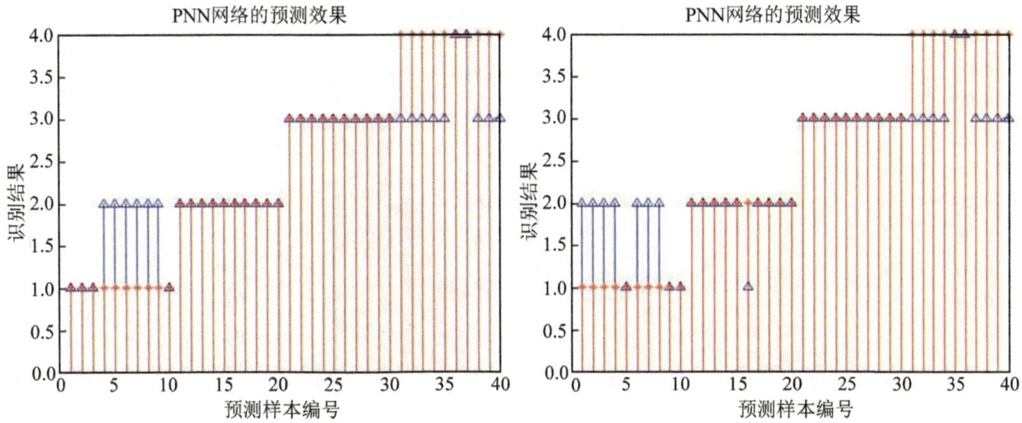

（c）σ =0.5　　　　（d）σ =1.0

图 7-8（续）

不同σ值对应的测试样本的缺陷识别率如表 7-3 所示。

表 7-3　不同σ 值对应的测试样本的缺陷识别率

平滑因子σ	测试样本正确识别个数	正确识别率/%
0.1	38/40	95.0
0.3	35/40	87.5
0.5	26/40	65.0
1.0	24/40	60.0

由图 7-8 和表 7-3 可知，随着σ值的增大，缺陷识别的正确率逐步降低。当σ取 0.1 时，PNN 对系统缺陷识别的正确率最高，达到 95%。当σ值取 0.5 时，系统的识别正确率下降到 65%。σ取不同值时 PNN 的正确识别率变化明显，说明σ的取值对 PNN 的识别效果有显著的影响。

7.5.3　PSO 算法优化 PNN 对锚杆–围岩系统缺陷识别与分析

在提取主元后的9×200维数据中，取 160 组作为 PNN 的训练数据，剩余 40 组作为测试数据。在训练数据和测试数据中，四种类型锚杆–围岩系统的比例均为 1∶1∶1∶1。用 PSO 算法寻找使 PNN 识别效果最优的σ值。图 7-9 所示为 PSO 算法优化 PNN 寻优过程的适应度函数。

通过 PSO 算法寻优结果可知，当 PNN 的σ值取值为 0.07 时能够得到对锚杆–围岩系统最高的缺陷识别率，训练结果如图 7-10 所示。利用改进的 PNN 模型对 40 组测试数据进行缺陷识别，其识别结果如图 7-11 所示。

由图 7-11 可知，PSO 算法优化的 PNN 识别率为 97.5%，识别精度较优化前有所提高。

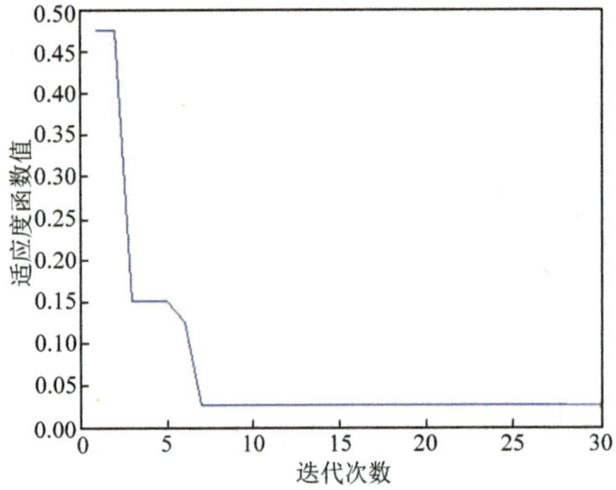

图 7-9 PSO 算法优化 PNN 寻优过程的适应度函数

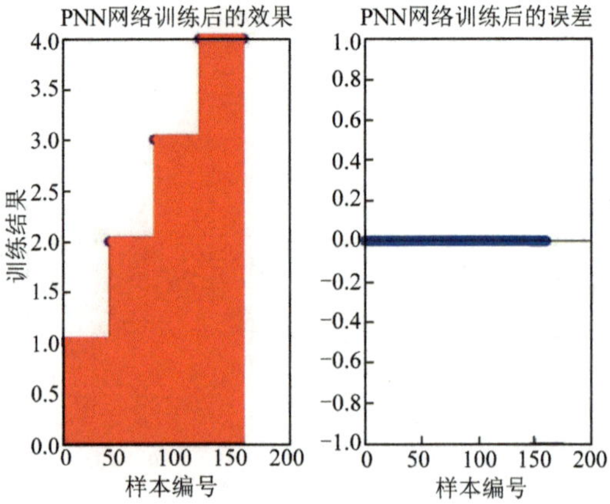

图 7-10 PSO 算法优化 PNN 模型的训练结果

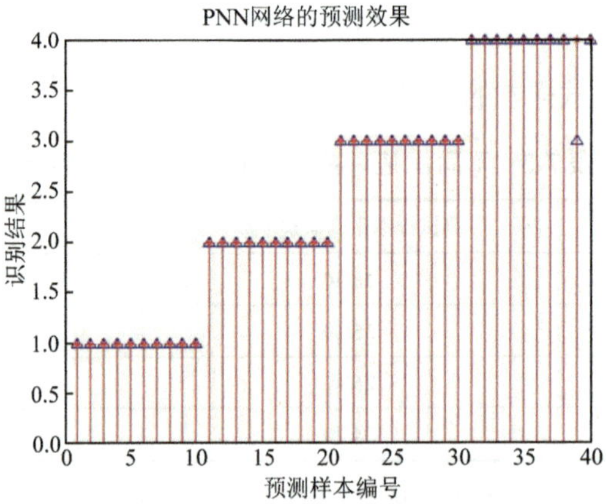

图 7-11 改进 PNN 模型的缺陷识别结果

第 8 章　基于 Elman 神经网络的无损检测方法

人工神经网络主要包括前馈、递归等类型。前馈神经网络（FNN）包含三层或者三层以上的神经元，各神经元不连接相同层的神经元，仅接收前一层神经元的信号，并产生输出到下一层。随着研究的发展，学者们在同层、后层向前层之间增加连接，构成了递归型的神经网络。Elman 神经网络是一种典型的递归型神经网络，由 Elman[98]针对语音处理问题提出。在神经网络的工作中，针对任务的特点选取不同的网络结构具有重要的意义。本章首先分析 FNN 结构和参数对锚杆-围岩系统缺陷识别的影响，然后分析并设计结构自组织 Elman（self-organizing Elman，SO-Elman）神经网络，最后设计基于改进鸡群优化（improved chicken swarm optimization，ICSO）算法的 Elman 神经网络。

8.1　基于 FNN 的缺陷识别

8.1.1　FNN 的结构

FNN 由三部分组成，分别为输入层、隐含层和输出层，其网络结构如图 8-1 所示。通常，FNN 通过误差反向传播（back propagation，BP）算法进行训练。BP 算法的学习过程由信号的正向传播与误差的反向传播两个过程组成。在前向传播过程中，信号由输入层输入，通过隐含层传递到输出层。

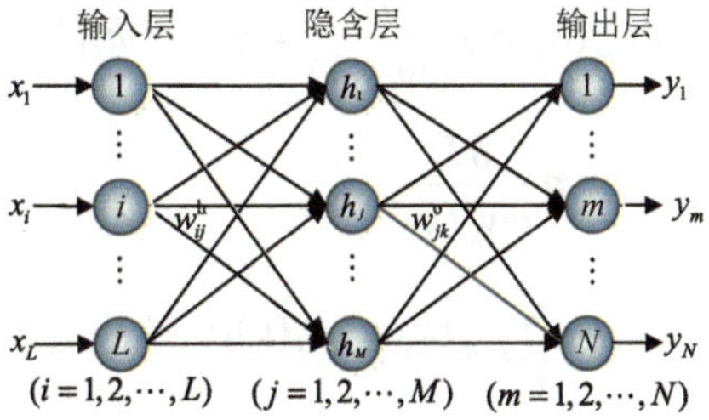

图 8-1　FNN 的结构

如果输出层的输出值与期望的输出值不一致，则把两者差值作为误差信号。在反向传播过程中，通过减少误差值来调整网络的权值和阈值。BP 算法基于梯度下降的思想训练 FNN，不断调整网络的权值和阈值，减小网络的误差平方和，提高网络的性能。

1. 网络初始化

根据图 8-1，设输入层、隐含层、输出层神经个数分别为 L、M、N；设输入 $\boldsymbol{X}=[x_1,x_2,\cdots,x_i,\cdots,x_L]^{\mathrm{T}}$，期望输出 $\boldsymbol{D}=[d_1,d_2,\cdots,d_m,\cdots,d_N]^{\mathrm{T}}$，实际输出 $\boldsymbol{Y}=[y_1,y_2,\cdots,y_m,\cdots,y_N]^{\mathrm{T}}$；输入层到隐含层的权值矩阵为 $\boldsymbol{W}^{\mathrm{h}}$，输入层神经元 i 到隐含层神经元 j 的权值为 w_{ij}^{h}；隐含

层到输出层为$\boldsymbol{W}^{\mathrm{o}}$，隐含层神经元$j$到输出神经元$k$的权值为$w_{jk}^{\mathrm{o}}$。隐含层神经元的激励函数采用 Sigmoid 函数，输入层和隐含层的神经元采用线性函数。

2. 信号正向传播

从输入层经隐含层进行信号处理，直至输出层产生输出信号。隐含层第j个神经元的输入为

$$u_j(k)=\sum_{i=0}^{M} w_{ij}^{\mathrm{h}}(k)x_i(k) \tag{8-1}$$

隐含层第j个神经元的输出为

$$h_j(k)=f^{\mathrm{h}}[u_j(k)] \tag{8-2}$$

式中，$f^{\mathrm{h}}(\cdot)$为 Sigmoid 函数：

$$f^{\mathrm{h}}(x)=\frac{1}{1+\mathrm{e}^{-x}} \tag{8-3}$$

输出层第m个神经元的输出为

$$y_m(k)=\sum_{j=1}^{M} w_{jm}^{\mathrm{o}}(k)h_j(k) \tag{8-4}$$

输出层第m个神经元的输出误差为

$$e_m(k)=d_m(k)-y_m(k) \tag{8-5}$$

8.1.2 FNN 训练算法

FNN 采用 BP 算法进行权值训练。根据反向传播原则，权值的改变量与误差的负梯度成正比，由梯度下降算法，网络权值的更新公式为

$$\Delta w_{jm}^{\mathrm{o}}(k)=\eta\frac{\partial J}{\partial w_{jm}^{\mathrm{o}}(k)}=\eta e_m(k)h_j(k) \tag{8-6}$$

$$\begin{aligned}\Delta w_{ij}^{\mathrm{h}}(k)&=\eta\frac{\partial J}{\partial w_{ij}^{\mathrm{h}}(k)}\\&=\eta\sum_{m=1}^{L} e_m(k)w_{jm}^{\mathrm{o}}h_j(k)[1-h_j(k)]x_i(k)\end{aligned} \tag{8-7}$$

式中，J为训练指标；η为学习率。

J的计算如下：

$$J=\frac{1}{2}e_m^2(k) \tag{8-8}$$

Sigmoid 函数的导数计算如下：

$$h_j'(k)=h_j(k)[1-h_j(k)] \tag{8-9}$$

第n+1 次权值的更新为

$$w_{jm}^{\mathrm{o}}(k+1)=w_{jm}^{\mathrm{o}}(k)+\Delta w_{jm}^{\mathrm{o}}(k) \tag{8-10}$$

$$w_{ij}^{\mathrm{h}}(k+1)=w_{ij}^{\mathrm{h}}(k)+\Delta w_{ij}^{\mathrm{h}}(k) \tag{8-11}$$

综上，式（8-6）～式（8-11）为 FNN 的训练过程。通过迭代训练改变网络权值，最终得到满意的网络计算效果。

8.1.3　神经网络输入数据的处理

通过仿真软件或者试验法获得锚杆-围岩系统的应力波信号，由于原始信号信息点过多，本节采用小波包分解方法提取其特征量。基于小波包的特征提取过程如下。

（1）对应力波信号通过小波包进行三层分解，得到各层低频信号和高频信号。

（2）计算第三层各频段的能量。

（3）根据各频段能量构造特征向量并对其进行归一化。

三层小波包分解如图 8-2 所示，其中 D 为高频，A 为低频，数字为分解的层数。

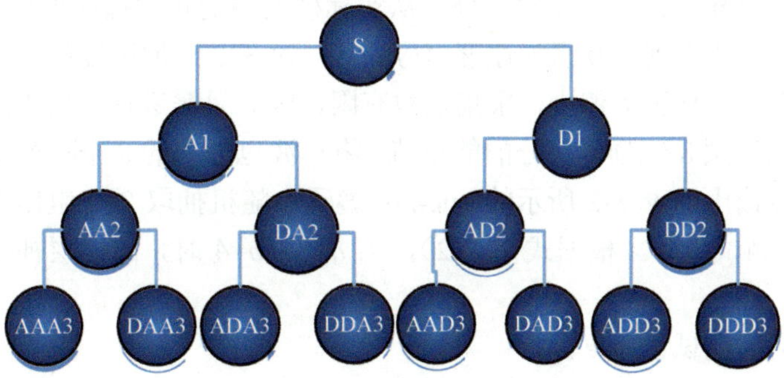

图 8-2　三层小波包分解

对仿真或试验获取的应力波信号进行三层小波包分解，将从中获得的八维特征向量作为网络的输入。锚杆-围岩系统仿真和试验样本数量如表 8-1 所示。

表 8-1　锚杆-围岩系统仿真和试验样本数量

数据类型	正常	前端缺陷	后端缺陷	双缺陷	训练/测试	样本总数
仿真数据	50	50	50	50	160/40	200
试验数据	80	80	80	80	280/40	320

采用独热（one-hot）方法对锚杆缺陷类型进行编码，如表 8-2 所示。

表 8-2　锚杆缺陷类型的 one-hot 编码

缺陷类型	期望输出
正常	(1,0,0,0)
前端缺陷	(0,1,0,0)
后端缺陷	(0,0,1,0)
双缺陷	(0,0,0,1)

8.1.4 隐含层节点数和学习率对 FNN 的影响分析

当输入样本已知时，FNN 输入层神经元的个数就确定了，根据输出的 one-hot 编码可知输出层的神经元个数。由于隐含层神经元的个数未知，因此需要通过试凑法或者经验法来确定。当隐含层神经元个数多时，网络结构复杂，计算量大且耗费时间长；当隐含层神经元个数较少时，网络结构简单，但是对复杂问题不能进行充分学习。在确定隐含层神经元个数时，可采用如下经验公式：

$$s = \sqrt{a \times b + \alpha} \tag{8-12}$$

式中，a 为输入节点个数；b 为输出节点个数；α 为一个经验值，取值范围通常为 10～100。

根据数据采集和特征提取步骤，分别从实际模型中的正常锚杆采集 80 组和缺陷锚杆采集 240 组，一共得到 320 组加速度信号曲线。对 320 组加速度信号曲线进行去噪和小波包分析。由于锚杆种类偏少，采集点数有限，因此只需进行三层小波包分解，从第三层提取低频到高频 8 个频率成分的能量值。将小波包分解的 8 个特征分量作为神经网络的输入，期望输出为表 8-2 所示的 one-hot 编码。随机抽取 280 组作为训练样本，剩余的 40 组作为测试样本。根据式（8-12），当 a=8，b=4 时，隐含层神经元个数的取值范围为 6～12。

定义神经网络测试误差 e 为

$$e = \sum_{i=1}^{n} e_i = \sum_{i=1}^{n} \sum_{r=1}^{4} \left| y_{i,r} - y_{i,r}^{\exp} \right| \tag{8-13}$$

式中，e_i 为网络第 i 组测试数据；$y_{i,r}$ 为网络在处理第 i 组测试数据时输出层第 r 个节点的输出；$y_{i,r}^{\exp}$ 为期望输出。

固定学习率 η=0.12，设置不同的隐含层节点个数，比较网络正确识别率和测试误差，结果如表 8-3 所示。

表 8-3 不同隐含层节点的网络正确识别率和测试误差

隐含层节点个数	正确识别率/%	测试误差
6	73.68	0.5228
7	78.95	0.4964
8	84.21	0.4709
9	86.84	0.4251
10	86.84	0.4355
11	89.47	0.4172
12	89.47	0.3402
13	86.84	0.4192
14	84.21	0.4751
15	81.58	0.4743

对模拟类型的四种锚杆分别采集 50 组加速度信号并提取特征能量，其中 160 组作为训练数据，40 组作为测试数据，通过试凑法找到最优网络结构。表 8-4 为模拟数据不

同的网络结构的对比结果。

表 8-4　模拟数据不同的网络结构的对比结果

隐含层节点个数	正确识别率/%	测试误差
3	47.5	10.310
4	82.5	1.2247
5	85.0	0.7131
6	87.5	0.9210
7	92.5	0.5627
9	89.5	0.7939
10	80.5	0.8127
13	75.0	0.8105
15	72.5	0.9068
20	67.5	1.3920

通过分析实际锚杆和模拟锚杆的试验结果可知，当训练样本为实际锚杆数据时，将隐含层神经元个数设置为 12 时识别效果最好；当训练样本为模拟锚杆数据时，将隐含层神经元个数设置为 7 时识别效果最好。

在神经网络对样本的学习过程中，训练结果与收敛速度和学习率的大小有关。若学习率设置得太小，网络学习速度慢且耗费时间长；若学习率设置得太大，网络学习速度快，但是可能引起网络振荡或发散。因此，选择合适的学习率对网络学习很重要。根据前面得出的隐含层神经元节点个数，在学习过程中固定其节点个数，在（0,1）范围内选择不同大小的学习率，判断其学习效果，从而确定最优的学习率。

分别对 320 组实测锚杆加速度信号数据和 200 组模拟锚杆加速度信号数据进行试验，固定隐含层节点个数为 10，不同学习率对识别效果影响的比较如表 8-5 和表 8-6 所示。

表 8-5　实测锚杆不同学习率对识别效果影响的比较

学习率	正确识别率/%	测试误差
0.05	78.95	0.5839
0.08	84.21	0.5173
0.10	86.84	0.4469
0.12	89.47	0.3562
0.13	89.47	0.3893
0.15	86.84	0.4450
0.17	84.21	0.4286
0.19	86.84	0.4229
0.20	89.47	0.3286
0.40	73.68	0.6087

由表 8-5 和表 8-6 可知，当学习率为 0.12 时，网络对实测锚杆的缺陷识别效果最优；当学习率为 0.15 时，网络对模拟锚杆的缺陷识别效果最优。

表 8-6 模拟锚杆不同学习率对识别效果影响的比较

学习率	正确识别率/%	测试误差
0.05	72.5	1.3920
0.08	75.5	1.2261
0.10	85.5	0.9547
0.12	87.5	0.8722
0.15	92.5	0.5627
0.17	89.5	0.8050
0.19	82.5	1.1050
0.20	82.5	0.8918
0.22	72.5	1.2696

8.2 基于 SO-Elman 神经网络的缺陷识别

Elman 神经网络是在 FNN 基础上提出的一种递归型神经网络。Elman 神经网络最初用于解决语音问题，之后被广泛应用于时间序列预测、模式识别及数据分类等方面。Elman 神经网络相较于 FNN 的不同之处为在 FNN 的三层结构（输入层、隐含层和输出层）的基础上增加了承接层。承接层节点个数等于隐含层节点个数，其作用是接收隐含层输出反馈，将接收数据保存并将其输入下一时刻隐含层中。Elman 网络的承接层网络结构具有局部记忆的能力，增加了网络前后时刻数据之间联系的同时，也增加了网络对历史相似数据的处理能力。

8.2.1 Elman 神经网络结构及学习算法

基本 Elman 神经网络由输入层、隐含层、承接层和输出层构成，其结构如图 8-3 所示。

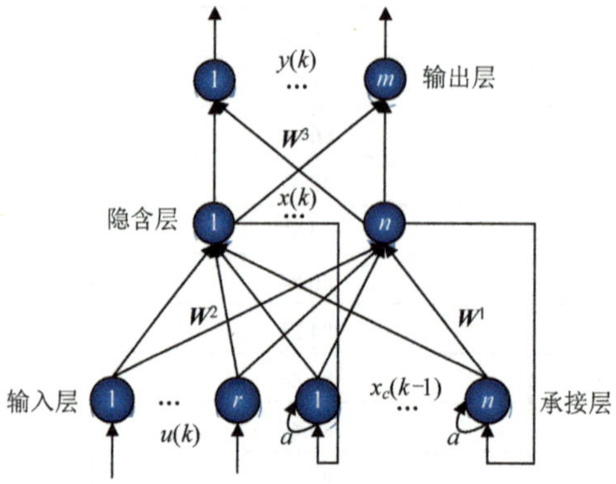

图 8-3 基本 Elman 神经网络结构

图 8-3 中，Elman 神经网络的计算如下：

$$x(k)=f\{\boldsymbol{W}^1 x_c(k)+\boldsymbol{W}^2[u(k)]+\beta_1\} \tag{8-14}$$

$$x_c(k)=x(k)+a\cdot x_c(k-1) \tag{8-15}$$

$$y(k)=g[\boldsymbol{W}^3 x(k)+\beta_2] \tag{8-16}$$

式中，$x(k)$为隐含层 k 时刻输出；$y(k)$为输出层 k 时刻输出；$x_c(k)$为承接层 k 时刻输出；$u(k)$为网络输入层 k 时刻输入；$\boldsymbol{W}^1$、$\boldsymbol{W}^2$、$\boldsymbol{W}^3$ 分别为承接层、输入层和隐含层的连接权值矩阵；β_1 为隐含层的偏置；β_2 为输出层的偏置；a 为承接层自反馈因子，本章取 a=0.1。隐含层作用函数 $f(\cdot)$ 为 Sigmoid 函数，输出层作用函数 $g(\cdot)$ 为线性函数：

$$f(x)=\frac{1}{1+\mathrm{e}^{-x}} \tag{8-17}$$

$$g(x)=x \tag{8-18}$$

8.2.2　修剪型 Elman 神经网络结构设计

Elman 神经网络输入层节点个数由网络信号输入维度决定，输出层节点个数由具体分类问题决定，隐含层和承接层的节点个数通常采用经验公式获得。但是，采用经验公式得到的 Elman 神经网络结构并不是网络最优结构，其可能存在冗余，需要进一步调整以达到网络的最优性能。构建修剪型 Elman 神经网络，通过剪枝思想简化网络结构，以减小系统结构冗余度，即在网络迭代过程中根据学习数据来自适应地调整网络结构，动态地删减隐含层和承接层节点进而得到网络的最优结构，提高网络分类性能和泛化能力。

1. 网络贡献度选择

在网络修剪过程中，需要量化网络隐含层各节点对网络输出的贡献，判断节点是否需要被修剪，从而确定网络结构是否存在冗余。所选择的贡献度应能够反映节点对网络输出的影响，网络输出公式为

$$\begin{aligned} y(k)&=g[\boldsymbol{W}^3 x(k)+\beta_2] \\ &=\sum_{j=1}^{n} w_{ij}^3 x(k)+\beta_2 \end{aligned} \tag{8-19}$$

隐含层节点 j 对输出层节点 i 的输出贡献 PpCon_{ij} 定义为

$$\mathrm{PpCon}_{ij}=w_{ij}^3 x_j+\beta_2 \tag{8-20}$$

网络隐含层有 n 个节点，全部与输出层节点 i 连接，如图 8-4 所示。所有隐含层节点对输出层节点 i 均有贡献。

网络输出层有 m 个节点，隐含层节点 j 与网络输出层全连接，如图 8-5 所示。节点 j 对所有输出层节点均有贡献。

定义隐含层 j 节点对输出层所有节点的总贡献度 PlCon_j 为

$$\mathrm{PlCon}_j=\sum_{i=1}^{m}\left|w_{ij}^3 x_j(k)\right| \tag{8-21}$$

式中，$w_{ij}^3 x_j(k)$ 可能取负值，在求和过程中为了防止正负抵消对节点贡献度判断造成影

响，对 $w_{ij}^3 x_j(k)$ 取绝对值处理。

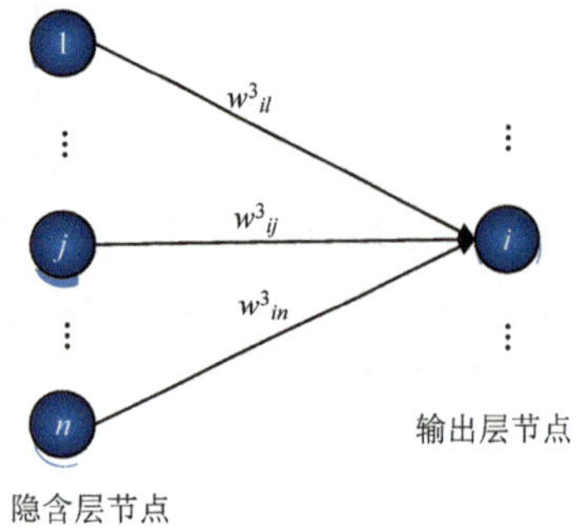

图 8-4　隐含层节点对输出层节点 i 的贡献

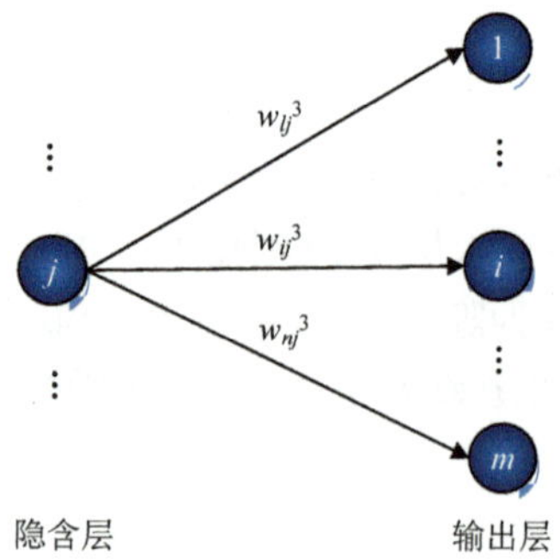

图 8-5　隐含层节点 j 对输出层节点的贡献

在网络迭代训练过程中，网络每次迭代过程隐含层节点 j 有 N 组输出值，记第 s 组训练数据中，隐含层节点 j 对输出层的总贡献度为 $\mathrm{PlCon}_j(s)$。因此，定义隐含层节点 j 对网络输出层的单次迭代贡献度 SCon_j:

$$\mathrm{SCon}_j = \frac{\sum_{s=1}^{N} \mathrm{PlCon}_j(s)}{N} \tag{8-22}$$

SCon_j 综合反映了隐含层节点 j 对整个输出层的影响，在网络修剪过程中可以作为网络节点修剪的标准。

2. 修剪阈值设定

修剪过程需要设定节点修剪贡献度的下限，即修剪阈值。修剪阈值可分为两种形式，分别为固定阈值和变动阈值。固定阈值是将阈值设定为恒定的常数，当节点贡献度低于设定阈值时，删除网络节点并将相应的连接权值重置为 0；变动阈值所设定的阈值随着网络结构的变化而发生变化，当节点贡献度小于其对应的变动修剪阈值时，同样对其进行删除处理。当选择固定阈值作为网络修剪阈值时，很难获得合适的固定阈值。初始状态隐含层节点数较多，隐含层各节点网络贡献度较小，要求选择较小的贡献度阈值。随着网络结构冗余度减小，隐含层各节点贡献度迅速增大，而修剪阈值维持在较小的数值，此时网络结构可能仍存在冗余，但是由于隐含层各节点贡献度均大于固定修剪阈值，因此网络结构将不再调整。变动阈值可以随网络结构的调整而变化，在结构调整的开始阶段维持较小的修剪阈值，随着网络结构冗余度的减小，修剪阈值也相应提高，从而获得网络最优结构。因此，修剪型 Elman 神经网络修剪阈值采用变动阈值方式。变动阈值要能反映网络冗余度且其变化趋势要与隐含层节点贡献度变化趋势相同。

假设整个隐含层有 n 个节点，定义单次迭代过程中隐含层节点的平均贡献度为 SACon：

$$\mathrm{SACon} = \frac{\sum_{j=1}^{n} \mathrm{SCon}_j}{n} \tag{8-23}$$

$SCon_j$ 反映了网络隐含层节点 j 对输出贡献的大小，SACon 反映了整个隐含层对网络输出的平均贡献大小。当隐含层某一节点对网络输出贡献度远远小于其他节点时，网络结构可能存在冗余，可以对网络进行修剪处理来优化网络结构。隐含层平均贡献度 SACon 和网络隐含层节点最小贡献度 $SCon_j$ 变化曲线如图 8-6 所示。图中，网络初始节点为 18，最终节点为 2。

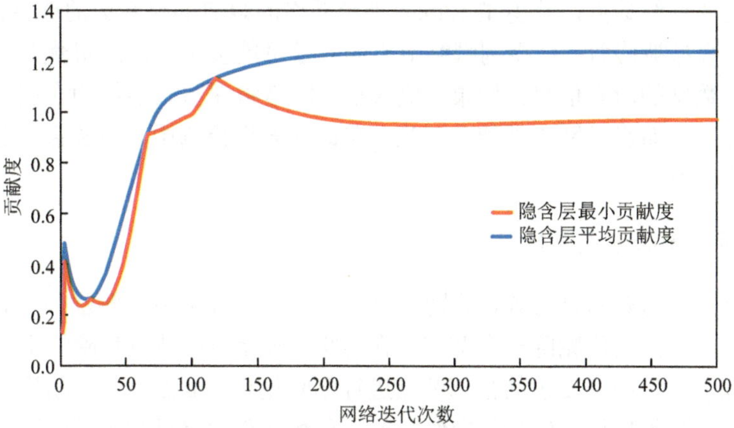

图 8-6　网络隐含层平均贡献度与节点最小贡献度变化曲线

由图可以看出，网络隐含层平均贡献度 SACon 与节点贡献度 $SCon_j$ 随网络迭代过程变化趋势基本相同，因此网络隐含层平均贡献度可以作为变动修剪阈值的基底。

图 8-7 所示为一次迭代中 18 个隐含层节点贡献度与隐含层平均贡献度。可以看出，隐含层节点的贡献度分布在网络隐含层平均贡献度的两侧。贡献度能反映网络结构的冗余程度，修剪阈值应能随着网络冗余度的变化而调整。

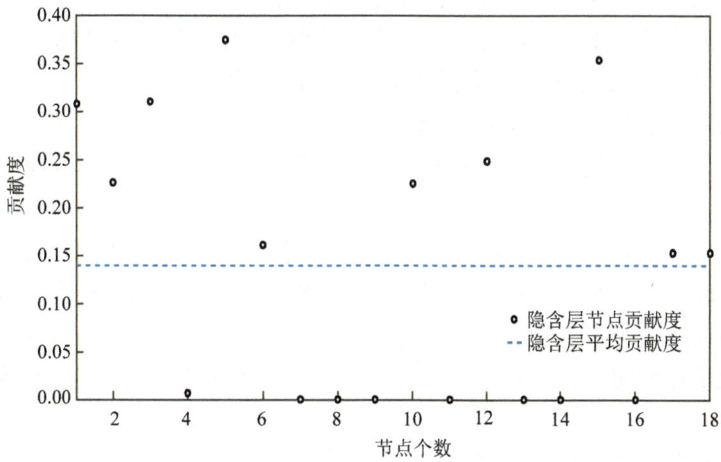

图 8-7　隐含层节点贡献度与平均贡献度分布示意图

网络隐含层贡献度 SACon 不能直接作为网络的修剪阈值，因为当修剪阈值为网络隐含层平均贡献度时，Elman 网络隐含层和承接层节点将被过度修剪。选择的修剪阈值应该小于网络隐含层平均贡献度。

设 Elman 神经网络修剪阈值 Pth 为

$$\mathrm{Pth}=\frac{\mathrm{SACon}}{c} \tag{8-24}$$

式中，c 为修剪调整系数，其取值应大于 1。

随着节点数量的变化，修剪阈值会自适应地变化，此种设置提高了修剪速度。

对于不同的训练数据，修剪型 Elman 神经网络的修剪调整系数的选择也不同。若 c 值过大，网络容易被修剪，但得到网络节点的数量可能会小于网络最优节点数，网络将难以表达训练数据的所有信息；如果 c 值太小，网络将保留较多的隐含层节点，网络结构可能存在冗余进而影响网络性能。因此，在锚杆无损检测中，应选择合适的 c 值实现网络的自适应修剪。

3. 网络节点删除方式选择

网络节点的修剪有两种方式，分别为单节点删除和批量节点删除。单节点删除为网络在修剪过程中每次迭代删除一个节点。节点批量删除与单节点删除的不同之处在于对每次迭代过程中满足修剪要求的全部节点进行删除处理。虽然单节点删除方法达到最优结构所需的迭代次数增加，但是其操作简单，有利于在调整过程中保持网络的稳定。本节使用单节点删除方式。

4. 网络修剪机制设计

为了更清楚地说明网络修剪机制，给出 Elman 神经网络修剪机制流程图，如图 8-8 所示。

修剪型 Elman 神经网络在网络迭代过程中，通过对网络隐含层贡献度 SCon_j 与相应的网络修剪阈值 Pth 来判断是否进行神经元修剪。在每次迭代中，选择隐含层节点贡献度最小且其贡献度小于 Pth 的隐含层节点进行修剪处理。同时，在修剪过程中调整各层网络的连接权值，以保证修剪过程中网络的输出误差不变。

当网络的隐含层最小贡献度小于修剪阈值 Pth 时，对隐含层节点和相应的承接层节点进行删除处理，同时调整网络各层权值，完成网络结构的修剪。此过程可以由图 8-9 和图 8-10 表示。

在图 8-10 中，节点 j 为网络待删除隐含层节点，l 为与隐含层节点 j 对应的承接层节点。在修剪过程中，将节点 j 与输入层之间的连接权值 w_{jq}^2、节点 j 与输出层之间的连接权值 w_{ij}^3 和节点 j 与承接层之间的连接权值 w_{jl}^1 删除，即删除图 8-10 中红色虚线表示的权值。通过权值删除将节点 j 和节点 l 与网络分离，实现了对节点的删除和对网络结构的简化处理。

为了保证网络修剪过程中网络的收敛性，需要对网络隐含层其他节点与输出层连接权值进行调整，选择贡献度最大的隐含层节点进行权值调整。

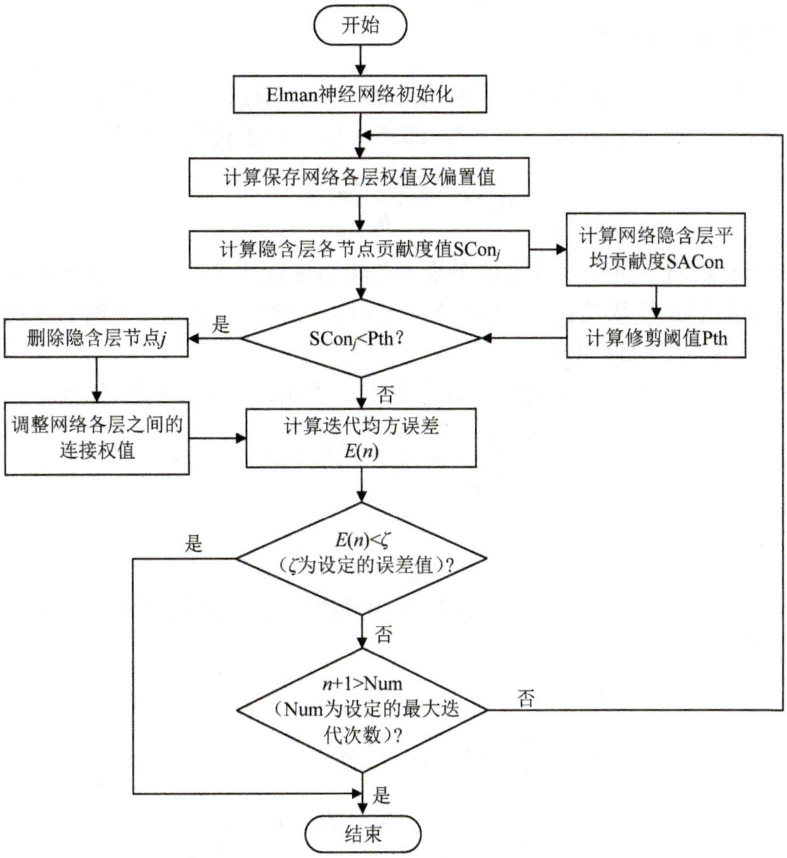

图 8-8　Elman 神经网络修剪机制流程图

图 8-9　节点删除

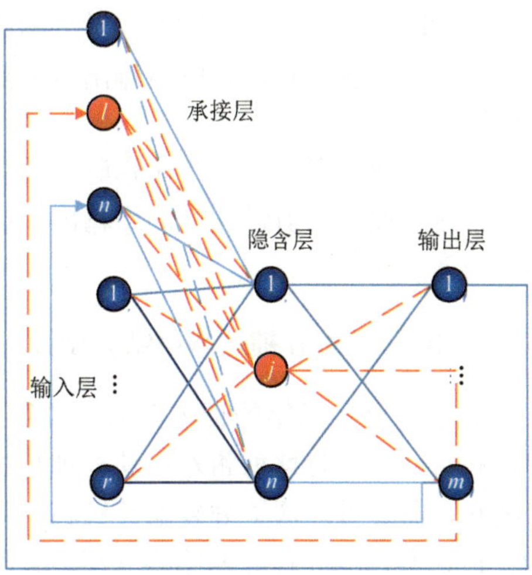

图 8-10　修剪过程

5. 删减过程收敛性分析

引理 8-1 假设节点 j 为隐含层需要修剪的节点，节点 k 为隐含层贡献度最大（不需要修剪）的节点。如果满足式（8-25），即可以保证修剪过程的收敛性：

$$w_{ki}^{3}{}' = \frac{w_{ki}^3 h_k + w_{ji}^3 h_j}{h_k} \tag{8-25}$$

式中，$w_{ki}^{3}{}'$ 为修剪之后节点 k 与输出层节点 i 之间的连接权值；w_{ki}^3 为修剪之前节点 k 与输出层节点 i 之间的连接权值；w_{ji}^3 为被修剪节点 j 与输出层节点 i 之间的连接权值；h_k 为修剪前隐含层节点 k 的输出。

证明：Elman 神经网络隐含层节点修剪之前，输出层节点 z 的输出为

$$o_z = \sum_{p=1,p\neq i,p\neq j}^{n} w_{zp}^3 h_p + w_{zk}^3 h_k + w_{zj}^3 h_j \tag{8-26}$$

修剪前输出层节点 z 网络误差为

$$e_z = d_z - o_z \tag{8-27}$$

将式（8-25）和（8-26）代入式（8-27），可得网络进行结构修剪之后输出层节点 z 的网络输出误差，即

$$\begin{aligned} e_z' &= d_z - o_z' \\ &= d_z - \sum_{p=1,p\neq k}^{n} (w_{zp}^3 h_p + w_{zk}^{3}{}' h_k) \\ &= d_z - \sum_{p=1,p\neq k}^{n} \left(w_{zp}^3 h_p + \frac{w_{zk}^3 \cdot h_k + w_{zj}^3 \cdot h_j}{h_k} h_k \right) \\ &= d_z - o_z = e_z \end{aligned} \tag{8-28}$$

式中，h_j 为隐含层节点 j 的输出；o_z' 为网络结构修剪后输出层节点 z 的输出；d_z 为输出层节点 z 的期望输出；e_z 为网络输出层节点 z 的输出误差；e_z' 为网络修剪之后输出层节点 z 的输出误差。

由式（8-28）可知，网络在修剪过程中，可以将被删除隐含层节点的贡献度转移到其他节点上，保证修剪过程中网络输出和误差不变，即 Elman 神经网络在修剪过程中收敛性保持不变。

8.2.3 增长型 Elman 神经网络结构设计

当 Elman 神经网络的训练数据比较复杂，且初始的网络结构难以学习处理全部的信息时，只对网络进行修剪将难以获得理想的网络结构，甚至在某些情况下会降低网络性能。因此，需要引入网络分裂增长机制，简称增长机制。类似于 Elman 神经网络修剪过程的设计，当 Elman 神经网络隐含层存在节点贡献度远远大于隐含层平均贡献度时，对其进行分裂增长处理，得到两个贡献度较接近隐含层平均贡献度的节点，完成 Elman 网络结构的增长。

1. 增长阈值选择

类似于修剪阈值 Pth 的选择，自适应增长阈值 Gth 的数值同样以隐含层平均贡献度 SACon 为基底，定义如下：

$$\mathrm{Gth} = d \cdot \mathrm{SACon} \tag{8-29}$$

式中，d 为自适应增长常数，其值大于 1；SACon 为隐含层平均贡献度。

2. 网络结构增长机制

在网络结构增长过程中，当隐含层节点 j 为最大贡献度节点，且其贡献度大于 Gth 时，对节点 j 进行分裂增长处理，得到新分裂节点 k，被分裂节点记作 j'，同时调整隐含层节点 j' 和 k 与输出层的连接权值，完成网络结构增长过程，如图 8-11 和图 8-12 所示。

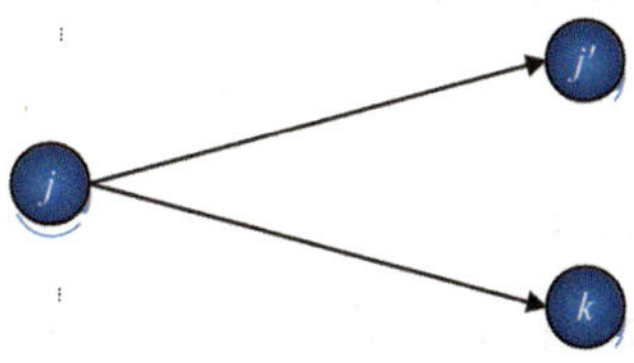

图 8-11　节点 j 分裂过程

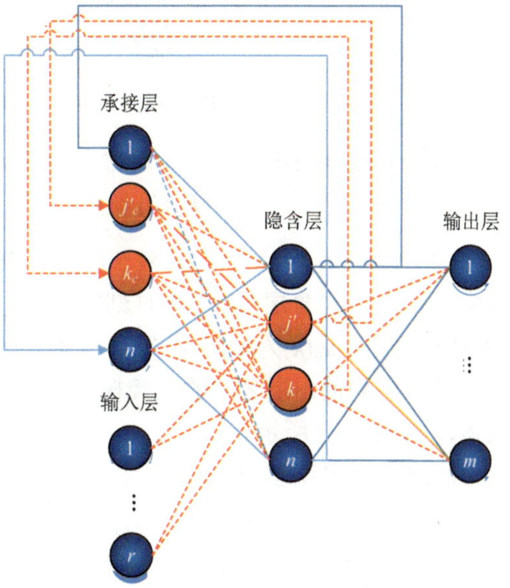

图 8-12　节点增长过程

图 8-12 中，节点 k 为分裂新产生的隐含层节点，j' 为被分裂后的隐含层节点，虚线为网络增长过程中新增和需要调整的权值。

3. 网络结构增长权值调整及分裂补偿设置

Elman 神经网络增长过程不同于网络修剪过程，需要对网络相关权值进行赋值。在增长过程中，对于新分裂的节点，其承接层的连接权值、输入层和隐含层之间的连接权值与分裂前保持一致。调整分裂变化的节点 j' 和 k 与输出层之间的连接权值，权值调整过程如式（8-30）～式（8-32）和图 8-13 所示。

$$w_{j'q}^{3} = a w_{jq}^{3} \qquad (q = 1, 2, \cdots, r) \tag{8-30}$$

$$w_{kq}^{3} = b w_{jq}^{3} \qquad (q = 1, 2, \cdots, r) \tag{8-31}$$

$$b=1-a \qquad a\in(0,1) \tag{8-32}$$

式中，w_{jq}^3 为分裂前隐含层节点 j 和输出层节点 q 的连接权值；$w_{j'q}^3$ 为网络增长后节点 j' 与输出层节点 q 的连接权值；w_{kq}^3 为新增长节点 k 与输出层节点 q 的连接权值；a、b 为差异化系数，其作用是使分裂后隐含层节点 j' 和节点 k 输出差异化；r 为输入层节点个数。

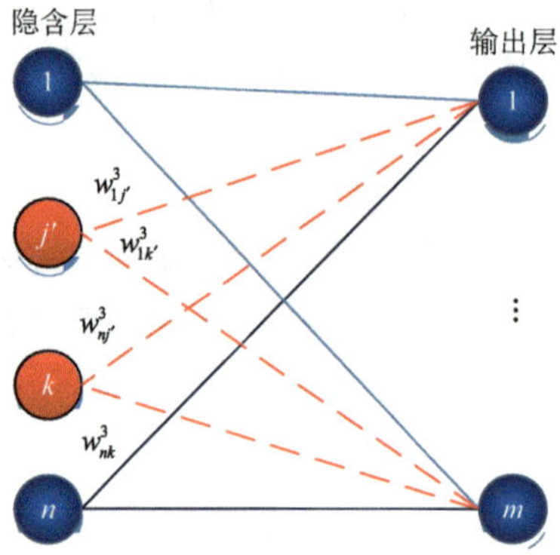

图 8-13　隐含层与输出层连接权值调整过程

网络节点分裂增长之后，隐含层节点 j' 和节点 k 输出分别为

$$h_{j'}(k)=f[w_{jl}^1 x_{c,l}(k)]+w_{jq}^2[u_q(k)]+\beta_1 \tag{8-33}$$

$$h_k(k)=f[w_{kl}^1 x_{c,l}(k)]+w_{kq}^2[u_q(k)]+\beta_1 \tag{8-34}$$

式中，$h_{j'}(k)$为隐含层节点 j' k 时刻输出；$x_{c,l}(k)$为承接层节点 k 输出；$h_k(k)$为隐含层节点 k k 时刻输出；$u_q(k)$为输出层节点 q k 时刻输入。

隐含层到输出层之间的连接权值 W^3 需要调整隐含层节点 j' 和 k 与输出层之间的连接权值，如图 8-13 所示。

网络的输出误差为

$$e_{i,s}=d_{i,s}-o_{i,s} \qquad (i=1,2,\cdots,m;\ s=1,2,\cdots,N) \tag{8-35}$$

式中，$d_{i,s}$ 为输出层节点 i 在学习第 s 组数据时的期望输出；$o_{i,s}$ 为网络输出层节点 i 的实际输出；$e_{i,s}$ 为输出层节点 i 对应第 s 组学习数据时的误差；m 为输出层节点个数；N 为学习样本组数。

误差矩阵可以表示为

$$\boldsymbol{e}=\begin{bmatrix} e_{1,1} & \cdots & e_{1,N} \\ \vdots & & \vdots \\ e_{m,1} & \cdots & e_{m,N} \end{bmatrix} \tag{8-36}$$

网络分裂过程中，通过对隐含层和输出层连接权值的调整，网络新产生节点的输出可以补偿网络的误差，从而减小网络输出误差并提高网络性能。本节将网络误差矩阵的最后一列作为网络分裂增长的补偿误差，这种网络补偿误差的选择方式有利于保证网络结构调整过程中网络的收敛性。网络输出层节点 i 在训练数据的最后一组误差 e_i 为

$$e_i=d_i-o_i \tag{8-37}$$

网络增长过程中，隐含层节点与输出层节点的权值更新调整公式如下：

$$w_{ik}^3 = \frac{e_i}{h_k} \qquad (i = 1,2,\cdots,m) \tag{8-38}$$

$$w_{ij'}^3 = \frac{h_j w_{sj}^3 + e_i' - e_i}{h_{j'}} \qquad (i = 1,2,\cdots,m) \tag{8-39}$$

式中，w_{ik}^3 为输出层节点与隐含层节点 k 之间的连接权值；$w_{ij'}^3$ 为增长后输出层节点与隐含层节点 j'之间的连接权值；e_i 为补偿误差；e_i' 为学习最后一组数据时的误差；h_k 为隐含层节点 k 的输出；$h_{j'}$为隐含层节点 j'的输出；m 为输出层节点个数。

4. 结构分裂增长过程的收敛性分析

引理 8-2　如果在网络分裂增长过程中权值调整满足如下两式：

$$w_{ik}^3 = \frac{e_i}{h_k} \qquad (i = 1,2,\cdots,m) \tag{8-40}$$

$$w_{ij'}^3 = \frac{h_j w_{ij}^3 + e_i' - e_i}{h_{j'}} \qquad (i = 1,2,\cdots,m) \tag{8-41}$$

则网络修剪过程、收敛过程可以得到保证。

证明：在网络增长之前，网络输出层神经元 r 对应最后一组训练的输出为

$$o_r = \sum_{p=1,p\neq j}^{n} w_{rp}x_p + w_{rj}x_j \tag{8-42}$$

网络结构分裂增长后，输出层神经元 i 的输出误差为

$$\begin{aligned} e_i' = d_i - o_i' &= d_i - \left[\sum_{p=1,p\neq j',p\neq k}^{n} w_{ip}^3 h_p + w_{ij'}^3 h_{j'} + w_{ik}^{3\prime} h_k\right] \\ &= d_i - \left[\sum_{p=1,p\neq j,p\neq l}^{n} w_{ip}^3 h_p + \frac{w_{ij}^3 h_j + e_i' - e_i}{h_{j'}} h_{j'} + \frac{e_i}{h_k} h_k\right] \\ &= d_i - \left[o_i + e_i'\right] = e_r' - e_r' = 0 \end{aligned} \tag{8-43}$$

由式（8-43）可以看出，在网络隐含层神经元分裂增长过程中减小了网络输出误差，保证了网络调整过程中的收敛性。

8.2.4　神经网络自组织参数设计

1. 基于贡献度分布标准差的修剪阈值和增长阈值的修正方法

离散度反映了一组同类数据远离其中心值的分散程度。隐含层节点贡献度分布离散度值的大小反映了其相对隐含层平均贡献度分布的偏离程度。本节分布离散程度采用分布标准差表示，标准差公式为

$$S=\sqrt{\frac{\sum_{i=1}^{n}(x_i-x_{av})^2}{n-1}} \tag{8-44}$$

式中，S 为标准差；n 为隐含层节点个数；x_i 为隐含层节点 i 的贡献度；x_{av} 为隐含层平均贡献度。

图 8-14 所示为在隐含层平均贡献度相同时，随着网络分布标准差变化，网络修剪阈值和增长阈值的变化。

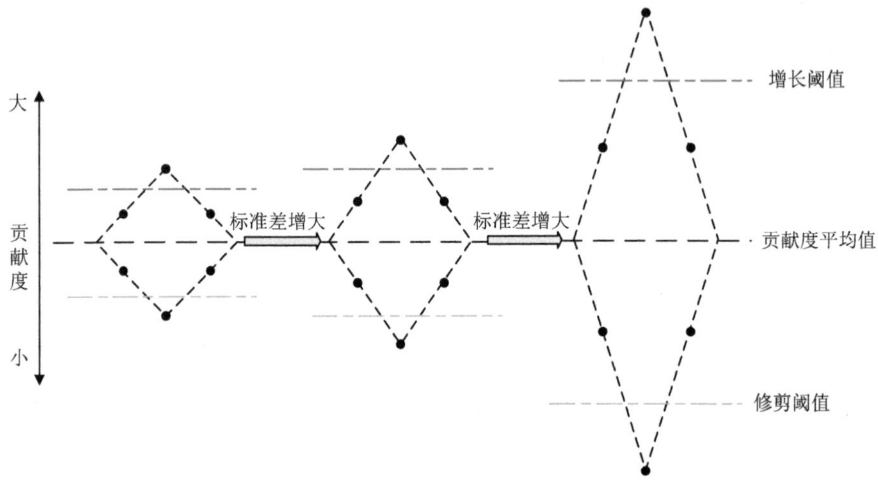

图 8-14 网络分布标准差增大过程中修剪阈值和增长阈值的变化

图 8-14 中，中心虚线为网络隐含层贡献度平均值，其值保持不变；圆点为网络隐含层贡献度分布；蓝色虚线为网络修剪阈值；红色虚线为网络增长阈值。可以看出，随着网络隐含层贡献度分布标准差的增大，网络隐含层节点贡献度分布偏离其平均值的程度越大，当需要修剪或分裂相同节点时，要求更严格的网络调整门槛。在网络修剪过程中，当对最小贡献度的隐含层节点进行修剪处理时，随着网络隐含层贡献度分布标准差的增大，需要逐渐减小网络修剪阈值；在网络增长过程中，当对贡献度最大的节点进行分裂处理时，随着网络隐含层贡献度分布标准差的增大，需要逐渐增大网络增长阈值。

综上所述，基于贡献度分布标准差的修剪阈值和增长阈值的修正方法如下：当网络贡献度分布标准差增大时，须相应地调节增长阈值和修剪阈值。其具体修正公式如下：

$$\mathrm{Pth}=\frac{\mathrm{SACon}-S}{c} \tag{8-45}$$

$$\mathrm{Gth}=d\left(\mathrm{SACon}+S\right) \tag{8-46}$$

式中，S 为贡献度分布标准差。

2. Elman 神经网络修剪–分裂阈值自适应设计

单次迭代网络修剪系数 c 和增长系数 d 自适应设计流程图如图 8-15 所示。图中，$\mathrm{Num_h}$ 为隐含层节点个数，$\mathrm{Num_{in}}$ 为输入层节点个数，$\mathrm{Num_{out}}$ 为输出层节点个数。

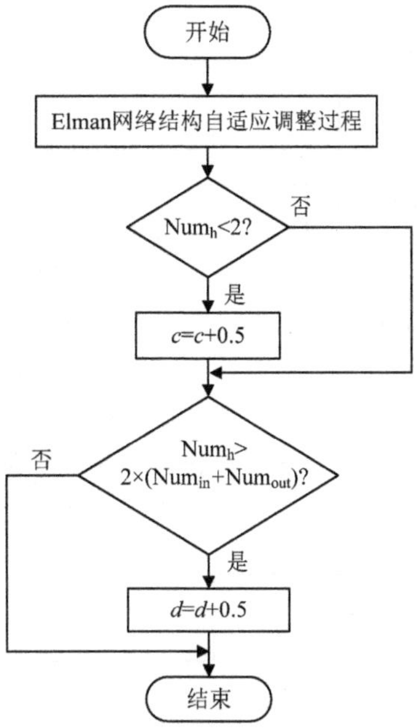

图 8-15　单次迭代网络修剪系数 c 和增长系数 d 自适应设计流程图

在 Elman 神经网络结构调整过程中，调整的初始阶段，网络自适应修剪函数和自适应增长系数取较小的数值，可以获得较大的修剪阈值 Pth 和较小的增长阈值 Gth，从而降低网络调整门槛，有利于网络调整的初始阶段快速修剪冗余节点或者增加隐含层节点，以获得最优网络结构。但是，较低的网络调整门槛在网络获得最优结构之后，依然可能会对网络结构进行不断调整，造成网络隐含层节点个数出现反复和振荡、持续增长或者持续减小为 1 等现象，这种现象将严重影响网络结构自组织调整的有效性及网络分类性能。因此，在 Elman 神经网络结构自组织过程中，需要对修剪系数 c 和增长系数 d 进行自适应设计。当网络在结构调整过程中隐含层节点个数小于 2 时，适当增加自适应修剪系数 c，本节设置为每次迭代增加 0.5，进而减小修剪阈值 Pth，提高网络结构修剪门槛；当网络在结构自适应过程中隐含层节点个数大于输入层和输出层节点个数之和的 2 倍时，可适当提高自适应增长系数 d，本节设置为每次迭代增加 0.5，进而增加增长阈值 Gth，提高网络的结构增长门槛。通过对网络修剪系数 c 和增长系数 d 的自适应设计，可以提高结构调整初始阶段网络结构调整能力，在网络结构获得最优结构后，能够增强网络结构的稳定性和结构自组织的有效性，进而提高网络的分类性能。

3. 网络修剪-分裂结构自组织机制

SO-Elman 神经网络结构自组织过程流程图如图 8-16 所示。基于前述的网络修剪机制和增长机制，对于给定的网络结构，每次迭代过程中分别判断是否满足修剪机制或增长机制，动态地增加或减小网络隐含层和承接层节点个数，以获得最优网络结构。

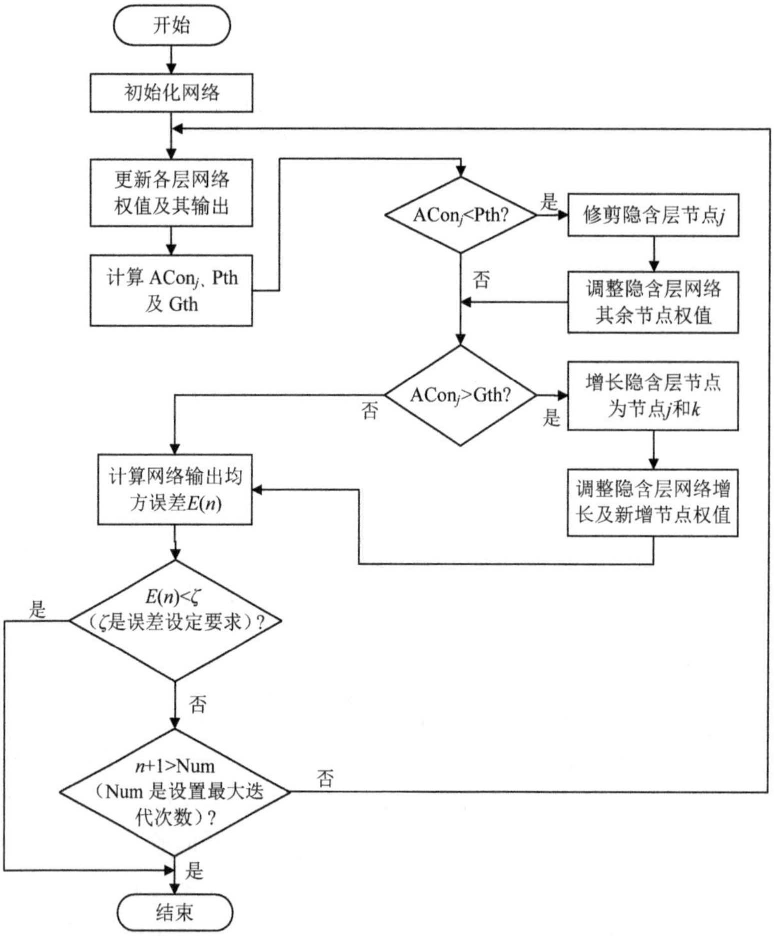

图 8-16　SO-Elman 神经网络结构自组织过程流程图

给定初始网络结构后，首先判断网络是否满足修剪机制。当网络隐含层和承接层节点个数过多时，网络结构存在冗余，网络修剪阈值 Pth 大于网络隐含层节点贡献度 $Scon_j$，此时启动网络修剪，将网络隐含层最小的贡献度节点删除，从而简化网络结构；否则不对网络结构进行调整。无论修剪条件是否满足，当修剪条件判断完成后，都进行增长机制判断。当网络结构过于简单且难以处理复杂数据时，网络增长阈值 Gth 小于网络隐含层节点贡献度 $Scon_j$，来启动网络增长机制，对符合增长条件的节点进行分裂增长处理，增加网络结构的复杂度。

8.2.5　神经网络学习率自适应设计

学习率是 Elman 神经网络的重要参数之一，决定了网络权值阈值沿负梯度方向变化的大小。学习率的选择对网络性能有直接影响，当网络学习率取值较小时，网络收敛性较好，训练精度较高，但其收敛所需的迭代次数和运行时间增加；当网络学习率设置较大时，其收敛速度加快，但会影响网络的精度，使得网络输出值在最优值附近振荡，甚至导致网络不收敛。

本节设置学习率的原则如下：在网络迭代开始时应选择较大的学习率，使得网络沿着负梯度方向快速迭代到最优值附近；随着网络迭代次数的增加，应减小学习率以便于网络获得较高的精度，并保持网络迭代过程的收敛性。学习率随迭代次数的自适应表达式为

$$\eta(n)=\eta_{\max}-\frac{(\eta_{\max}-\eta_{\min})}{n_{\max}^2}n^2 \tag{8-47}$$

式中，$\eta(n)$为第 n 次迭代时网络的学习率；$\eta_{\max}$ 为网络设置的最大学习率；$\eta_{\min}$ 为网络设置的最小学习率；n 为网络的迭代次数；$n_{\max}$ 为网络的最大迭代次数。

在开始时，网络学习率设定为最大学习率 $\eta_{\max}$；随着迭代次数的增加，网络学习率在最后一次迭代时达到最小值 $\eta_{\min}$。最大迭代次数为 500，最大学习率为 0.12，最小学习率为 0.04 时，Elman 神经网络学习率变化曲线，如图 8-17 所示。

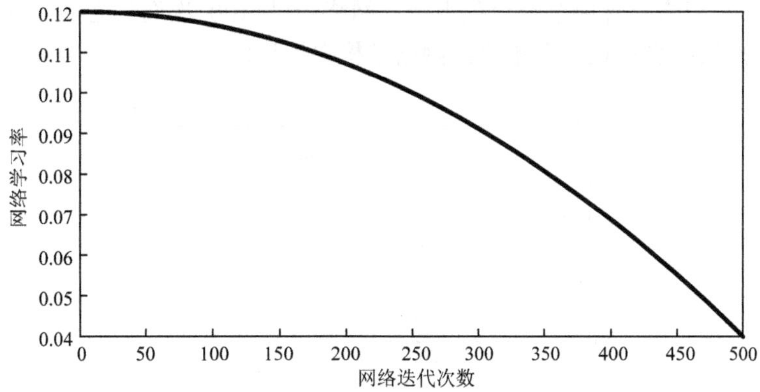

图 8-17 Elman 神经网络学习率变化曲线

8.2.6 基于 SO-Elman 神经网络的锚杆-围岩系统无损检测结果分析

本节使用的试验数据与 8.1 节相同。

1. 基于 ANSYS 仿真数据的锚杆缺陷分类试验

Elman 神经网络输入层节点个数为 8，隐含层初始节点个数为 18，网络输出层节点个数为 4，网络修剪系数 c=1.70，增长系数 d=1.60，最大学习率 $\eta_{\max}$=0.12，最小学习率 $\eta_{\min}$=0.06，承接层自反馈系数 a=0.1，设定网络最大迭代次数 $n_{\max}$=500。

网络训练过程均方误差变化曲线如图 8-18 所示。可以看出，随着网络迭代次数的增大，SO-Elman 神经网络和修剪-增长 BP（pruning growth back propagation，PG-BP）神经网络均方误差值均逐渐下降，最终收敛后，SO-Elman 神经网络均方误差值低于 PG-BP 神经网络均方误差值。

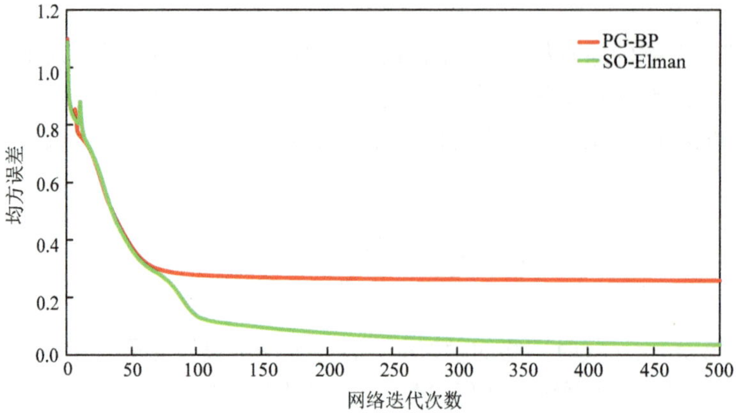

图 8-18 网络训练过程均方误差变化曲线

网络训练过程中，Pth 与最小贡献度（Mincon）的关系曲线如图 8-19 所示。如果网络隐含层最小贡献度小于对应网络修剪阈值 Pth，则网络初始结构存在冗余。在网络修剪机制作用下，网络隐含层节点个数下降；网络经过 100 次迭代之后，网络修剪阈值 Pth 始终低于网络隐含层最小贡献度，网络结构保持稳定。

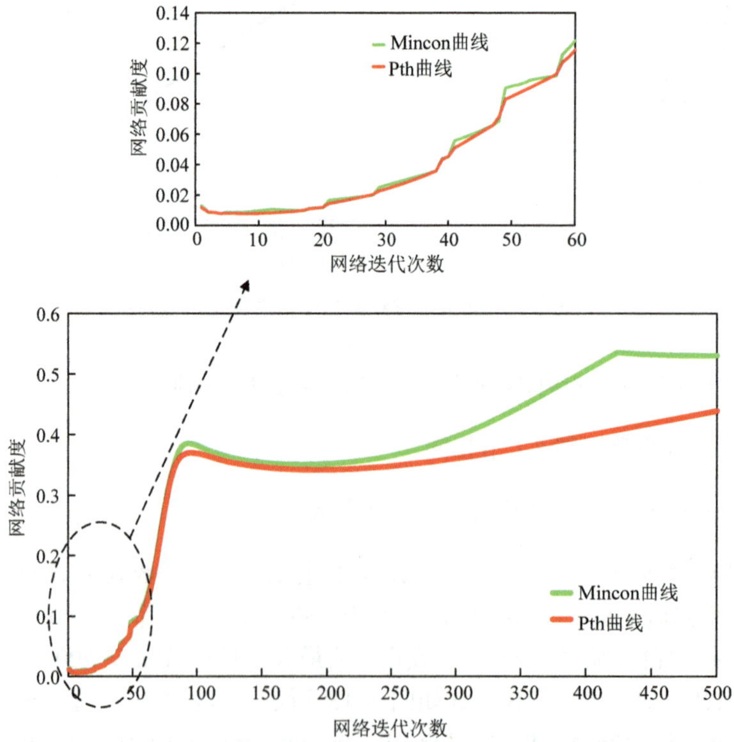

图 8-19 网络训练过程中 Pth 与 Mincon 的关系曲线

网络增长阈值与网络隐含层最大贡献度之间的关系如图 8-20 所示。当网络最大贡献度大于网络增长阈值时，启动网络增长机制，增加网络隐含层节点数目；若网络初始结构为冗余状态，增长阈值 Gth 在整个迭代过程中保持大于网络隐含层最大贡献度 Maxcon，则不启动网络增长机制。

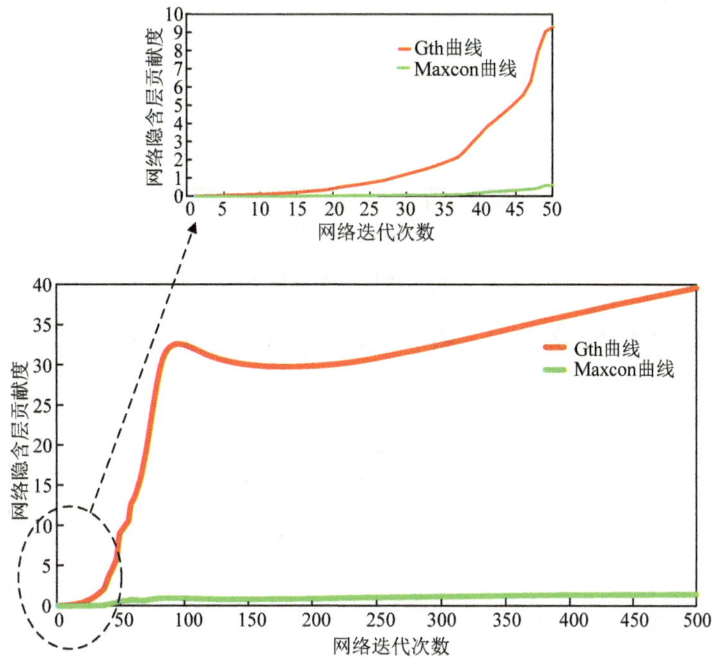

图 8-20　网络训练过程中 Gth 与 Maxcon 的关系曲线

网络训练过程隐含层节点变化曲线如图 8-21 所示。由图 8-21 可知，网络隐含层节点个数从初始节点个数 18 逐渐减小到 5 并且网络隐含层节点个数保持为 5，网络结构达到最优。

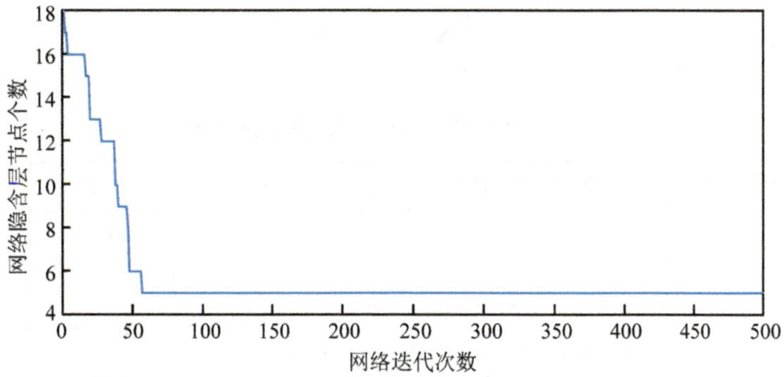

图 8-21　网络训练过程隐含层节点变化曲线

图 8-22 为网络分类测试效果。当网络实际输出与期望输出重合时，网络分类结果正确，40 组测试数据全部分类正确。

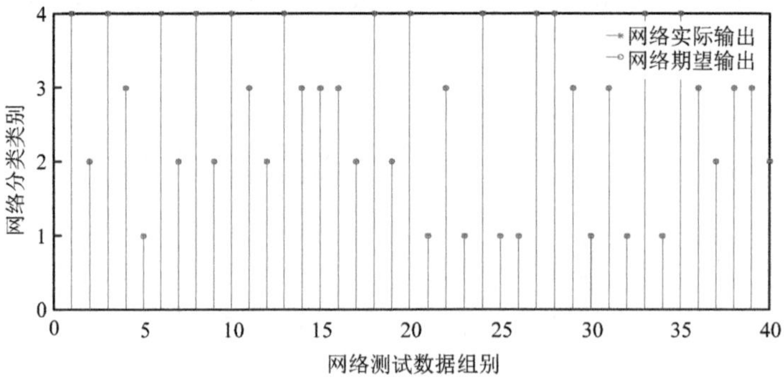

图 8-22 网络分类测试效果

图 8-23 为网络测试误差分布。图中，第 26 组测试数据为网络最大测试误差，其测试误差值小于 0.25。

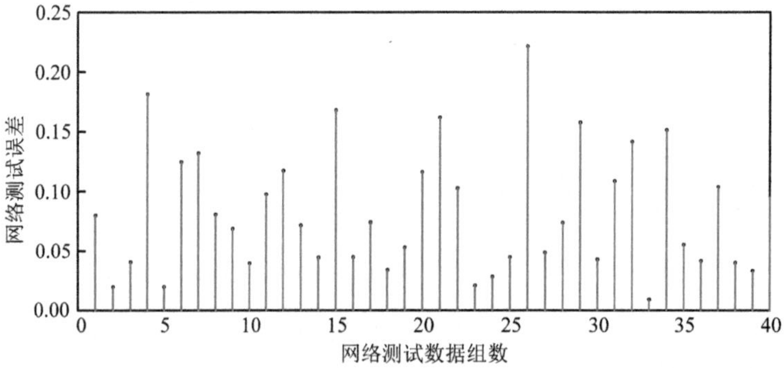

图 8-23 网络测试误差分布

SO-Elman 神经网络测试结果如表 8-7 所示。其中，输出节点 i 的均方误差计算如下：

$$e_i=\frac{1}{4}\sum_{r=1}^{4}\left(y_{i,r}-y_{i,r}^{\exp}\right)^2 \tag{8-48}$$

表 8-7 SO-Elman 神经网络测试结果

隐含层初始神经元个数	自组织的隐含层神经元个数	出现次数	均方误差	识别正确率/%
18	3	3	0.0428	97.2
	4	4	0.0412	98.8
	5	3	0.0364	98.6
2	3	2	0.0421	98.4
	4	4	0.0446	97.9
	5	4	0.0448	98.3

表 8-7 中，在 Elman 神经网络初始隐含层节点为 18 和 2 时，各进行了 10 组试验，得到了自组织的网络结构。对于仿真试验数据，最合适的隐含层节点个数为 3～5 个。

识别正确率均达到了 97%以上，展示了 SO-Elman 神经网络优秀的识别能力。

针对仿真数据，SO-Elman 和固定 Elman 结构神经网络锚杆缺陷分类结果对比如表 8-8 所示。其中，每组试验都反复进行了 10 次迭代，以取得平均值。

表 8-8　SO-Elman 和固定 Elman 结构神经网络锚杆缺陷分类结果对比

Elman 网络结构	隐含层节点数目	网络均方误差	网络测试正确率/%
固定结构	2	0.2599	72.6
	4	0.0326	98.3
	6	0.0869	96.9
	18	0.0982	90.4
自组织	4	0.0369	98.3

通过分析，SO-Elman 神经网络可以根据锚杆缺陷仿真数据自适应地调整网络结构，从而达到最优网络结构，且可以提高网络的分类性能。与锚杆缺陷仿真相对应的最优网络隐含层节点选择 4，网络对锚杆缺陷分类的正确率可达到 98.3%。

2. 基于应力波的锚杆-围岩系统缺陷分类试验

对应力波试验数据进行四层小波包分解，并将其能量作为网络输入。网络输入层节点个数为 16，输出层节点个数为 4，隐含层初始节点设置为 2，网络初始状态处于结构过简状态，网络修剪系数 c=1.64，增长系数 d=1.35，最大学习率 η_{max}=0.12，承接层自反馈系数 a=0.1，最小学习率 η_{min}=0.04，设定网络最大迭代次数 n_{max}=500。

图 8-24 所示为网络训练过程均方误差变化曲线。图中，在 25 次迭代左右，SO-Elman 神经网络均方误差数值开始低于 PG-BP 神经网络，然后一直维持低于状态，最终 SO-Elman 神经网络具有更优的均方误差收敛值。

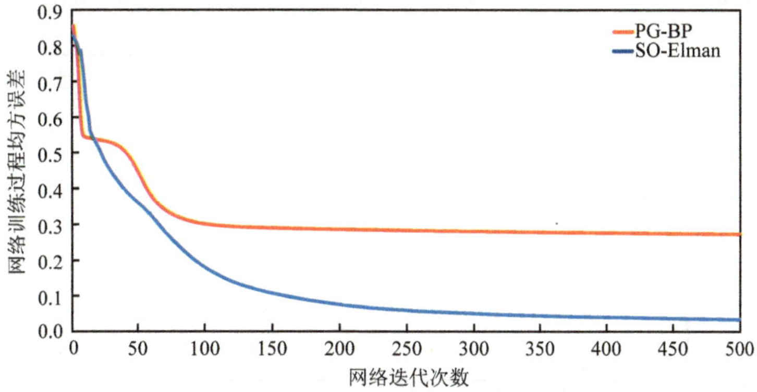

图 8-24　网络训练过程均方误差变化曲线

图 8-25 所示为网络训练过程增长阈值（Gth）和网络隐含层最大贡献度（Maxcon）的关系曲线。当 Maxcon 小于 Gth 时，在增长机制的作用下，网络隐含层节点个数增加，100 步迭代之前存在网络隐含层最大贡献度 Maxcon 大于对应网络增长阈值 Gth 的区间或节点。在此区间内，节点网络增长机制启动，对符合条件的隐含层节点和承接层节点

进行分裂处理，网络隐含层和承接层节点个数增加。在网络训练 132 次迭代后，网络增长阈值 Gth 保持大于 Maxcon，且两者之间保持一定差值，网络结构增长机制不再启动。当修剪机制同样不再启动时，网络结构达到最优且保持稳定。

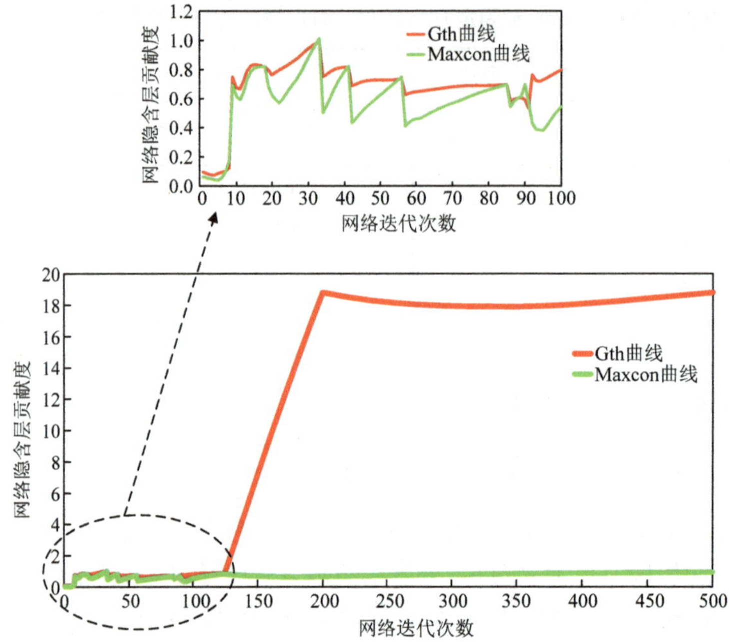

图 8-25 网络训练过程 Gth 和 Maxcon 的关系曲线

图 8-26 所示为网络训练过程网络修剪阈值（Pth）和网络最小贡献度（Mincon）的关系曲线。可以看出，随着网络结构的增长，隐含层节点贡献度发生较大变化，对应贡献度小于修剪阈值 Pth 的区间，对图 8-26 中蓝色曲线低于红色曲线的区间应进行修剪。

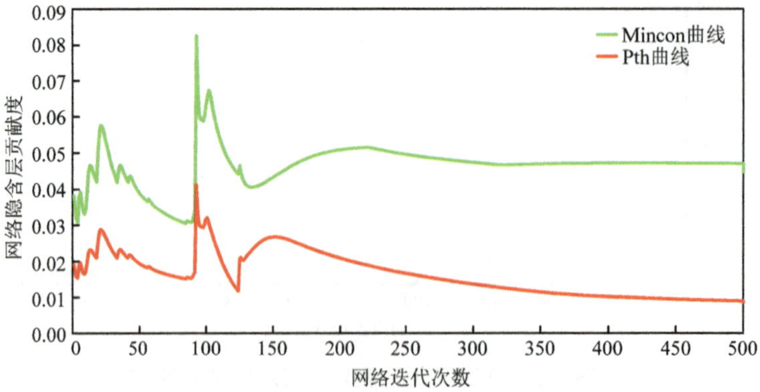

图 8-26 网络训练过程 Pth 和 Mincon 的关系曲线

图 8-27 所示为一次迭代中网络训练过程中隐含层节点变化曲线。可以看出，网络隐含层节点个数从最初设定节点 2，通过网络增长机制和修剪机制的共同作用，最终达到最优值 11。

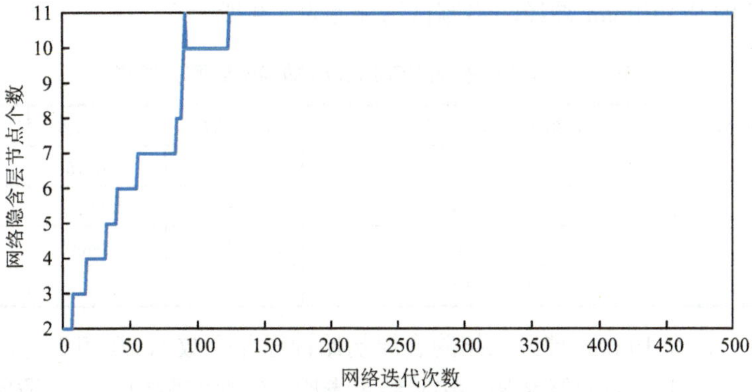

图 8-27　网络训练过程隐含层节点变化曲线

网络分类测试结果如图 8-28 所示。可以看出，第 15 组测试数据在网络测试中测试结果分类错误。

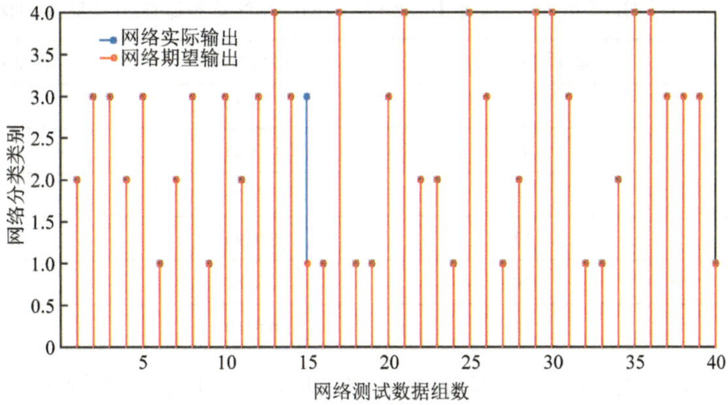

图 8-28　网络分类测试结果

图 8-29 所示为网络测试误差分布。可以看出，第 15 组测试数据为网络测试最大误差，其误差值不大于 0.3。

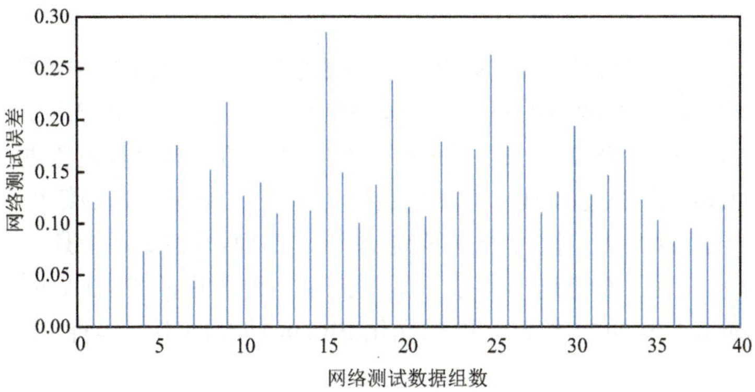

图 8-29　网络测试误差分布

实测试验的 SO-Elman 神经网络测试结果如表 8-9 所示。

表 8-9 实测试验的 SO-Elman 神经网络测试结果

隐含层初始神经元个数	自组织的隐含层神经元个数	出现次数	均方误差	识别正确率/%
20	12	5	0.0496	98.2
	13	5	0.0512	98.8
2	10	3	0.0409	98.2
	12	7	0.0496	99.0

在表 8-9 中，在 Elman 神经网络隐含层初始神经元个数为 20 和 2 时，各进行了 10 组试验，得到了自组织的网络结构。实验结果表明，针对实测数据，合适的 Elman 神经网络隐含层节点个数为 10～13 个，自组织后的识别正确率能达到 98%以上。

针对实测试验数据，SO-Elman 与固定 Elman 结构神经网络锚杆缺陷分类结果对比如表 8-10 所示。其中，每组试验都反复进行了 10 次迭代，以取得平均值。

表 8-10 SO-Elman 与固定 Elman 结构神经网络锚杆缺陷分类结果对比

Elman 网络结构	隐含层节点数目	网络均方误差	网络测试正确率/%
固定结构	2	0.4599	59.6
	6	0.0926	89.3
	10	0.0569	97.9
	12	**0.0496**	**98.2**
	20	0.0882	91.4
自组织	**12**	**0.0469**	**98.7**

通过分析可知，SO-Elman 神经网络可以根据锚杆缺陷仿真数据自适应地调整网络结构，从而达到最优网络结构，且可以提高网络的分类性能。与锚杆缺陷实测试验相对应的最优网络隐含层节点选择 12，网络对锚杆缺陷分类的正确率可达到 98.7%。

8.3 基于改进鸡群算法的优化 Elman 神经网络

由于 Elman 神经网络是在 FNN 的基础上改进而来的，也采用 BP 算法调整权值和阈值，因此若 Elman 神经网络的初始权值和阈值选择不恰当，易陷入局部极小，无法达到预期效果。本节采用 CSO 算法对 Elman 神经网络的初始权值和阈值进行优化。

CSO 是 Meng 等[99]提出的一种群智能优化算法，具有较高的精度和快速的收敛速度，被应用于函数优化、模式识别等领域[100]。然而，CSO 算法具有高维和超高维求解困难的问题。为了避免这一问题，本节提出一种改进的 CSO（improved chicken swarm optimization，ICSO）算法，用来优化 Elman 神经网络的锚杆-围岩系统缺陷识别方法。

8.3.1　CSO 算法

CSO 算法是一种基于鸡群觅食过程的智能优化方法，模拟了鸡群的等级制度和鸡群行为。整个鸡群被分成若干个子群，每个子群由一只公鸡、若干母鸡和小鸡组成。在鸡群中，适应度值最好的若干个体作为公鸡，适应值最差的若干个体作为小鸡，剩余个体作为母鸡。根据公鸡个数确定子群数，将母鸡和小鸡随机分配到各子群中，在子群内随机建立母鸡与小鸡之间的母子关系。鸡群的等级制度、支配关系和母子关系一旦建立就保持不变，直到进化数代以后才开始更新。公鸡在鸡群中处于主导地位，它们优先于其他个体找到食物；母鸡跟随同一子群的公鸡寻找食物，母鸡可以偷食其他鸡发现的食物，也可以阻止其他鸡偷吃自己的食物；每只小鸡跟随小鸡母亲一起寻找食物。

假设鸡群中的个体总数为 N，整个鸡群在 D 维空间中搜索食物。RN、HN、CN 和 MN 分别表示公鸡、母鸡、小鸡和小鸡母亲的数量。t 时刻第 i 个个体在第 j 个维度的位置为 $x_{i,j}^t$ (i=1, ⋯, N；j=1, ⋯, D)。每个个体在鸡群中的位置代表优化问题的解决方案。

鸡群中的公鸡对应于最优适应度值的个体，可以在更广阔的空间中寻找食物。公鸡位置的更新公式如下：

$$x_{i,j}^{t+1} = x_{i,j}^t \cdot [1 + \mathrm{Randn}(0, \sigma^2)] \tag{8-49}$$

$$\sigma^2 = \begin{cases} 1, & f_i \leqslant f_k \\ \exp\left(\dfrac{f_k - f_i}{|f_i| + \varepsilon}\right), & f_i > f_k \end{cases} \quad (k \neq i, k \in [1, N]) \tag{8-50}$$

式中，$\mathrm{Randn}(0, \sigma^2)$为方差为$\sigma^2$、均值为 0 的高斯分布；$\varepsilon$ 为一个非常小且无限接近 0 的常数；k 为所有公鸡中除第 i 个个体外的任一个体；f为与 x 对应的适应度函数值。

母鸡位置的更新公式计算如下：

$$x_{i,j}^{t+1} = x_{i,j}^t + c_1 \cdot \mathrm{rand} \cdot (x_{r_1,j}^t - x_{i,j}^t) + c_2 \cdot \mathrm{rand} \cdot (x_{r_2,j}^t - x_{i,j}^t) \tag{8-51}$$

$$c_1 = \exp[(f_i - f_{r_1}) / (|f_i| + \varepsilon)] \tag{8-52}$$

$$c_2 = \exp(f_{r_2} - f_i) \tag{8-53}$$

式中，rand 为[0,1]之间的随机数；r_1 为与第 i 只母鸡位于同一子群的公鸡；r_2 为从整个鸡群中随机选取的公鸡或母鸡，且 $r_1 \neq r_2$。

小鸡位置的更新公式如下：

$$x_{i,j}^{t+1} = x_{i,j}^t + \mathrm{FL} \cdot (x_{m,j}^t - x_{i,j}^t) \tag{8-54}$$

式中，$x_{m,j}^t$ 为第 i 只小鸡对应的小鸡母亲位置；FL 为一个[0, 2]之间的随机数，反映了小鸡跟随小鸡母亲寻找食物的能力。

8.3.2　ICSO 算法

针对 CSO 算法存在的不足，结合混沌序列初始化种群、精英反向学习策略及混沌扰动最优个体策略，本节构造了一种 ICSO 算法。

1. 混沌序列初始化种群

种群初始化是进化算法的重要组成部分，其会影响算法的收敛速度和最终解的质量。在 CSO 算法中，初始种群通常是随机选择的，当解空间较大时，无法确保初始个体在整个解空间中均匀分布，这可能导致初始种群多样性较差，进而影响 CSO 算法的全局搜索能力。混沌是一种非线性现象，具有随机性、遍历性和规律性的特点[101]。混沌产生的初始种群具有更好的多样性，其基本思想是通过混沌映射规则将优化变量映射到混沌变量的取值区间内，并将获得的混沌序列通过线性变换转换到目标函数的搜索空间中。逻辑斯谛（Logistic）映射是一种常见的混沌映射，但其具有非均匀遍历性和区间两端值概率较高的缺点[102]，不利于提高搜索效率。由立方（Cubic）映射生成的混沌序列更均匀，并且值在[-1,1]之间，只要初始值不为 0，就会产生混沌现象。本节利用由 Cubic 映射生成的混沌序列来初始化种群。

Cubic 映射公式如下：

$$y_{i+1,j}=4(y_{i,j})^3-3y_{i,j} \tag{8-55}$$

式中，$y_{i,j}$为一个混沌变量，$y_{i,j}\in(-1,1)$且$y_{i,j}\neq 0$；i为种群的序号，$1\leqslant i\leqslant N-1$；$j$为混沌变量的序号，$1\leqslant j\leqslant D$。

y_1是第一个初始种群个体初始位置，其为一个随机生成的D维向量，其第j维的值计算如下：

$$y_{1,j}=1-2\times \text{rand} \tag{8-56}$$

根据式（8-57），通过N个混沌变量的映射得到相应优化空间中的变量：

$$x_{i,j}=x_{\min,j}+\frac{y_{i,j}+1}{2}(x_{\max,j}-x_{\min,j}) \tag{8-57}$$

式中，$x_{\min,j}$和$x_{\max,j}$分别为个体的第j维度的最小值和最大值。

2. 精英反向学习策略

精英反向学习策略是 Tizhoosh 在 2005 年提出的一种智能计算方法，反向解接近全局最优解的概率比当前种群的概率高出 50%[103-105]。在搜索过程中，从当前解和反向解中选择较优的解作为下一代个体。在一定程度上，反向学习保持了群体的多样性。然而，当个体数量很大时，生成所有个体的反向解存在一定的盲目性。因此，充分利用精英个体的有效信息，将精英个体通过反向学习，产生精英反向解，引导搜索过程向最优解逼近。

设$x_i(k)$和$x_i^*(k)$分别为第k代的当前解和反向解，$x_{i,j}(k)$和$x_{i,j}^*(k)$分别为$x_i(k)$与$x_i^*(k)$的第j维的值。$m(2\leqslant m\leqslant D)$个精英个体可表示为

$$\{e_1(k),e_2(k),\cdots,e_m(k)\}\subseteq\{x_1(k),x_2(k),\cdots,x_D(k)\} \tag{8-58}$$

$x_{i,j}^*(k)$定义为

$$x_{i,j}^*(k)=\lambda[a_j(k)+b_j(k)]-x_{i,j}(k) \tag{8-59}$$

式中，$\lambda\in(0,1)$为一般化系数，用于生成多个不同的精英个体的反向解；$a_j(k)$和 $b_j(k)$为搜索空间的边界，其中 $a_j(k)=\min(e_{1,j}(k),\cdots,e_{m,j}(k))$，$b_j(k)=\max(e_{1,j}(k),\cdots,e_{m,j}(k))$。

此外，反向解有可能会跳出边界，成为非可行解。因此，对其使用随机生成的方法来重置，即如果 $x_{i,j}^*(k)>b_j(k)$或者 $x_{i,j}^*(k)<a_j(k)$，则取 $x_{i,j}^*(k)$ 为$[a_j(k), b_j(k)]$区间内的一个随机数。

当满足鸡群中等级制度的更新条件时，种群中的 N 个个体按适应度值的升序排序，选择前 m 个个体作为精英个体，并通过反向学习获得鸡群中精英个体的反向解。反向种群与当前种群合并，从中选择 N 个优秀个体作为下一代种群，这样既增加了种群的多样性，又降低了算法陷入局部最优的概率。根据新种群中个体的适应度值建立等级制度。

3. 混沌扰动最优个体策略

将混沌扰动应用于当前最优个体，以提高算法的局部开发能力，可以使 CSO 算法跳出局部最优，提高 CSO 算法的全局搜索能力。混沌扰动最优个体策略如下：

$$x'_{\text{best}}(t)=x_{\text{best}}(t)+\tau\cdot x_{\text{best}}(t)\cdot y(n) \tag{8-60}$$

式中，x_{best} 为当前最优个体；t 为当前迭代次数；$y(n)$为经过 n 次迭代后由 Cubic 映射生成的混沌变量；$\tau(\tau\in[0,1])$为扰动强度，其表示为

$$\tau=1-(t-1)/T_{\max} \tag{8-61}$$

式中，$T_{\max}$ 为迭代的最大次数。

根据式（8-56）随机生成一个 D 维向量，其作为第一个混沌序列。根据式（8-55），每一维度迭代 n-1 次，从而获得 n 个混沌序列。采用式（8-60），使当前最优个体受到混沌扰动，如果混沌扰动的个体的适应度值优于原个体的适应度值，则用混沌扰动的个体取代原个体。

ICSO 算法寻优流程图如图 8-30 所示。

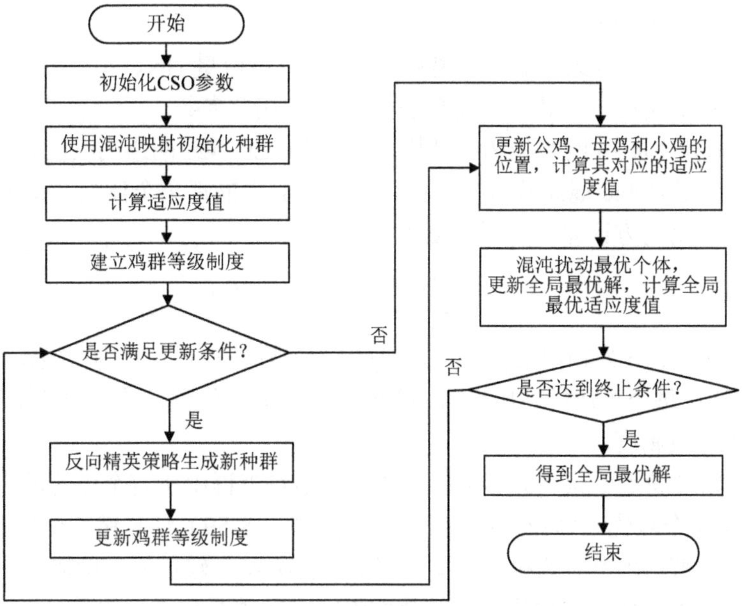

图 8-30　ICSO 算法寻优流程图

8.3.3 基于 ICSO 算法的 Elman 神经网络模型

ICSO 算法优化 Elman（ICSO-Elman）神经网络模型的流程图如图 8-31 所示。

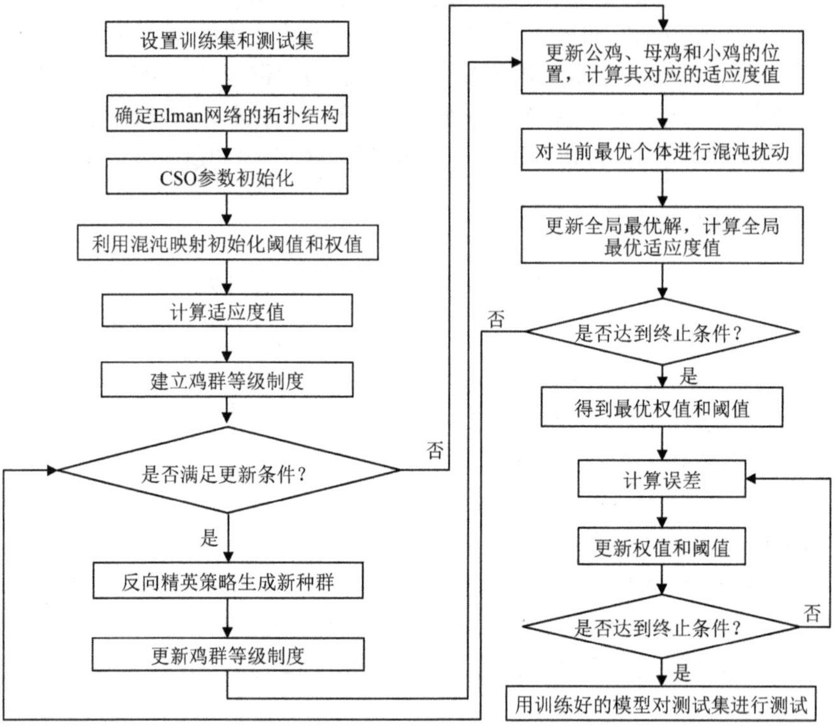

图 8-31 ICSO-Elman 神经网络模型的流程图

其具体实现步骤如下。

步骤 1：初始化鸡群大小 N、公鸡数量 RN、母鸡数量 HN、小鸡数量 CN、小鸡母亲数量 MN、进化代数 G、最大迭代次数 M 和其他相关参数。

步骤 2：确定 Elman 网络的拓扑结构，设置 Elman 神经网络的权值和阈值范围。

步骤 3：利用 Cubic 混沌映射初始化种群，种群中的每个个体为 Elman 神经网络的权重和阈值，采用均方误差作为适应度函数：

$$F = \frac{1}{m \cdot n}\sum_{k=1}^{m}\sum_{i=1}^{n}[y_i(k) - y_{ci}(k)]^2 \tag{8-62}$$

式中，m 为样本数；n 为输出层神经元数；$y(k)$为实际输出；$y_c(k)$为期望输出。

步骤 4：计算每个个体的适应度值、个体当前的最优位置及鸡群中的全局最优位置，在鸡群中生成等级制度。

步骤 5：如果满足更新鸡群等级制度条件，则对鸡群中所有个体的适应度值进行排序，并选择前 m 个较优个体作为精英个体。根据式（8-59）计算精英个体的搜索空间，并生成精英反向解。在当前解和精英反向解中，选择 N 个较优适应度值形成新的当前种群。根据新种群中个体的适应度值更新鸡群中的支配关系和母子关系。

步骤 6：分别根据式（8-49）、式（8-51）和式（8-54）更新公鸡、母鸡和小鸡的位置，并计算相应的适应度值。

步骤 7：更新当前最优个体位置。根据式（8-60），将混沌扰动应用于当前最优个体，生成新的扰动解。如果扰动解的适应度值小于当前最优个体的适应度值，则扰动解将替换当前最优个体，并更新全局最优解。

步骤 8：如果全局最优个体的适应度值满足收敛条件或达到最大迭代次数，则 ICSO 算法停止，否则返回步骤 5。

步骤 9：将通过 ICSO 算法找到的最优权值和阈值作为 Elman 网络的初始权值和阈值，进行训练和测试。

8.3.4　基于磁致伸缩导波的锚杆-围岩系统缺陷分类试验

将 5.1 节中四种试件试验获得的磁致伸缩导波信号进行三层小波包分解，提取 8 个特征能量值作为神经网络的输入特征，锚杆-围岩系统的缺陷类型作为神经网络的标签，采用表 8-2 中的缺陷类型与期望输出之间的对应关系。

输入层神经元个数为 8，输出层神经元个数为 4，隐含层神经元个数为 5，最大训练迭代次数为 200，最小训练误差设置为 0.001。每种类型的锚杆-围岩系统分别选取 120 组试验数据作为样本数据，共获得 480 组数据。其中，400 组数据作为训练样本，其余 80 组数据作为测试样本。分别采用 BP、Elman、GA-Elman、CSO-Elman 和 ICSO-Elman 五种神经网络模型对锚固质量进行分类预测。

ICSO 和 CSO 算法的参数设置如下：N=100，G=5，D=72，FL∈rand（0.4,0.9），RN=0.2N，HN=0.6N，CN=N-RN-HN，MN=0.5HN，m=0.2N，最大迭代次数为 100。GA 算法种群规模为 100，最大迭代次数为 100，遗传算法的参数设定如下：交叉概率为 0.7，变异概率为 0.04。

GA-Elman、CSO-Elman 和 ICSO-Elman 神经网络模型适应度进化曲线如图 8-32 所示。

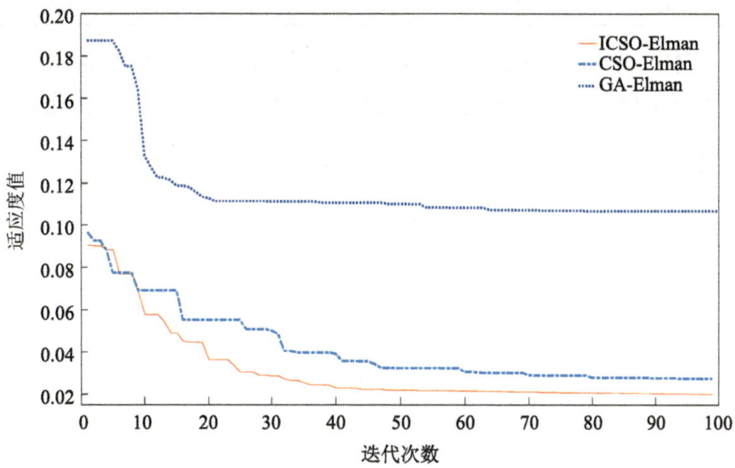

图 8-32　GA-Elman、CSO-Elman 和 ICSO-Elman 神经网络模型适应度进化曲线

由图 8-32 可知，ICSO-Elman 模型的收敛速度比 CSO-Elman 和 GA-Elman 更快，这是因为 ICSO-Elman 中使用了精英反向学习策略和混沌扰动最优个体策略，增加了种群的多样性，扩大了鸡群的搜索空间。

图 8-33 为 ICSO-Elman 神经网络模型分类预测结果，有两个前端单缺陷的锚固类型被误判为后端单缺陷锚固类型，正确识别率为 97.5%。表 8-11 为五种神经网络模型对锚固质量分类测试结果对比。

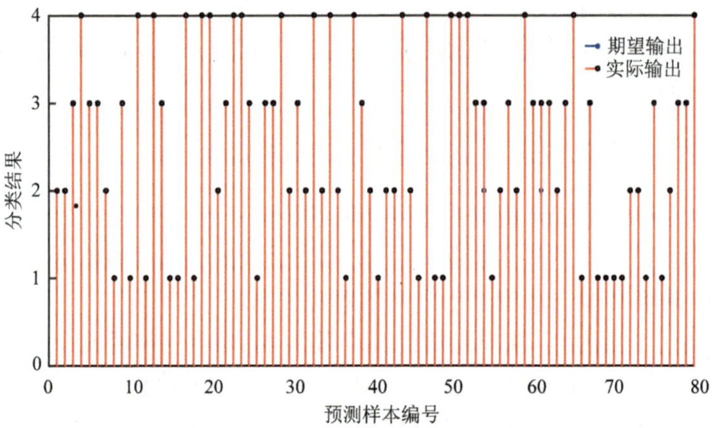

图 8-33 ICSO-Elman 神经网络模型分类预测结果

表 8-11 五种神经网络模型分类测试结果对比

分类模型	识别正确率%	均方误差
BP	90	0.0461
Elman	91.25	0.036
GA-Elman	93.75	0.0241
CSO-Elman	96.25	0.0223
ICSO-Elman	97.5	0.0205

由表 8-11 可知，ICSO-Elman 神经网络对锚固锚杆质量识别的正确率为 97.5%，网络的均方误差为 0.0205，ICSO-Elman 神经模型比 BP、Elman、GA-Elman 和 CSO-Elman 模型具有更好的识别率和误差精度。

第 9 章 基于生成对抗网络的零样本缺陷识别方法

锚杆-围岩系统的灌浆缺陷在系统内部，具有很强的不确定性和未知性。实际工程中锚杆的缺陷情况是未知的，待测样本属于没有被训练过的零样本。锚杆系统零样本缺陷的识别问题属于零样本分类问题。本章利用生成对抗网络（GAN）中生成器的特性，根据已知的数据生成一些可靠的、合理的数据，来实现锚杆-围岩系统的零样本缺陷识别。

9.1 生成对抗网络理论介绍

9.1.1 生成对抗网络基本理论

GAN 由两个部分组成，分别是生成器（generator，G）和判别器（discriminator，D）。在训练过程中，两个部分不断进行对抗进而提升自身性能，直至达到纳什均衡。在 GAN 框架中，对于生成器和判别器的具体形式并没有过多限定，只要能满足模型训练的要求即可。在解决实际问题的过程中，神经网络是 GAN 框架最广泛的应用形式。

在 GAN 中，生成器负责生成样本，判别器负责判断样本是真实样本还是生成样本。其具体为生成器接收噪声 z，输出生成样本 $G(z)$，使其能够接近真实数据的概率分布 $P(x)$，尽可能地模拟真样本来欺骗判别器。对于判别器，其同时接收真样本 x 和生成样本 $G(z)$，然后判断样本的真假。在整个训练过程中，通过生成器和判别器之间的博弈，使两者均达到更好的性能。

GAN 的训练过程分为前向传播和反向传播。前向传播是网络的运行过程，在该过程中，生成样本 $G(z)$ 由噪声 z 经生成器生成，并与真样本一同输入判别器 D 输出结果。反向传播是网络的训练过程，在该过程中，首先对 D 进行训练，训练方法一般为梯度法；然后对 G 进行训练。但是，G 无法直接采用梯度法进行更新，所以 G 使用 D 的梯度反馈进行自我更新，完成最终的训练。

除此之外，在 GAN 的训练过程中，常常因为训练过程约束不够而导致训练结果不理想。因此，需要设计一种方式对训练过程进行约束。在训练中，先设定好 G 和 D 的参数，使 G 不变，对 D 进行训练；然后使 D 不变，对 G 进行训练。其中，D 的损失函数为

$$\min_G \max_D V(D,G) = -E_{x\sim P_{\text{data}}(x)}[\log D(x)] - E_{z\sim P_z(z)}(\log\{1-D[G(z)]\}) \tag{9-1}$$

式中，x 为真样本；$P_{\text{data}}(x)$ 为未知的 x 的概率分布；z 为输入噪声；$P_z(z)$ 为 z 的先验概率分布；$G(z)$ 为生成器 G 输出的生成样本；$D(\cdot)$ 为判别器输出样本为真的概率。

在基本的 GAN 中，只有真样本和生成样本两个类别，标签分别是 1 和 0。因此，训练过程的本质就是输入真样本时使输出的概率 $D(x)$ 尽可能接近 1，输入生成样本时使

输出概率 $D[G(z)]$接近 0。在连续的情况下，式（9-1）可以写为

$$\min_G \max_D V(D,G) = -\int_x P_{\text{data}}(x)\log D(x)\text{d}x - \int_z P_z(z)\log\{1-D[G(z)]\}\text{d}z$$
$$= -\int_x \{P_{\text{data}}(x)\log D(x) + P_{\text{g}}(x)\log[1-D(x)]\}\text{d}x \tag{9-2}$$

式中，$P_{\text{g}}(x)$为生成信号的先验概率分布。

形如 $F(y)=-a\log(y)-b\log(1-y)$的函数中，$a$ 和 b 为任意实数且不同时为零，该式在 $y=a/(a+b)$时能够取得最小值，$y\in[0,1]$。因此，以 $D(x)$为自变量对 $V(D,G)$进行求导，并令其为 0，可得

$$D'_G(x) = \frac{P_{\text{data}}(x)}{P_{\text{data}}(x) + P_{\text{g}}(x)} \tag{9-3}$$

式中，D'_G 为式（9-2）取得最小值时 $D(x)$的值。

生成器的功能是通过噪声产生生成样本，尽可能地迷惑判别器，使其不能做出正确的判断。生成器的损失函数为

$$\min_G V(D,G) = E_{z\sim P_z(z)}(\log\{1-D[G(z)]\}) \tag{9-4}$$

从某种意义上来说，整个网络训练的核心是求解极小极大值问题。也就是说，使正确的概率 $\log[D(x)]$和 $\log\{1-D[G(z)]\}$最大来训练判别器 D，使生成样本正确的概率 $\log\{1-D[G(z)]\}$最小来训练生成器 G。整个 GAN 的训练过程可以表示为

$$\min_G \max_D V(D,G) = E_{x\sim P_{\text{data}}(x)}[\log D(x)] + E_{z\sim P_z(z)}(\log\{1-D[G(z)]\}) \tag{9-5}$$

式中，E 为相应数据的期望。

基本 GAN 结构如图 9-1 所示。

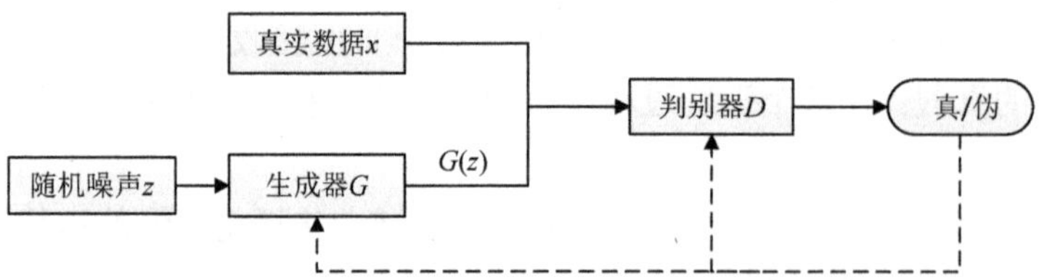

图 9-1 基本 GAN 结构

9.1.2 GAN 的特点

GAN 的应用前景十分广泛，其在数据学习、参数训练等方面具有优势，具体如下。

（1）在实际应用时，由于样本的复杂性、环境干扰等原因，对某些数据的分析会遇到困难。GAN 由于其特殊的对抗机制，并不需要预先从数据中获得先验分布等信息，这使得 GAN 在学习数据上具有优势。

（2）在参数训练的过程中，生成器的梯度训练接收来自判别器的梯度反馈，简化了训练过程，能够让模型更容易训练。

（3）从理论上讲，GAN 是一种半监督模型，将真样本标签设置为 1，生成样本标签设置为 0，其训练方式及代价函数并不复杂，更容易实现。

9.2　多尺度卷积生成对抗网络设计

锚杆经常位于边坡内部，缺陷的具体情况难以获得，并且缺陷的多变性、复杂性给识别工作带来了挑战。这些缺陷的情况复杂，传统的神经网络算法难以处理这类问题。本节利用 GAN 中生成器和判别器的竞争和对抗机制来解决情况复杂而又未知的缺陷问题。根据 GAN 中生成器的特点来生成一些零样本缺陷，从而对实际情况中的缺陷进行模拟，以达到能够对零样本缺陷进行有效识别的目的。与此同时，并不期望得出准确的缺陷类型，只判断缺陷的有无。如果锚杆没有缺陷，则可以继续服役；反之，则需要采取相应措施进行更换，避免危险的发生。

目前，将超声导波检测方法与数据驱动建模相结合是广泛的做法。该过程大致可以分为数据收集、特征提取和缺陷分类三个步骤。在数据收集过程中，完好锚杆产生的超声导波具备相似的波形，而损坏较大的锚杆其波形特征具有明显的不同。因此，希望利用 GAN 中的生成器来丰富未知缺陷的信息，以便在实际应用中能够正确识别零样本缺陷。

特征提取是对数据进行预处理，以便能够突显数据的特征，方便后续处理的过程。经过特征提取处理过的数据，相比于处理前的数据往往具有物理意义或统计意义。将特征提取后的数据输入神经网络中，用于完成对锚杆缺陷的识别。传统锚杆-围岩系统特征提取的过程有如下特点。

（1）信号处理方法的选择和参数设置是特征提取的关键问题。例如，在小波包分解法中，设置不同的母小波、分解层数等参数会获得数据的不同特征，最终对分类结果产生影响。

（2）特征提取这一过程往往会限制神经网络的应用范围。只有特定信号才能够使神经网络正常工作，这对神经网络是十分不利的。另外，只有神经网络自己完成底层特征的识别，才能够有更加广泛的适用性，应对未知才能够有良好的表现。

（3）特征提取和分类过程通常是独立进行的，这就很难使模型达到整体最优的状态。往往两个模块分别拥有了最好的效果，但结合在一起取得的效果并不是很好。

针对上述特点，在此设计一个能够自动学习数据特征的网络模型，对锚杆-围岩系统的缺陷进行分类。本章在 GAN 框架下结合 CNN 和 FNN，构建多尺度卷积生成对抗网络（MSCGAN）。CNN 受到人对外界从局部到全局的认知过程启发。在这个过程中，人脑的每个神经元只需要对一部分信息进行感知，再将结果在更高层上统合起来，就可以得到全面的信息。在锚杆的无损检测中，超声导波的时域波形在相邻的区域里有很强的相关性，这与 CNN 的应用条件相符。同时，CNN 具有权值共享和局部感受野等优点，降低了权值的数量，使网络训练变得容易。因此，将 CNN 融入 GAN 中，对于锚杆缺陷的识别来说是一个很好的选择。

锚杆-围岩系统由三部分组成，分别为锚杆、灌浆和围岩。从锚杆一端上采集到的超声导波数据是不同端面导波反射叠加作用的结果，具有很强的非线性和耦合性。根据文献[106]，将多尺度机制融合到 CNN 能够更好地进行分类，提高分类的准确性。因此，本章将多尺度融合机制融入 GAN 中，提出 MSCGAN，其结构图如图 9-2 所示。

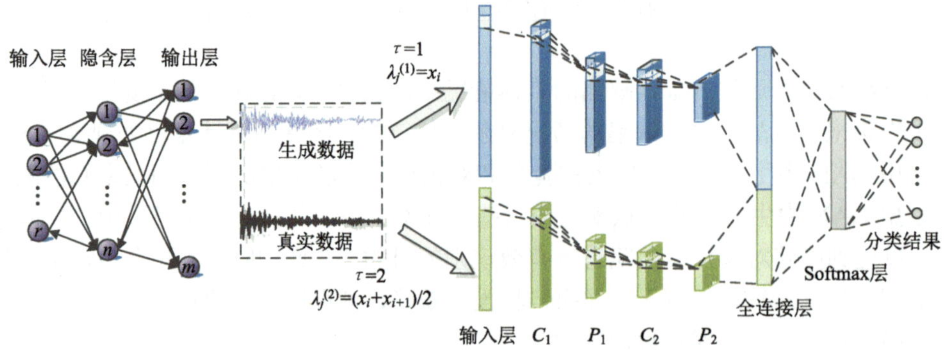

图 9-2 MSCGAN 结构

图 9-2 中，生成器采用三层 FNN，判别器采用七层 CNN。C_1 和 P_1 表示第一组卷积层和池化层，C_2 和 P_2 表示第二组卷积层和池化层。在 Softmax 层之前的部分可以视为特征提取器。MSCGAN 不仅能够识别生成样本，还可以通过对网络进行改造，使其拥有更多的功能。

在一般的分类器中，输入样本为 x，输出类别与缺陷类别 K 相同。在 GAN 中，将生成样本加入判别器的输入中。因此，判别器需要判断 K+1 个类别，同时输出神经元的个数由 K 变为 K+1 个。相应地，网络求解的问题也由式（9-5）变为式（9-6）和式（9-7）：

$$F_D(D,G)=\min_D V(D,G)=-E_{x\sim P_{\text{data}}(x)}[\log P(y\in\{1,\cdots,K\}|x)]$$
$$-E_{z\sim P_z(z)}\{\log P[y=K+1|G(z)]\} \tag{9-6}$$

$$F_G(D,G)=\min_G V(D,G)=-E_{z\sim P_z(z)}\{\log P[y\in\{1,\cdots,K\}|G(z)]\} \tag{9-7}$$

式中，F_D 为判别器的训练目标函数；F_G 为生成器的训练目标函数。

最终，判别器的输出分为三类：完好的锚杆锚固系统为一类，标签为（1,0,0）；带有已知缺陷的锚杆锚固系统为一类，标签为（0,1,0）；生成器生成的数据，即有零样本缺陷的锚杆锚固系统为一类，标签为（0,0,1）。最终，MSCGAN 框架如图 9-3 所示。

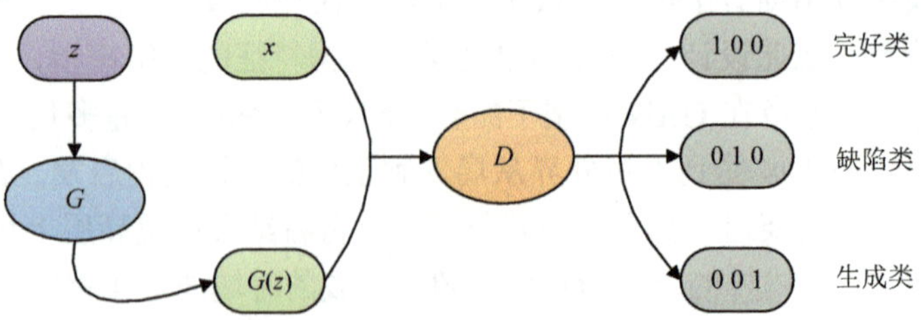

图 9-3 用于锚杆锚固系统缺陷识别的 MSCGAN 框架

9.2.1 多尺度卷积生成对抗网络框架中生成器的构造

MSCGAN 中的生成器采用 FNN 作为基本结构，如图 9-4 所示。其中，隐含层的层数为一层。输入层、隐含层、输出层各自神经元数量分别为 L、M、N。式（9-8）～

式（9-20）描述了生成器的前向和反向传播过程。

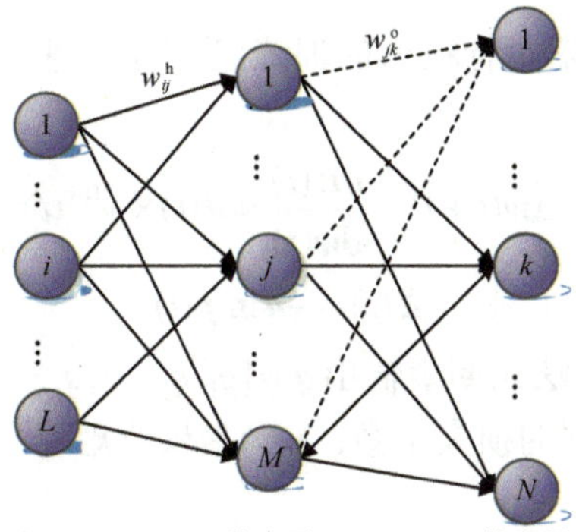

图 9-4　MSCGAN 中 FNN 的基本结构

1. 前向传播过程

式（9-8）为隐含层的第 j 个神经元的输入：

$$x_j^{\mathrm{h}}(t)=\sum_{i=0}^{L} w_{ij}^{\mathrm{h}}(t) n_i(t) \qquad (j=1,2,\cdots,M) \tag{9-8}$$

式中，t 为时刻；w_{ij}^{h} 为输入层第 i 个神经元与隐含层第 j 个神经元之间的连接权值；$n_i(t)$ 为输入的噪声向量 $\boldsymbol{n}=(n_1,n_2,\cdots,n_i,\cdots,n_L)$ 中的第 i 个噪声，噪声向量的长度为 L。

式（9-9）为隐含层的第 j 个神经元的输出：

$$y_j^{\mathrm{h}}(t)=f_1[x_j^{\mathrm{h}}(t)] \qquad (j=1,2,\cdots,M) \tag{9-9}$$

式中，$f_1(\cdot)$ 为隐含层使用的激活函数，当前选择双曲正切函数。

$f_1(\cdot)$ 可以表示为

$$f_1(x)=\frac{\mathrm{e}^{x}-\mathrm{e}^{-x}}{\mathrm{e}^{x}+\mathrm{e}^{-x}} \tag{9-10}$$

式中，e 为自然数。

式（9-11）为输出层的第 k 个神经元的输入：

$$x_k^{\mathrm{o}}(t)=\sum_{j=1}^{M} w_{jk}^{\mathrm{o}}(t) y_j^{\mathrm{h}}(t) \qquad (k=1,2,\cdots,N) \tag{9-11}$$

式中，w_{jk}^{o} 为隐含层第 j 个神经元与输出层第 k 个神经元之间的权值。

式（9-12）为输出层的第 k 个神经元的输出：

$$y_k^{\mathrm{o}}(t)=f_2[x_k^{\mathrm{o}}(t)] \qquad (j=1,2,\cdots,N) \tag{9-12}$$

式中，$f_2(\cdot)$ 为输出层激活函数，当前选择饱和区线性函数。

$f_2(\cdot)$ 可以表示为

$$f_2(x)=\begin{cases}1, & (x>1)\\ x, & (-1\leqslant x\leqslant 1)\\ -1, & (x<-1)\end{cases} \tag{9-13}$$

2. 反向传播过程

生成器采用Adam优化器进行权值的训练。生成器需要与判别器一起进行权值训练。网络权值的训练过程为

$$\Delta \boldsymbol{w}(t+1)=\frac{\partial \boldsymbol{E}(t)}{\partial \boldsymbol{w}(t)}=\boldsymbol{d}(t)\times \boldsymbol{y}^{(0)}(t) \tag{9-14}$$

$$\boldsymbol{E}(t)=-\boldsymbol{q}\ln \boldsymbol{p}(t) \tag{9-15}$$

式中，$\boldsymbol{E}$ 为使用 Softmax 方法在期望输出 $\boldsymbol{q}=[q_1,q_2,\cdots,q_r]$ 与判别器的实际输出 $\boldsymbol{p}=[p_1,p_2,\cdots,p_r]$ 之间进行计算得到的损失函数；$\boldsymbol{w}(t)$为权值矩阵；$\boldsymbol{y}^{(0)}(t)$为当前层的输入；$\boldsymbol{d}(t)$为残差向量。

$\boldsymbol{d}(t)$的计算方法如下：

$$\boldsymbol{d}(t+1)=\boldsymbol{d}^{(1)}(t)\times \boldsymbol{w}^{(1)}(t)\times f'[\boldsymbol{x}(t)] \tag{9-16}$$

式中，$\boldsymbol{d}^{(1)}(t)$为后一层的残差向量；$\boldsymbol{w}^{(1)}(t)$为后一层的权值向量；$f'(\cdot)$ 为当前层激活函数的导数；$\boldsymbol{x}(t)$为当前层的输入。

权值矩阵的更新公式为

$$\boldsymbol{w}(t+1)=\boldsymbol{w}(t)-\alpha(t)\times\frac{\hat{\boldsymbol{m}}(t)}{\sqrt{\hat{\boldsymbol{v}}(t)}+\varepsilon} \tag{9-17}$$

式中，ε 为一个很小的常数，通常设置为10^{-8}，用来避免分母为 0 的情况；$\alpha(t)$为学习速率；$\hat{\boldsymbol{m}}(t)$ 为梯度指数向量的平均值；$\hat{\boldsymbol{v}}(t)$ 为平方梯度。

其计算公式如下：

$$\alpha(t+1)=\alpha(t)\times\frac{\sqrt{1-\beta_2^{t+1}}}{1-\beta_1^{t+1}} \tag{9-18}$$

$$\hat{\boldsymbol{m}}(t+1)=\beta_1\times\hat{\boldsymbol{m}}(t)-(1-\beta_1)\times\Delta\boldsymbol{w}(t+1) \tag{9-19}$$

$$\hat{\boldsymbol{v}}(t+1)=\beta_2\times\hat{\boldsymbol{v}}(t)-(1-\beta_2)\times\Delta\boldsymbol{w}^2(t+1) \tag{9-20}$$

式中，β_1为设定的常数，通常设置为 0.9；β_2也为常数，一般设置为 0.999。

9.2.2 生成对抗网络框架中判别器的构造

1. CNN 算法

CNN 算法是深度神经网络中应用非常广泛的算法之一，具有很强的适应性和泛化能力，其基本结构如图 9-5 所示。研究人员将 CNN 应用到很多领域，如图像、声学信号识别和自然语言处理。卷积层中以区域特征的形式存在的单元称为特征平面单元。每一块区域都有固定数量的神经元以矩阵形式排列，每个区域内的神经元共享权值。一般情况下，卷积核中参数的初始值是随机生成的。在 CNN 训练的过程中会更新权值参数，最后得到一个合适的权值。CNN 的池化层主要用于简化网络中的采样过程，减少参数的数量。CNN 具有三个主要的特征：局部感受野、权重共享和池化。

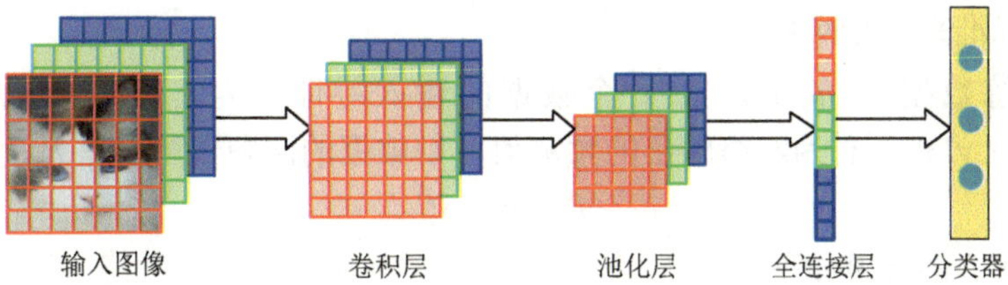

图 9-5　CNN 的基本结构

在卷积层中，通过对输入的神经元进行乘积再求和的运算来提取图像特征，卷积核的大小和完成卷积计算时的平行移动的步长是影响卷积计算的主要因素，这直接关系到网络结果的质量。卷积计算过程如图 9-6 所示。

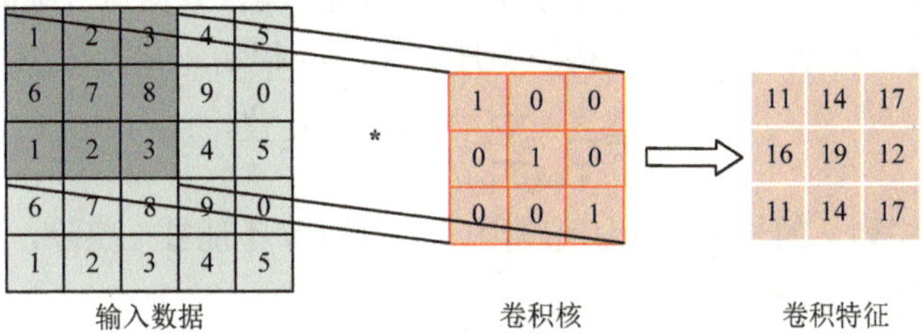

图 9-6　卷积计算过程

图 9-6 中，输入的矩阵为 5×5，卷积核的大小为 3×3，步长为 1。在输入数据选择 3×3 和卷积核 3×3 进行对应位置相乘，然后将所有的数值相加，这就是卷积的计算过程。求和完成后，卷积核继续向右移动一个步长，进行相同的操作，最后得到卷积特征。

池化层的运算方法主要有平均池化和最大池化两种，其操作过程如图 9-7 所示。平均池化在其运算过程中对每个区域的特征点取其平均值，最大池化在运算过程中对每个区域的特征点取最大值。池化层可以降低特征的维数，在保留输入特征的同时，减少网络的参数和计算量。

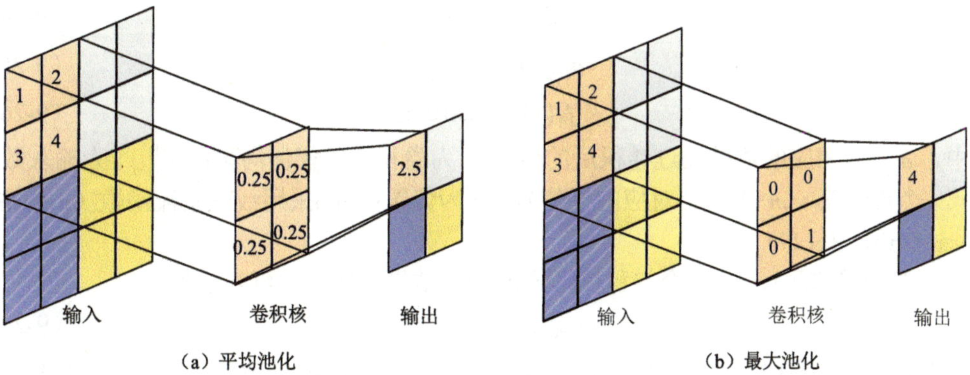

图 9-7　平均池化和最大池化操作过程

本章选择均方误差为 CNN 的损失函数，以判断模型性能。对于锚杆-围岩系统质量的预测主要是基于回归预测进行计算。通过使用网络预测值和网络期望值之间的均方误差最小化的标准来优化网络。

假如训练数据有 n 个，第 i 个数据的输入特征值为 x_i，所标记的真实值为 $\boldsymbol{y}^i=(y^1,y^2,\cdots,y^n)^{\mathrm{T}}$，$\hat{y}^i$ 为网络输出的预测值，则数据的回归预测误差为 l_t^i 为

$$l_t^i = y_t^i - \hat{y}_t^i \tag{9-21}$$

损失函数 L 的计算如下：

$$L=\frac{1}{N}\sum_{i=1}^{N}\sum_{t=1}^{M}\left(l_t^i\right)^2 \tag{9-22}$$

2. 多尺度变换过程

输入信号经过多尺度变换后进入判别器中。首先，输入数据是一维离散序列 $\boldsymbol{x}=\{x_1, x_2,\cdots,x_N\}$。然后，根据式（9-21）构造新序列 $\boldsymbol{\lambda}^{(\tau)}=(\lambda_1^{(\tau)},\cdots,\lambda_j^{(\tau)},\cdots,\lambda_{\frac{N}{\tau}}^{(\tau)})$：

$$\lambda_j^{(\tau)}=\frac{1}{\tau}\sum_{i=(j-1)\tau+1}^{j\tau}x_i,1\leqslant j\leqslant\frac{N}{\tau} \tag{9-23}$$

式中，N 为离散序列 x 的长度；τ 为尺度因子，假如 N 不能被 τ 整除，则在序列 $\boldsymbol{x}$ 后补零以满足输入条件。

输入数据 x 可以是生成样本数据 $\boldsymbol{y}^{\mathrm{o}}=(y_1^{\mathrm{o}},y_2^{\mathrm{o}},\cdots,y_k^{\mathrm{o}},\cdots,y_N^{\mathrm{o}})$，也可以是真样本数据 $\boldsymbol{r}=(r_1,r_2,\cdots,r_N)$。经过变换后，各序列的长度为原始序列的长度除以 τ。得到的不同尺度信号代表了不同的特征，多个尺度的信号包含着更丰富的信息。

3. 判别器的前向传播过程

在卷积过程中，不同尺度信号在处理时具有相同的卷积层与池化层结构，MSCGAN 同时从不同的尺度信号中计算数据特征，如图 9-2 所示。每个尺度卷积层的输入信号长度 s 与相应尺度信号的长度相同，为 $s=N/\tau$。共有 n 个尺度，有 K_1 个长度为 m 的卷积核，则第 k_1 个卷积核与输入数据第 i 个位置相卷积的最终结果 $z_{C_1,i}^{k_1}$ 为

$$z_{C_1,i}^{k_1}=f_3(a_{C_1,i}^{k_1}) \tag{9-24}$$

$$a_{C_1,i}^{k_1}=\boldsymbol{w}^{\mathrm{T}}\boldsymbol{\lambda}_{i:i+m-1}^{(1)}+b \tag{9-25}$$

$$f_3(x)=\max(0,x) \tag{9-26}$$

式中，$a_{C_1,i}^{k_1}$ 为相应的数据经过卷积后的值；$\boldsymbol{w}$ 为卷积核的权值向量；$\boldsymbol{\lambda}_{i:i+m-1}^{(1)}$ 为输入数据中第 i 个点至第 $i-m+1$ 个点对应的子信号；b 为偏置；$f_3(\cdot)$采用线性整流函数（Rectified Linear Unit，ReLU）[107]。

在卷积层 C_1 中，第 k_1 个卷积核形成的全部结果组成向量可表示为

$$z_{C_1}^{k_1}=\left[z_{C_1,1}^{k_1},z_{C_1,2}^{k_1},\cdots,z_{C_1,s-m+1}^{k_1}\right] \tag{9-27}$$

卷积层 C_1 的计算结果作为池化层 P_1 的输入。池化层 P_1 采用平均池化进行计算，长度为 l。最后，第 k_1 个结果中第 j 个节点的池化结果 $a_{P_1,j}^{k_1}$ 为

$$a_{P_1,j}^{k_1}=\frac{1}{l}\sum_{i=(j-1)l+1}^{jl}z_{C_1,i}^{k_1} \tag{9-28}$$

池化层 P_1 对应于第 k_1 个卷积核的全部结果 $\boldsymbol{a}_{P_1}^{k_1}$ 为

$$\boldsymbol{a}_{P_1}^{k_1}=\left[a_{P_1,1}^{k_1},a_{P_1,2}^{k_1},\cdots,a_{P_1,\frac{s-m+1}{l}}^{k_1}\right] \tag{9-29}$$

式中，如果$(s-m+1)/l$不为整数，则对向量 $\boldsymbol{a}_{P_1}^{k_1}$ 进行补零操作，最终结果作为卷积层 C_2 的输入。然后把第二组卷积层和池化层按照与第一组相同的方式进行计算，即重复式（9-24）～式（9-29）。假设卷积层 C_2 和池化层 P_2 中有 K_2 个卷积核，则第 k_2 个卷积核对应的全部结果为

$$\boldsymbol{a}_{P_2}^{k_2}=\left[a_{P_2,1}^{k_2},a_{P_2,2}^{k_2},\cdots,a_{P_2,j}^{k_2},\cdots\right] \tag{9-30}$$

全部卷积核的最终结果可以用 $\boldsymbol{a}_{P_2}^{(1)}$ 表示，其公式为

$$\boldsymbol{a}_{P_2}^{(1)}=\left[\boldsymbol{a}_{P_2}^{1},\cdots,\boldsymbol{a}_{P_2}^{k_2},\cdots,\boldsymbol{a}_{P_2}^{K_2}\right] \tag{9-31}$$

将所有尺度在 P_2 层的输出进行拼接，得到一个新的矩阵，该矩阵即为经过尺度变换的数据，具体为

$$\boldsymbol{c}=[\boldsymbol{a}_{P_2}^{(1)},\boldsymbol{a}_{P_2}^{(2)},\cdots,\boldsymbol{a}_{P_2}^{(n)}] \tag{9-32}$$

式中，上标 1～n 为尺度。

将 $\boldsymbol{c}$ 用作全连接层的输入，激活函数使用 Softmax 函数，输出即为每个类的概率。假设共有 r 个类，即有 r 个输出节点，则第 j 个节点的输出为

$$p_j=\frac{\mathrm{e}^{v_j}}{\sum_{j=1}^{r}\mathrm{e}^{v_j}}\qquad(j=1,2,\cdots,r) \tag{9-33}$$

式中，v_j 为 Softmax 层的第 j 个节点的输入，计算公式如下：

$$v_j=\boldsymbol{w}_{\mathrm{fc},j}\times\boldsymbol{c}+b_{\mathrm{s},j}\qquad(j=1,2,\cdots,r) \tag{9-34}$$

式中，$\boldsymbol{w}_{\mathrm{fc},j}$ 为全连接层第 j 个节点与 Softmax 层之间的权值矩阵；$b_{\mathrm{s},j}$ 为相应的偏置。

4. 判别器的反向传播过程

判别器的反向传播过程采用随机梯度法，全连接层权值的训练公式为

$$\boldsymbol{w}_{\mathrm{fc}}(t+1)=\boldsymbol{w}_{\mathrm{fc}}(t)+\Delta\boldsymbol{w}_{\mathrm{fc}}(t+1) \tag{9-35}$$

式中，$\Delta\boldsymbol{w}_{\mathrm{fc}}$ 为相应权值矩阵的增量，计算如下：

$$\Delta\boldsymbol{w}_{\mathrm{fc}}(t+1)=\frac{\partial\boldsymbol{E}(t)}{\partial\boldsymbol{w}_{\mathrm{fc}}(t)}=[\boldsymbol{p}(t)-\boldsymbol{q}]\times\boldsymbol{c}(t) \tag{9-36}$$

池化层 P_1 和卷积层 C_2 之间权值的更新公式为

$$\boldsymbol{w}_{\mathrm{PC}}(t+1)=\boldsymbol{w}_{\mathrm{PC}}(t)+\Delta\boldsymbol{w}_{\mathrm{PC}}(t+1) \tag{9-37}$$

式中，$\Delta\boldsymbol{w}_{\mathrm{PC}}$ 为对应权值矩阵的增量，计算如下：

$$\Delta\boldsymbol{w}_{\mathrm{PC}}(t+1)=\frac{\partial\boldsymbol{E}(t)}{\partial\boldsymbol{w}_{\mathrm{PC}}(t)}=\boldsymbol{d}_{C_2}^{k_2}(t)\times\boldsymbol{a}_{P_1}^{k_1}(t) \tag{9-38}$$

式中，$\boldsymbol{d}_{C_2}^{k_2}$ 为卷积层 C_2 中第 k_2 个卷积核对应的残差，公式为

$$\boldsymbol{d}_{C_2}^{k_2}(t+1)=\text{upsample}[\boldsymbol{d}_{P_2}^{k_2}(t)]\odot \boldsymbol{z}_{C_2}^{k_2}(t) \tag{9-39}$$

式中，$\boldsymbol{z}_{C_2}^{k_2}$ 为卷积层 C_2 中第 k_2 个卷积核对应的结果；$\boldsymbol{d}_{P_2}^{k_2}$ 为池化层 P_2 中第 k_2 个卷积核对应的残差，即为残差 $\boldsymbol{d}_{\text{fc}}$ 对应部分的值：

$$\boldsymbol{d}_{\text{fc}}(t+1)=[\boldsymbol{p}(t)-\boldsymbol{q}]\times \boldsymbol{w}_{\text{fc}}(t) \tag{9-40}$$

至此，权值 $\boldsymbol{w}_{\text{fc}}$ 的更新过程已经描述完毕。其他层的权值按照类似的方法即可完成更新，并且 C_1 与 C_2 的残差计算方法相同。P_1 的残差计算如下：

$$\boldsymbol{d}_{P_1}^{k_1}(t)=\boldsymbol{d}_{C_2}^{k_2}(t)\times \boldsymbol{w}_{\text{PC}}(t)\odot \boldsymbol{a}_{P_1}^{k_1}(t) \tag{9-41}$$

9.2.3 基于 MSCGAN 的零样本缺陷识别

MSCGAN 与传统分类方法在标签使用上有一些不同。根据相关理论，完好的锚杆检测数据应该具备一定的相似性，而有缺陷的锚杆产生的数据应该有较大的差异，因此希望能够拓展缺陷数据，达到更好的效果。虽然生成器无法生成指定类型的缺陷检测数据，但是希望其能够生成贴近缺陷的导波数据。生成器使用噪声产生的生成样本的期望输出被设置为（0 0 1）。判别器期望能够更好地区分真样本与生成样本，因此真样本的期望输出即为其本身对应的标签（1 0 0）或（0 1 0），而生成样本的期望输出为（0 0 1）。设计判别器求解目标和生成器求解目标，如式（9-42）和式（9-43）所示：

$$\begin{aligned}F_D(D,G)=\min_D V(D,G)=&-E_{x\sim P_{\text{data}}(x)}[P(y\in\{1,2\}|x)]\\&-E_{z\sim P_z(z)}\{P[y=3|G(z)]\}\end{aligned} \tag{9-42}$$

$$F_G(D,G)=\min_G V(D,G)=-E_{z\sim P_z(z)}\{P[y=2|G(z)]\} \tag{9-43}$$

式中，y=1、2、3 分别代表标签（1 0 0）、（0 1 0）、（0 0 1）所对应的类别。

在进行缺陷识别时，将生成样本单独作为一类。MSCGAN 算法的伪代码如表 9-1 所示。

表 9-1　MSCGAN 算法的伪代码

MSCGAN 算法的伪代码
生成器输入的噪声向量 $\boldsymbol{n}=(n_1,n_2,\cdots,n_i,\cdots,n_L)$；
生成器输出的生成样本 $y^{\text{o}}=\{y_1^{\text{o}},y_2^{\text{o}},\cdots,y_k^{\text{o}},\cdots,y_N^{\text{o}}\}$；
判别器输入为离散序列 $x=\{x_1,x_2,\cdots,x_N\}$，$\boldsymbol{x}$ 可以是生成样本 $\boldsymbol{y}^{\text{o}}$，也可以是真样本 $r=\{r_1,r_2,\cdots,r_N\}$；
判别器输出为最终的分类结果。
for 迭代次数 do
生成器首先根据噪声产生生成样本 $\boldsymbol{y}^{\text{o}}$，然后根据式（9-23）执行尺度转换，再经过判别器计算出分类结果
依据反向传播的计算公式，误差从判别器传至生成器，使用 Adam 算法进行计算，即式（9-14）～式（9-20），再根据式（9-41）更新生成器的参数
根据式（9-21）对生成样本 $\boldsymbol{y}^{\text{o}}$ 和真样本 $\boldsymbol{r}$ 进行多尺度变换，再由判别器计算出分类结果
使用随机梯度下降法训练参数，即式（9-33）～式（9-39），最后根据式（9-40）更新判别器参数
end for

9.3　试验结果与分析

本章的数据是通过磁致伸缩法对 5.1 节试件 1～试件 4 进行检测采集的，并加 5%的随机噪声模拟实际情况。为了解决对零样本缺陷的识别问题，设置三组对照试验。第一组试验中的训练数据包含 a、c、d 三类，缺少 b 类，但在测试时包含 a、b、c 和 d 四类；同样，第二和第三组的训练数据分别缺少 c 和 d 类，而在测试时包含所有数据。三组试验数据集的具体类型如表 9-2 所示。每类的样本数如表 9-3 所示。

表 9-2　三组试验锚杆数据类型

试验	训练数据包含的类型	测试数据包含的类型
第一组	a、c 和 d	a、b、c 和 d
第二组	a、b 和 d	a、b、c 和 d
第三组	a、b 和 c	a、b、c 和 d

表 9-3　四类锚杆数据样本数

锚杆锚固系统类型	训练样本数	测试样本数	总数
a	280	35	315
b	140	35	175
c	140	35	175
d	140	35	175

本书采用查准率（precision rate）、查全率（recall ratio）和 F_1 度量[108]三个指标对结果进行分析。分类标签的定义如表 9-4 所示。

表 9-4　分类标签的定义

实际类别	预测类别	
	正类	负类
正类	真正类（true positives, TP）	假负类（false negatives, FN）
负类	假正类（false positives, FP）	真负类（true negatives, TN）

查准率是指全部预测为正的样本中，预测正确的比例，公式如下：

$$\text{Precision}=\frac{\text{TP}}{\text{TP+FP}} \tag{9-44}$$

查全率是指全部实际为正的样本中，预测正确的比例，公式如下：

$$\text{Recall}=\frac{\text{TP}}{\text{TP+FN}} \tag{9-45}$$

F_1 度量综合了查准率和查全率，一般作为衡量分类性能的综合性指标，计算方法如下：

$$F_1=\frac{2\times\text{TP}}{2\times\text{TP+FN+FP}} \tag{9-46}$$

本章中假设正类代表完好锚杆的数据，负类代表有缺陷锚杆的数据。

9.3.1 卷积生成对抗网络与其他算法的比较

1. 试验结果

图 9-8 所示为 MSCGAN 算法在三组试验中的测试结果对比。由于生成样本的目的是对零样本缺陷进行识别，因此在试验中将生成样本与相应的缺陷数据进行比较分析。b、c 和 d 分别是三种缺陷锚杆的数据，*、**和***分别是三组试验对应的生成样本。

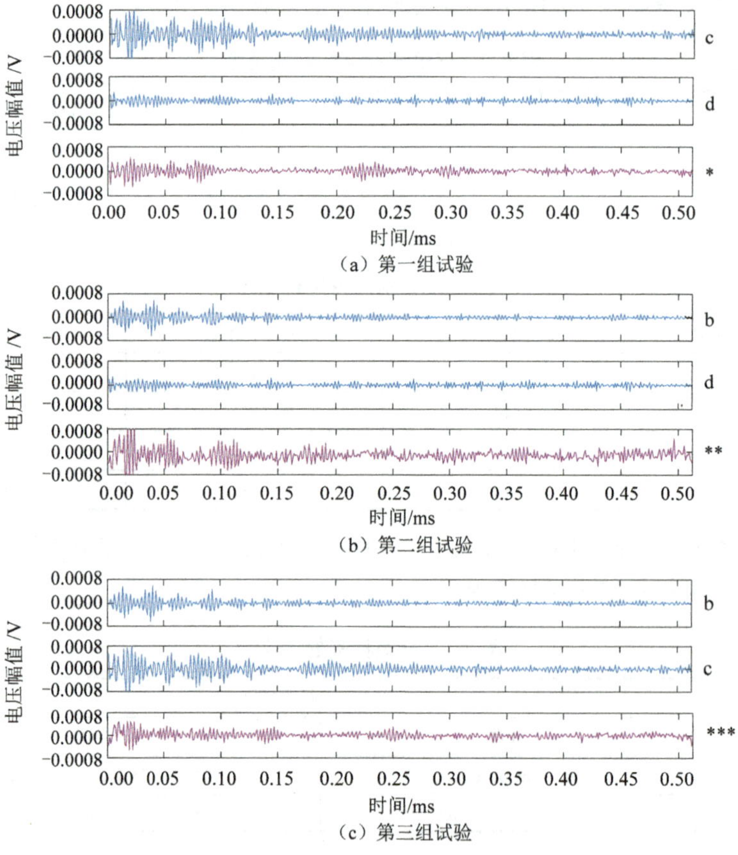

图 9-8 MSCGAN 算法在三组试验中的测试结果对比

表 9-5 所示为一个尺度的卷积生成对抗网络（CGAN-1）与 FNN、Elman 神经网络和一个尺度的卷积网络（CNN-1）的性能对比。CNN-1 和 CGAN-1 的输入为原始的检测数据，FNN 和 ElmanNN 的输入是经过小波包分解后的数据。

表 9-5 各种算法的性能对比

算法	训练错误率/%	测试错误率/%	查准率	查全率	F_1 度量
第一组试验					
FNN	0.140	25.16	0.498	0.994	0.665
ElmanNN	3.462	31.43	0.443	1	0.641

续表

算法	训练错误率/%	测试错误率/%	查准率	查全率	F_1 度量
CNN-1	0.018	4.571	0.845	1	0.916
CGAN-1	0.018	1.286	0.951	1	0.975
第二组试验					
FNN	0	17.57	0.587	1	0.740
ElmanNN	0.659	17.79	0.584	1	0.738
CNN-1	0	7.694	0.765	1	0.868
CGAN-1	0	3.00	0.893	1	0.994
第三组试验					
FNN	0	2.41	0.918	0.993	0.957
ElmanNN	8.463	7.931	0.770	0.974	0.870
CNN-1	0	4.286	0.854	1	0.921
CGAN-1	0	4.930	0.835	1	0.910
三组试验平均值					
FNN	0.047	15.05	0.668	0.996	0.787
ElmanNN	4.195	19.05	0.602	0.991	0.750
CNN-1	0.006	5.517	0.821	1	0.901
CGAN-1	0.006	3.072	0.893	1	0.960

注：查准率、查全率和 F_1 度量是测试过程的结果。

依据表 9-5，从错误率、查确率、查全率和 F_1 度量进行分析，CGAN-1 和 CNN-1 与传统的 FNN 和 ElmanNN 相比，显著提高了分类性能。此外，CGAN-1 的效果优于 CNN-1，这说明了 CGAN 在零样本缺陷识别问题方面的有效性。

2. 试验分析

在第一、二组试验中，FNN 和 ElmanNN 的查准率低而查全率高，这表明一些有缺陷的样本被误分为完好的类别。但是，在第三组试验中，FNN 和 ElmanNN 在保证查全率的前提下，查准率提高了，这代表传统分类方法对于第三组的试验数据更容易进行准确分类。综上所述，类型 d 作为零样本缺陷，最不容易被分错。这与实践中得到的经验类似。当锚杆的灌浆存在缺陷越多时，对锚杆支护的影响越大，采集的数据缺陷特征也就越明显。因此，d 类数据表现出来的特征更容易识别，在缺少该类型时不会对识别结果产生很大的影响。对于 b、c 两类来说，缺陷个数较少，数据的特征不明显，分类时更容易出错。这也是本章要解决的零样本缺陷问题的初衷，尤其是针对缺陷的特征并不明显的零样本缺陷。表 9-5 中的第一、二组试验结果表明，CGAN 在这一问题的解决上是有效的。如果想进一步提升 CGAN 的性能，尤其是针对第三组的问题，可以引入多尺度方法。

9.3.2 不同尺度的卷积生成对抗网络之间的比较

在 MSCGAN 中，生成样本和真样本使用多尺度变换[式（9-23）]进行预处理，以尽可能地提取样本的特征。为了展示多尺度机制的效果，使用 t-SNE 技术[109]将多尺度变换的结果映射至二维，如图 9-9 所示。为了方便观察，图 9-9 中仅显示真样本的情况。图 9-9 中使用不同的颜色代表不同类别缺陷的锚杆-围岩系统的数据。

（a）一个尺度　　（b）两个尺度　　（c）三个尺度

图 9-9　基于 t-SNE 技术的多尺度映射

由图 9-9（a）可知，虽然不同类别的数据没有混叠，但是出现了同一类型的数据位于不同的位置，甚至更加靠近其他类型数据的情况。当尺度增加到 2 时[图 9-9（b）]，同类数据的位置更加接近，差别也更明显；尺度为 3 时的情况[图 9-9（c）]与尺度为 2 时的情况相似。

1. 试验结果

表 9-6 为 CNN 和 CGAN 在不同尺度下的效果比较。可以看出，全部结果的查全率均较高，而测试错误率、查准率和 F_1 度量 CGAN 均优于 CNN。其中，尺度为 2 的 CGAN 效果最好。另外，在方差方面，CGAN 普遍小于 CNN，其中 CGAN-2 最小。这说明 CGAN-2 更加稳定，更适合应用在实际工程中。

表 9-6　CNN 和 CGAN 在不同尺度下的效果比较

算法	训练错误率/%	测试错误率/%	方差/10^{-4}	查准率	查全率	F_1 度量
第一组试验						
CNN-1	0.018	4.571	5.43	0.8454	1	0.9162
CNN-2	0	3.643	1.88	0.8728	1	0.9321
CNN-3	0	3	6.00	0.8929	1	0.9434
CGAN-1	0.018	1.286	1.71	0.9511	1	0.9750
CGAN-2	0.018	1.429	1.84	0.9460	1	0.9722
CGAN-3	0	3.429	4.88	0.8794	1	0.9358
第二组试验						
CNN-1	0	7.694	22.63	0.7646	1	0.8667
CNN-2	0	2.571	9.61	0.9067	1	0.9510
CNN-3	0	4.357	42.70	0.8516	1	0.9198
CGAN-1	0	3	8.76	0.8929	1	0.9943
CGAN-2	0	1	2.37	0.9115	1	0.9537
CGAN-3	0	4.071	22.66	0.8600	1	0.9247
第三组试验						
CNN-1	0	4.286	2.96	0.8537	1	0.9211
CNN-2	0	2.5	1.05	0.9091	1	0.9524
CNN-3	0	5.929	6.23	0.8083	1	0.8940
CGAN-1	0	4.930	10.25	0.8353	1	0.9102

续表

算法	训练错误率/%	测试错误率/%	方差（$\times10^{-4}$）	查准率	查全率	F_1 度量
CGAN-2	0	2.429	4.10	0.9115	1	0.9537
CGAN-3	0	4.357	4.84	0.8516	1	0.9198

注：查准率、查全率和 F_1 度量是测试过程的结果。

2. 试验分析

试验结果表明，多尺度机制对 CNN 和 CGAN 的性能有显著的提高效果。值得注意的是，虽然 t-SNE 在两个和三个尺度上的表示几乎相同（图 9-9），但是两个尺度的试验结果更好。一方面，在传统方法中，训练集和测试集中的数据越接近，特征提取的效果越好，类别之间的界限也越清晰，从而更容易进行分类。由于三个尺度特征提取能力更高，会降低网络的泛化能力，导致网络难以对未训练过的缺陷类别进行准确识别，进而降低了整个网络的效果。另一方面，数据采集时，施加信号频率为 30kHz，采样频率为 100kHz，而当尺度数为 3 时，不满足 Shannon 采样定理，这也影响了试验结果。

第 10 章　CREA 锚杆拉伸形变识别方法

CREA 锚杆具有吸收岩体应变能和适应岩体大变形的能力，可有效改善边坡力学性能。与相同截面积的传统锚杆相比，CREA 锚杆刚度更高，外表面凸起的螺旋肋增大了杆体与锚固剂的接触面积，提高了承载能力。然而，CREA 锚杆容易产生拉伸形变，对其形变状态进行识别具有很强的实际意义。本章使用 CNN 实现 CREA 锚杆拉伸的形变识别。针对 CNN 中如何高效选择最优超参数的问题，利用贝叶斯优化算法对 CNN 进行超参数调优，提高识别结果的准确性。

10.1　贝叶斯优化

为了提高 CNN 的精度，本章采用贝叶斯优化算法对超参数进行优化。被确定的变量包括 CNN 层数、学习率、梯度冲量和正则化系数。在贝叶斯优化过程中，首先建立一个卷积网络的目标函数，将超参数作为优化变量；然后将训练集和测试集输入贝叶斯优化算法中进行迭代训练；最后用网络优化测试器验证结果。

10.1.1　贝叶斯优化器

贝叶斯优化器是一种在概率模型下对目标函数实施决策的方法，在误判概率已知的情况下选择最优结果进行标记。在该过程中利用采集函数寻找最小损失误差，直到找到使目标函数的损失最小化的参数。目标函数为

$$x^* = \arg\min_{x \in \chi \subseteq R^d} f(x) \tag{10-1}$$

式中，x^* 为优化解；f 为优化目标函数；χ 为 d 维欧几里得决策空间。

基于贝叶斯定理，后验概率计算为

$$p(f|D_{1:t-1}) = \frac{p(D_{1:t-1}|f)p(f)}{p(D_{1:t-1})} \tag{10-2}$$

式中，$p(f)$ 为先验概率；$p(D_{1:t-1}|f)$ 为观测值对 y 的类条件概率；$p(f|D_{1:t-1})$ 为 f 的后验概率；$D_{1:t-1} = \{[x_1, f(x_1)], [x_2, f(x_2)], \cdots, [x_{t-1}, f(x_{t-1})]\}$ 为已给定的观测值集合，$\boldsymbol{x} = [x_1, x_2, \cdots, x_{t-1}]$ 为决策向量，$y_{t-1} = f(x_{t-1}) + \varepsilon_t$ 为观测值，ε_t 是噪声。

贝叶斯优化器有两种主要算法，一个是概率代理模型，另一个是采集函数。

1. 概率代理模型

概率代理模型包括先验概率模型 $p(f)$ 和观测模型 $p(D_{1:t-1}|f)$。观测模型描述观测数据生成机制，即似然分布 $p(D_{1:t-1}|f)$。更新概率代理模型就是根据公式得到包含更多数据信息的后验概率分布 $p(f|D_{1:t-1})$。从假设先验出发，通过迭代地增加信息量、修正先

验，从而得到更精确的代理模型。

高斯过程（Gaussian process，GP）是一个随机变量的集合，任意有限个随机变量都满足一个联合高斯分布。高斯过程使用无限维多变量高斯分布来对函数进行建模。高斯过程由均值函数 $m:\chi\to R$ 和半正定的协方差函数 $k:\chi\times\chi\to R$ 构成：

$$f\sim\text{GP}[m(x),k(x,x)] \tag{10-3}$$

一般情况下，$m(x)=0$，$k(x,x)$为协方差函数。

作为随机分布变量的集合，在高斯过程中任意有限数量的随机分配变量都能够形成联合高斯分布。假设存在一个均值为零的先验分布：

$$p(f|D_t,\theta)=\text{GP}[0,(x_i,x_j)] \tag{10-4}$$

式中，θ 为超参数。

观测噪声可得似然分布：

$$p(y|f)=\text{GP}(f,\sigma^2 I) \tag{10-5}$$

由此可得边际似然分布：

$$p(f|D_t,\theta)=\int p(y|f)p(f|D_t,\theta)\mathrm{d}f\sim N\left(0,\sum+\sigma^2 I\right) \tag{10-6}$$

高斯过程的联合分布如下：

$$\begin{bmatrix} f_{1:t-1} \\ f_t \end{bmatrix}\sim\text{GP}\left(\mu,\begin{bmatrix} \boldsymbol{K},\boldsymbol{k}^{\mathrm{T}} \\ k,k(x_t,x_t) \end{bmatrix}\right) \tag{10-7}$$

式中，f_t 为预测点 x_t 处的观测值；$\boldsymbol{K}$ 和 $\boldsymbol{k}$ 的计算公式如下：

$$\boldsymbol{K}=\begin{bmatrix} k(x_1,x_1) & \cdots & k(x_1,x_{t-1}) \\ \vdots & & \vdots \\ k(x_{t-1},x_1) & \cdots & k(x_{t-1},x_{t-1}) \end{bmatrix}+\sigma^2 I=\sum+\sigma^2 I \tag{10-8}$$

$$\boldsymbol{k}=[k(x_t,x_1),k(x_t,x_2),\cdots,k(x_t,x_{t-1})] \tag{10-9}$$

由此可得预测分布：

$$P(f|D,x_t)=\text{GP}[u(x_t),\sigma^2(x_t)] \tag{10-10}$$

式中，$u(x_t)$ 为预测均值；$\sigma^2(x_t)$ 为预测协方差，计算公式如下：

$$u(x_t)=\boldsymbol{k}\boldsymbol{K}^{-1}f_{1:t-1} \tag{10-11}$$

$$\sigma^2(x_t)=k(x_t,x_t)-\boldsymbol{k}\boldsymbol{K}^{-1}\boldsymbol{k}^{\mathrm{T}} \tag{10-12}$$

2. 采集函数

预期改进（expected improvement，EI）是根据后验概率分布完成采集函数的构建，通过最大化采集函数选择下一个最优评价点。为了最小化总目标函数，采集函数需要确定下一个需要评价的点 x_t：

$$x_t=\max\nolimits_{x\in\chi}\alpha_t(x;D_{1:t-1}) \tag{10-13}$$

式中，函数 α_t 将决策空间、观察空间 R 和超参数空间 θ 映射到真实空间。

$$\text{EI}(x)=\begin{cases} [u(x)-f(x_{t-1}^{\text{best}})]F(Z)+s(x)j(Z), & s(x)>0 \\ 0, & s(x)=0 \end{cases} \tag{10-14}$$

式中，$u(\cdot)$为标准正态分布；Z的表达式为

$$Z=\frac{u(x)-f(x_{t-1}^{\text{best}})}{s(x)} \tag{10-15}$$

10.1.2 贝叶斯优化原理

对超参数进行优化是提高 CNN 识别精度的有效方法。待优化参数为卷积神经网络层数、学习率、梯度冲量和正则化系数。在贝叶斯优化过程中，首先建立目标函数，然后将训练集和测试集输入贝叶斯优化算法中进行迭代训练，最后在网络优化测试器中将多个超参数作为优化变量进行结果验证。

对于 CNN 超参数的优化估计过程，可以直接看作对包含一组未知超参数的黑盒函数组合问题的优化。假设有一组由多个变量组合而成的超参数，在此组合中$X=\{x_1, x_2,\cdots,x_n\}$（$x_n$为第 n 个超参数的值），对每个超参数进行评估，评估结果表示为$f(x)$，在优化迭代次数中找到目标调用函数最小的参数值。优化后的 CNN 超参数被认为是多维空间中的一个点。超参数的贝叶斯优化是通过对超参数x_n的损失函数$f(x)$进行高斯建模来实现的。损失函数$f(x)$计算如下：

$$f(x)=L(m_x,V_h)+\theta \tag{10-16}$$

$$L(m_x,V_h)=\sum_{(x_i,y_i)} I[m_x(m_i),Y_i] \tag{10-17}$$

式中，m为运行在训练集上的超参数；$I[m_x(m_i),Y_i]$为目标函数；θ服从$N(0,\sigma_n^2)$。由于$f(x)$函数未知，因此应使用 CNN 生成的超参数计算验证集损失。

10.2 CREA 锚杆拉伸形变识别

通过贝叶斯优化算法对 CNN 超参数自动调优，确定 CNN 模型中的超参数，使优化后的模型能够识别锚杆的形变。在目标函数中加入 L2 正则项进行优化：

$$f'(x)=f(x)+\lambda\sum_{j=1}^{2}\omega_j^2 \tag{10-18}$$

式中，$f(x)$为原损失函数；$f'(x)$为修正后的损失函数；ω_j为模型中待学习的参数；λ为要优化的超参数。

在贝叶斯优化过程中，通过采用高斯过程作为概率代理模型，降低了待优化参数的计算过程难度。通过选择$f'(x)$作为采集函数，贝叶斯优化器可以自动完成对最优超参数的选择，网络识别结果的准确度也得到了提高。

10.2.1 基于贝叶斯优化的卷积神经网络模型

待优化的超参数包括 CNN 层数、学习率、梯度冲量和正则化系数，将它们的组合表示为$X=\{x_1,x_2,x_3,x_4\}$。贝叶斯优化器的目标函数f是训练完成的 CNN 对测试集的预测均方误差。

贝叶斯优化流程中，利用 EI 采集函数在每一次循环过程中选择一个超参数并找到

最佳的评估点，将得到的评估点加到目标函数上，选择高斯过程作为后验概率代理模型，迭代更新超参数，寻找新的评估点，循环至满足结束条件为止。贝叶斯优化算法伪代码如表 10-1 所示。

表 10-1　贝叶斯优化算法伪代码

输入：待优化参数集 X、目标函数 f、采集函数 s、高斯模型 M
输出：优化 CNN 参数
$D \leftarrow \text{InitSamples}(f, X)$
For　$t \in 1, \cdots, T$　do
$p(y \mid \mathrm{x}, D) \leftarrow \text{FitModel}(M, D)$
$\mathrm{x}_i \leftarrow \arg\max \mathrm{x}_{\mathrm{x}\in\chi} s[\mathrm{x}, p(\mathrm{x}, D)]$
$y_i \leftarrow f(\mathrm{x}_i)$
$D \leftarrow D \cup (\mathrm{x}_i, y_i)$
End

10.2.2　基于贝叶斯优化 CNN 模型的锚杆锚固形变识别

采用贝叶斯优化 CNN 模型对不同形变程度下的 CREA 锚杆-围岩系统进行预测。基于贝叶斯优化 CNN 模型预测流程图如图 10-1 所示。

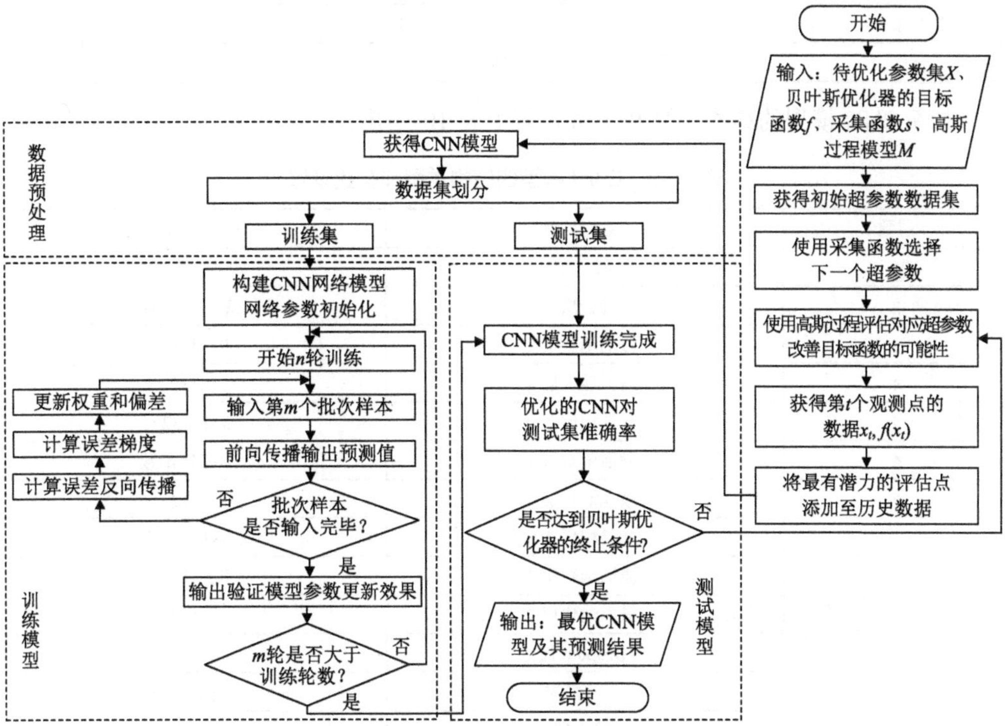

图 10-1　基于贝叶斯优化 CNN 模型预测流程图

首先，利用贝叶斯优化器通过高斯过程对目标函数进行评估，以获得 CNN 的最优参数。然后，将 CREA 锚杆形变数据集划分为训练集和测试集，将训练集数据输入 CNN

模型中进行训练。在 CNN 模型训练完成后，通过均方误差计算目标函数。如果目标函数不满足结束条件，则再次训练网络，更新参数，直到目标函数满足结束条件。在该过程中利用采集函数选取下一组超参数，并利用高斯过程逐步选择更优的超参数。在 CNN 模型超参数的最优选择完成后，使用测试集数据对网络模型进行检验。

10.2.3 CREA 锚杆拉伸形变识别结果与分析

1. 仿真实验结果与分析

对四种不同形变程度的 CREA 锚杆各进行 140 次仿真，将获得的 560 组数据作为 CNN 的数据集。在训练过程中，以 9∶1 的比例将数据集分为 504 组训练集数据，56 组测试集数据。从每个仿真波形中选取 150 个特征点作为主要的研究对象。数据集描述如表 10-2 所示。

表 10-2 数据集描述

数据集	训练集	测试集	长度	标签
数据集 1	126	14	150	1.2
数据集 2	126	14	150	1.3
数据集 3	126	14	150	1.4
数据集 4	126	14	150	1.5
合计	504	56		

本章 CNN 模型的结构类型和参数设置如表 10-3 所示。

表 10-3 CNN 模型的结构类型和参数设置

层数	结构类型	参数
1	输入层	150 节点
2	卷积层 1	卷积核尺寸 5×1，16 个
3	激活函数层 1	ReLU 函数
4	最大池化层 1	1×2
5	卷积层 2	5×1，32 个
6	激活函数层 2	ReLU 函数
7	最大池化层 2	1×2
8	卷积层 3	5×1，16 个
9	激活函数层 3	ReLU 函数
10	最大池化层 2	1×2
11	Dropout 层	概率为 0.5
12	全连接层	节点数 1
13	输出层	节点数 1

将 CREA 锚杆不同形变程度的数据集输入 CNN 模型结构中，其训练结果如图 10-2 所示。

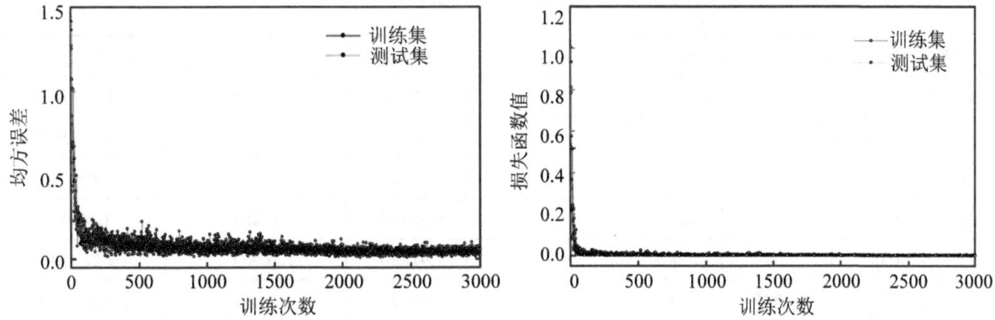

（a）均方误差曲线　　（b）Loss 曲线

图 10-2　CNN 模型的训练结果

由图 10-2 可知，CNN 模型预测结果的均方误差为 0.007，损失函数无限地收敛于 0。CNN 模型预测准确率达到 99.15%。

在确定了 CNN 模型之后，利用贝叶斯优化器对 CNN 进行自动调优，在 30 次迭代次数内，完成贝叶斯优化器对超参数的计算择优，在保证模型计算性能的同时也可以提高效率。超参数优化结果如表 10-4 所示。

表 10-4　超参数优化结果

寻优次数	目标函数	当前最优	估计最优	CNN 网络深度	初始学习率	随机梯度下降动量	L2 正则化系数
1	0.006	0.006	0.006	1	2.06×10^{-2}	0.959	2.32×10^{-9}
2	0.919	0.006	0.026	3	1.80×10^{-7}	0.999	1.69×10^{-6}
3	0.031	0.006	0.006	3	8.98×10^{-9}	0.628	3.83×10^{-10}
4	0.937	0.006	0.006	1	3.63×10^{-7}	0.619	5.06×10^{-6}
5	0.119	0.006	0.006	1	8.69×10^{-2}	0.926	1.33×10^{-10}
6	0.100	0.006	0.006	2	5.95×10^{-5}	0.200	8.17×10^{-10}
7	0.008	0.006	0.006	1	9.39×10^{-3}	0.879	9.09×10^{-9}
8	0.015	0.006	0.006	2	9.87×10^{-2}	0.935	6.70×10^{-8}
9	0.031	0.006	0.009	2	9.90×10^{-2}	0.902	9.91×10^{-3}
10	0.015	0.006	0.006	1	5.03×10^{-3}	0.202	9.76×10^{-6}
11	0.006	0.006	0.005	2	3.77×10^{-2}	0.200	1.36×10^{-6}
12	0.010	0.006	0.006	1	5.99×10^{-3}	0.562	2.37×10^{-10}
13	0.007	0.006	0.003	3	9.62×10^{-2}	0.219	3.89×10^{-10}
14	0.006	0.006	0.005	2	2.79×10^{-2}	0.202	1.69×10^{-9}
15	0.031	0.006	0.005	2	1.91×10^{-3}	0.826	9.61×10^{-3}
16	0.007	0.006	0.005	2	1.36×10^{-3}	0.979	1.30×10^{-10}
17	**0.005**	**0.005**	**0.005**	**2**	$\mathbf{2.79\times10^{-2}}$	**0.273**	$\mathbf{1.12\times10^{-10}}$
18	0.007	0.005	0.001	2	3.38×10^{-3}	0.833	1.01×10^{-10}
19	0.007	0.005	0.005	2	2.93×10^{-2}	0.229	1.59×10^{-10}
20	0.009	0.005	0.005	3	1.90×10^{-2}	0.327	3.93×10^{-6}

续表

寻优次数	目标函数	当前最优	估计最优	CNN 网络深度	初始学习率	随机梯度下降动量	L2 正则化系数
21	0.010	0.005	0.005	1	2.97×10^{-3}	0.979	1.02×10^{-10}
22	0.005	0.005	0.005	3	9.66×10^{-2}	0.392	1.01×10^{-10}
23	0.008	0.005	0.005	1	2.00×10^{-3}	0.895	1.99×10^{-8}
24	**0.005**	**0.005**	**0.005**	**3**	$\mathbf{9.52\times10^{-2}}$	**0.288**	$\mathbf{1.86\times10^{-9}}$
25	0.006	0.005	0.005	1	2.91×10^{-2}	0.900	1.28×10^{-10}
26	0.007	0.005	0.005	2	6.98×10^{-3}	0.693	5.21×10^{-8}
27	0.006	0.005	0.005	2	9.85×10^{-2}	0.202	1.89×10^{-10}
28	0.006	0.005	0.005	2	2.96×10^{-2}	0.200	1.05×10^{-6}
29	0.009	0.009	0.009	2	9.71×10^{-2}	0.318	1.11×10^{-10}
30	0.007	0.009	0.009	3	9.59×10^{-2}	0.302	1.15×10^{-10}

由表 10-4 可知，最优结果是第 17 和 24 次得到的超参数组合，已在表中加粗表示。第 17 次迭代 CNN 网络深度为 2，初始学习率为 0.0279，随机梯度下降的动量为 0.273，L2 正则化系数为 1.12×10^{-10}；第 24 次迭代 CNN 网络深度为 3，初始学习率为 0.0952，随机梯度下降的动量为 0.288，L2 正则化系数为 1.86×10^{-9}。在迭代过程中，最小目标函数的观测值与估计值对比如图 10-3 所示。

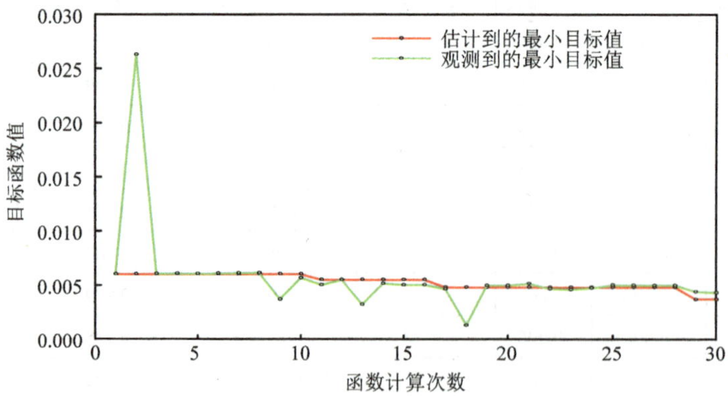

图 10-3　最小目标函数的观测值与估计值对比（寻优 30 次）

由图 10-3 可知，三次迭代后观测值和估计值已经比较接近，说明优化方法具有良好的收敛速度。当观察值和估计值之差趋近 0 时，说明已找到较优的超参数。得到的最优 CNN 模型的结构类型与参数如表 10-5 所示。

表 10-5　最优 CNN 模型的结构类型与参数

层数	结构类型	参数
1	输入层	150 节点数
2	卷积层 1	卷积核 5×1，16 个
3	激活函数层 1	ReLU 函数
4	最大池化层 1	1×2

续表

层数	结构类型	参数
5	卷积层 2	卷积核 5×1，32 个
6	激活函数层 2	ReLU 函数
7	最大池化层 2	1×2
8	Dropout 层	概率为 0.5
9	全连接层	节点数 1
10	输出层	节点数 1

未优化的 CNN 模型预测结果如图 10-4 所示；优化后的 CNN 模型对 CREA 锚杆形变长度进行预测，得到的预测结果如图 10-5 所示。

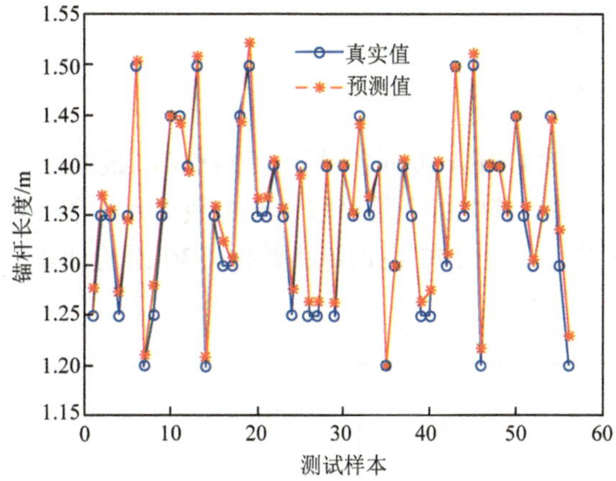

图 10-4 未优化的 CNN 模型预测结果

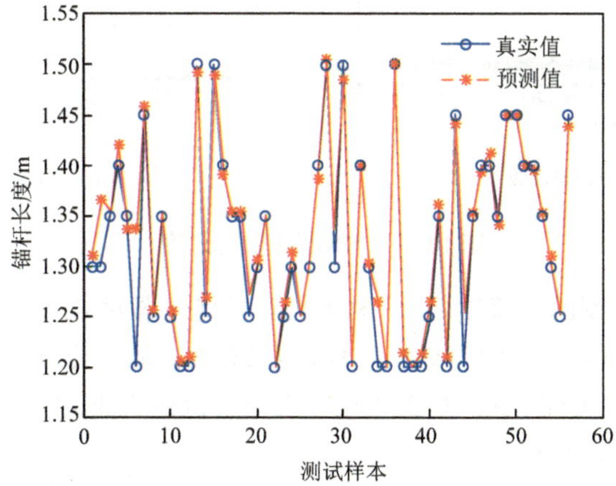

图 10-5 优化后的 CNN 模型预测结果

由图 10-4 和图 10-5 的结果对比可知，优化后的 CNN 模型具有更高的形变识别精度。将贝叶斯优化后的 CNN 模型与其他方法进行对比，其中支持向量机（support vector machine，SVM）的输入为时域信号的三层小波分解向量，识别结果如表 10-6 所示。

表 10-6　四种不同方法下的锚杆形变识别结果

方法	准确率/%	均方误差
SVM	88.86	1.39
FNN	98.75	0.05
传统的 CNN	99.15	0.007
优化后的 CNN	99.36	0.005

由表 10-6 可知，贝叶斯优化后的 CNN 模型识别准确率最高，其预测的准确率为 99.36%，分别比 SVM、FNN 和传统的 CNN 的预测精度高出 10.5%、0.61%、0.21%；优化后的 CNN 模型的均方误差为 0.005，优于其他方法。分析结果表明，CNN 识别方法能够有效提取波形特征，其准确率相对较高。贝叶斯优化 CNN 模型在 CREA 锚杆形变识别中具有较高的准确率。

2. 实测试验结果及分析

对三种不同形变程度的 CREA 锚杆各进行 100 次实测数据采集试验，将获得的 300 组数据作为 CNN 的数据集，其中每个信号取 300 个数据点。在训练过程中，以 9∶1 的比例划分训练集和验证集，其中 270 组训练集数据，30 组验证集数据。CNN 模型训练进度如图 10-6 所示。

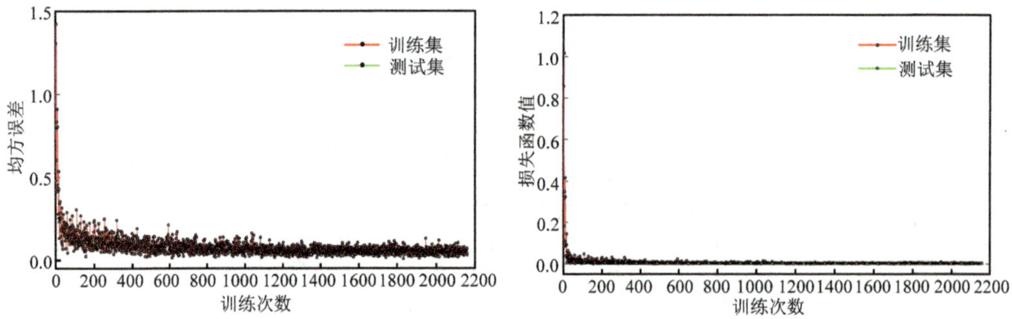

（a）均方误差曲线　　（b）Loss 曲线

图 10-6　CNN 模型训练进度

为了提高 CNN 模型的准确度，可以利用贝叶斯优化器对 CNN 模型参数进行自动调优。在贝叶斯优化器计算过程中将寻优次数设为 20 次；基于传统 CNN 模型的深度，在贝叶斯优化器计算时将 CNN 优化后的模型深度取值范围设置为 1～3。贝叶斯优化器超参数调优结果如表 10-7 所示。

表 10-7　贝叶斯优化器超参数调优结果

寻优次数	目标函数	当前最优	估计最优	CNN 网络深度	初始学习率	随机梯度下降动量	L2 正则化系数
1	0.4025	0.4025	0.4025	3	1.23×10^{-7}	0.4185	8.77×10^{-4}
2	0.0561	0.0561	0.0732	1	7.56×10^{-2}	0.3167	6.70×10^{-9}
3	0.0516	0.0516	0.0516	2	1.47×10^{-2}	0.9119	5.51×10^{-6}

续表

寻优次数	目标函数	当前最优	估计最优	CNN 网络深度	初始学习率	随机梯度下降动量	L2 正则化系数
4	0.1370	0.0516	0.0517	3	2.64×10^{-4}	0.4394	1.02×10^{-7}
5	0.0405	0.0405	0.0472	3	2.51×10^{-2}	0.7919	1.30×10^{-8}
6	0.0269	0.0269	0.0272	2	2.09×10^{-2}	0.2597	1.77×10^{-9}
7	0.0411	0.0269	0.0271	3	7.39×10^{-3}	0.4338	1.05×10^{-10}
8	0.0340	0.0269	0.0323	2	2.44×10^{-2}	0.2230	1.86×10^{-10}
9	0.0684	0.0269	0.0323	2	1.64×10^{-2}	0.2085	7.34×10^{-3}
10	0.0259	0.0259	0.0291	2	1.65×10^{-2}	0.5521	1.06×10^{-10}
11	**0.0256**	**0.0256**	**0.0277**	**2**	**2.02×10^{-2}**	**0.5235**	**1.01**$\times10^{-10}$
12	0.0279	0.0256	0.0276	3	2.09×10^{-2}	0.3798	1.00×10^{-10}
13	0.1563	0.0256	0.0272	1	5.52×10^{-6}	0.9667	1.07×10^{-10}
14	0.0277	0.0256	0.0273	2	1.73×10^{-2}	0.5042	1.02×10^{-10}
15	0.2061	0.0256	0.0276	1	2.45×10^{-5}	0.5532	9.79×10^{-3}
16	0.3806	0.0256	0.0271	2	1.30×10^{-6}	0.7662	8.32×10^{-3}
17	0.3853	0.0256	0.0268	1	1.06×10^{-7}	0.2001	1.12×10^{-10}
18	0.0303	0.0256	0.0275	2	1.51×10^{-2}	0.5826	1.07×10^{-10}
19	0.1231	0.0256	0.0275	2	1.05×10^{-3}	0.2821	9.61×10^{-3}
20	0.1809	0.0256	0.0269	3	3.67×10^{-5}	0.2547	1.06×10^{-10}

由表 10-7 可以看出，在第 11 次迭代时超参数取值使目标函数最好，已在表中加粗表示。第 11 次迭代时，初始学习率为 0.0202，CNN 网络深度为 2，随机梯度下降动量为 0.5235，L2 正则化系数为 1.01×10^{-10} 时。最小目标函数的观测值和估计值对比如图 10-7 所示。

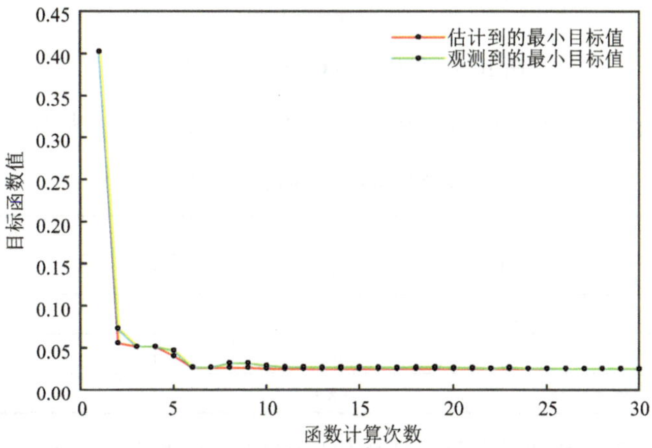

图 10-7　最小目标函数的观测值和估计值对比（寻优 20 次）

未优化的 CNN 模型对 CREA 锚杆形变长度进行预测，得到的预测结果如图 10-8 所示。

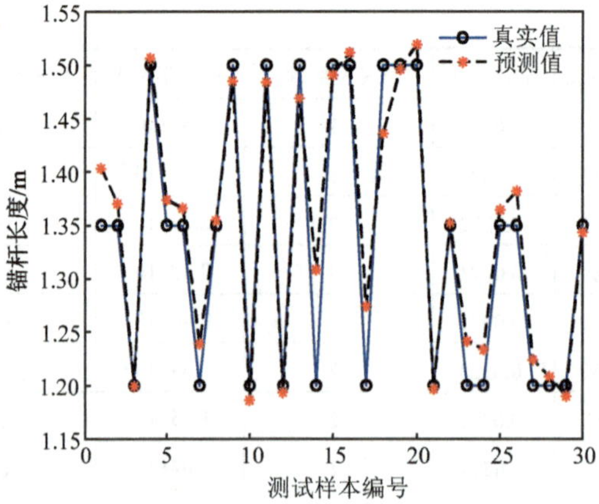

图 10-8　未优化的 CNN 模型预测结果

使用优化后的CNN模型对CREA锚杆形变长度进行预测，得到的预测结果如图10-9所示。

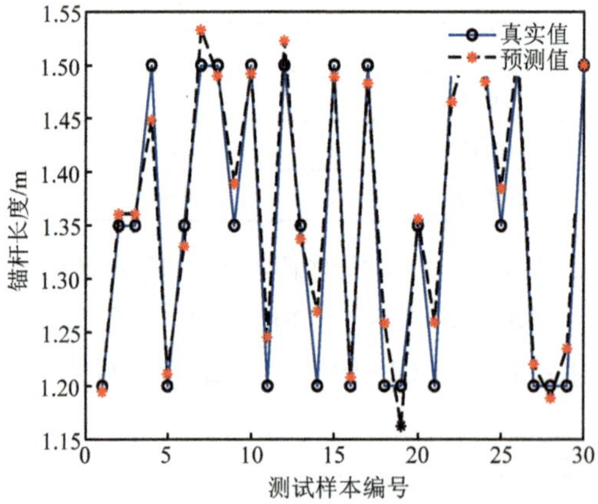

图 10-9　优化后的 CNN 模型预测结果

将贝叶斯优化后的 CNN 模型与其他方法进行对比，结果如表 10-8 所示。

表 10-8　四种不同方法下的锚杆形变识别结果

方法	准确率/%	均方误差
SVM	85.46	1.57
FNN	95.20	0.08
传统的 CNN	96.35	0.057
优化后的 CNN	98.12	0.034

CREA锚杆形变识别结果在贝叶斯优化后的CNN模型中准确率为98.12%，比SVM、FNN 和传统的 CNN 的预测精度分别高出 12.66%、2.92%、1.77%。贝叶斯优化后的 CNN 模型均方误差值最小为 0.034，说明其具有较高的预测准确率。

参 考 文 献

[1] Li S C, Wang H T, Wang Q, et al. Failure mechanism of bolting support and high-strength bolt-grouting technology for deep and soft surrounding rock with high stress[J]. Journal of Central South University, 2016, 23(2): 440-448.

[2] 贺若兰，张平，刘宝琛．锚杆拉拔试验的理论和数值分析[J]．岩土力学，2006(S2)：855-859.

[3] 朱自强，何现启．全长锚固锚杆拉拔试验研究[J]．探矿工程（岩土钻掘工程），2005(S1)：115-118.

[4] 卜长义．在桩基检测中低应变反射法与钻孔取芯法的应用[J]．江西建材，2015(8)：268-269.

[5] 任智敏．锚杆锚固质量无损检测研究[D]．太原：太原理工大学，2007.

[6] 张雷，黄志敏，白龙，等. 锚杆锚固缺陷无损检测信号的多尺度熵分析[J]. 中国矿业大学学报，2021，50(6)：1077-1086.

[7] 吴发友，刘明维，阿比尔的，等．基于应力波的锚杆锚固质量无损检测研究进展[J]．科学技术与工程，2023, 23(14)：5840-5852.

[8] Tadolini S C. Mine roof bolt load determinations utilizing ultrasonic measurement systems[J]. Can. Min. Metall. Bull., 1990, 83(940): 49-54.

[9] Alleyne D N, Cawley P. The excitation of Lamb waves in pipes using dry-coupled piezoelectric transducers[J]. Journal of Nondestructive Evaluation, 1996, 15(1): 11-20.

[10] 李义，张昌锁，王成．锚杆锚固质量无损检测几个关键问题的研究[J]．岩石力学与工程学报，2008，27(1)：108-116.

[11] 吴斌，张青，孙雅欣，等．一种基于导波技术检测锚杆长度及缺陷的新方法[J]．无损检测，2007(5)：237-240.

[12] Wu X Z, Zheng H F, Jiang Y J. Influence of joint roughness on the shear properties of energy-absorbing bolt[J]. International Journal of Rock Mechanics and Mining Sciences, 2023(163): 105322.

[13] Adli H, Mathew L, Daniel K, et al. Ultrasonic guided wave measurement in a wooden rod using shear transducer arrays[J]. Ultrasonics, 2022(119): 106583.

[14] 韩志军，王志远，孙晓云，等．基于谐波小波包的锚杆长度检测方法[J]．燕山大学学报，2016，40(1): 88-94.

[15] Wu Y, Hao Y, Tao J, et al. Non-destructive testing on anchorage quality of hollow grouted rock bolt for application in tunneling, lessons learned from their uses in coal mines[J]. Tunnelling and Underground Space Technology, 2019(93): 103094.

[16] Lin Y F, Ye J W, Lo C M. Application of impact-echo method for rockbolt length detection[J]. Construction and Building Materials, 2022(316):125904.

[17] Xu B, Fan X L, Wang H D, et al. Experimental study on grout defects detection for grouted splice sleeve connectors using stress wave measurement[J]. Construction and Building Materials, 2021(274): 121755.

[18] Han G, Li L, Di W G, et. al. Multi-scale convolutional generative adversarial network for anchorage grout defect detection[J]. IEEE Transactions on Instrumentation and Measurement, 2021(70): 2502910.

[19] Saleem M. Assessing the load carrying capacity of concrete anchor bolts using non-destructive tests and artificial multilayer neural network[J]. Journal of Building Engineering, 2020(30):101260.

[20] Niu L L, Zhu W C, Qin C, et al. The quality evaluation of the grout in rock bolts based on the stress wave propagation[C]// IOP Conference Series: Earth and Environmental Science, 2021: 042066.

[21] Smith J A, Ramandi H L, Zhang C G. Analysis of the influence of groundwater and the stress regime on bolt behaviour in underground coal mines[J]. International Journal of Coal Science & Technology, 2019, 6(2): 286-300.

[22] Zhang H Q, Miao X X, Zhang G M. Non-destructive testing and pre-warning analysis on the quality of bolt support in deep roadways of mining districts[J]. International Journal of Mining Science and Technology, 2017, 27(6): 989-998.

[23] 刘轩，吕炎，边策，等．管道电磁超声传感器阵列检测技术研究[J]．电子测量与仪器学报，2023，37(11)：24-32.

[24] 刘继伦，刘素贞，金亮，等. 用于测厚和裂纹检测的正交横波电磁超声换能器仿真分析及实验研究[J]. 电工技术学报，2022，37(11)：2686-2697.

[25] Jafari S R, Sinclair A N. Improved finite element method for EMAT analysis and design[J]. IEEE Transactions Magnetics, 2001, 37(4): 2821-2823.

[26] David T, Japha Y, Dikovsky V. Magnetic interactions of cold atoms with anisotropic conductors[J]. The European Physical Journal D, 2008(48): 321-332.

[27] Lee J, Yu J D. Non-destructive method for evaluating grouted ratio of soil nail using electromagnetic wave[J]. Journal of Nondestructive Evaluation, 2019, 38(2): 41-55.

[28] 黄松岭，王坤，赵伟. 电磁超声导波理论与应用[M]. 北京：清华大学出版社，2013.

[29] Zhou J J, Yu D R, Li X, et al. Reconstructing echoes completely submerged in background noise by a stacked denoising autoencoder method for low-power EMAT testing[J]. Measurement Science and Technology, 2023, 34(12): 125910.

[30] Xu Z W, Song X C. A noise suppression method for pipelines EMAT signals using a pseudo random code[C]// 2010 2nd International Conference on Information Engineering and Computer Science, Wuhan，2010: 1-3.

[31] Zhang J J, Liu M, Jia X J, et al. Numerical study and optimal design of the butterfly coil EMAT for signal amplitude enhancement[J]. Sensors, 2022, 22(13): 4985.

[32] Michal K, Ondrej K, Jan N, et al. EMAT noise suppression using information fusion in stationary wavelet packets[J]. IEEE Transactions on Ultrasonics, Ferroelectrics and Frequeny Control, 2011, 58(5): 1027-1036.

[33] Huang S L, Hao K S, Zhao W. New improved FLANN approach for dynamic modeling of sensors[J]. Int. Journal of Computer Applications in Technology, 2011,41(1): 4-10.

[34] 余丽婷，卢超，石文泽，等. 基于同步挤压小波和脉冲压缩的钢轨踏面裂纹电磁超声表面波检测方法研究[J]. 仪器仪表学报，2022，43(11)：229-241.

[35] 张佳，杨理践，邢燕好，等. 管道中单向传播的电磁超声换能器检测研究[J]. 仪表技术与传感器，2021(11)：104-109.

[36] 刘素贞，王淑娟，张闯，等. 钢板电磁超声表面波的仿真分析及缺陷定量检测[J]. 电工技术学报，2020，35(1)：97-105.

[37] 何存富，邓鹏，吕炎，等. 一种高信噪比电磁声表面波传感器及在厚壁管道检测中的应用[J]. 机械工程学报，2017，53(4)：59-66.

[38] 李子明，何存富，刘增华，等. 管道周向导波检测技术研究进展及展望[J]. 北京工业大学学报，2018，44(5)：641-657.

[39] Kaule W. Magnetostrictive ultrasonic of materials[C]//Proceedings of the 4th International Conference on Non-Destructive Testing, 1964: 291-294.

[40] Kwun H, Holt A E. Feasibility of under-lagging corrosion detection in steel pipe using the magnetostrictive sensor technique[J]. ND T& E International, 1997, 28(4): 211-214.

[41] Kwun H, Bartels K A. Magnetostrictive sensor technology and its applications [J]. Ultrasonics, 1998(36): 171-178.

[42] Laguerre L, Aime J C. Magnetostrictive pulse-echo device for non-destructive evaluation of cylindrical steel materials using longitudinal guided waves [J]. Ultrasonics, 2002, 39(7): 503-514.

[43] Han S W, Kim I, Kim Y Y. Noncontact damage detection of a rotating shaft using the magnetostrictive effect [J]. Journal of Nondestructive Evaluation, 2003, 22(4): 141-150.

[44] Kim Y, Kim I, Kim Y Y. Damage detection by the mode-selectable magnetostrictive transducer for cylindrical ferromagnetic waveguides [J]. Review of Quantitative Nondestructive Evaluation, 2004, 700(23): 1422-1429.

[45] Lee H, Kim Y Y. Wave selection using a magnetomechanical sensor in a solid cylinder [J]. Journal of the Acoustical Society of America, 2002, 112(3): 953-960.

[46] Thompson R. A Model for the electromagnetic generation of ultrasonic guided waves in ferromagnetic metal polycrystals[J]. IEEE Transactions on Sonicsand Ultrasonics, 1978, 25(1): 7-15.

[47] Thompson R B. Mechanisms of electromagnetic generation and detection of ultrasonic lamb waves in iron-nickel alloy

polycrystals[J]. Journal of Applied Physics, 1977, 48(12): 4942-4950.

[48] Dai X W, Ludwig R, Palanisamy R. Numerical simulation of pulsed eddy-current nondestructive testing phenomena [J]. IEEE Transactions on Magnetics, 1990, 26(6): 3089-3096.

[49] Ludwig R, Dai X W. Numerical simulation of electromagnetic acoustic transducer in the time domain [J]. Journal of Applied Physics, 1991, 69(1): 89-98.

[50] Jafari-Shapoorabadi R, Sinclair A, Konrad A. Finite element determination of the absolute magnitude of an ultrasonic pulse produced by an EMAT[J]. 2000 IEEE Ultrasonics Symposium, 2000, 1: 737-741.

[51] Jafari-Shapoorabadi R, Konrad A, Sinclair A. Comparison of three formulations for eddy current and skin effect problems[J]. IEEE Transaction of Magnetics, 2002, 38(2): 617-620.

[52] Jafari-Shapoorabadi R, Konrad A, Sinclair A. Improved FEM for EMAT analysis and design [J]. IEEE Transactions on Magnetics, 2001, 37(4): 2821-2823.

[53] Jafari-Shapoorabadi R, Konrad A, Sinclair A. The governing electrodynamic equations of electromagnetic acoustic transducers[J]. Journal of Applied Physics, 2005, 97(10): 2081.

[54] Chen X, Zhu J S, Lin Y Z. Attenuation characteristics of low frequency longitudinal guided waves generated by magnetostrictive transducers in bridge cables[J]. Mechanical Systems and Signal Processing, 2022(164):108296.

[55] 王悦民，刘勇，沈立华，等．管道中磁致伸缩导波传播方向控制理论与试验[J]．海军工程大学学报，2012，24(6)：16-20.

[56] 王悦民，孙丰瑞，康宜华，等．基于磁致伸缩效应的管道检测纵向导波模型[J]．华中科技大学学报（自然科学版），2006，34(12)：65-67.

[57] Gao W, Zhang D L, Zhang E, et al. Noncontact magnetostrictive torsional guided wave sensors for small-diameter pipes[J]. IEEE Transactions on Instrumentation and Measurement, 2021(70): 6002709.

[58] Oh S B, Cheong Y M, Lee D H, et al. Magnetostrictive guided wave technique verification for detection and monitoring defects in the pipe weld[J]. Materials, 2019, 12(6): 867.

[59] 薛建虹，黎宇，孙杰，等．在役油气管道超声导波腐蚀检测技术应用[J]．石油化工腐蚀与防护，2021，38(1)：29-32.

[60] Fang Z, Tse P W. Methodology for circumferential localisation of defects within small-diameter concrete-covered pipes based on changing of energy distribution of non-axisymmetric guided waves[J]. Applied Acoustics, 2020(168): 107416.

[61] 王鹤童，姚振海，张洪峰，等．磁致伸缩导波技术在桥梁吊拉索腐蚀缺陷检测中的应用研究[J]．无损探伤，2020，44(2)：9-12.

[62] Gao W, Zhang D L, Zhu X L. Tension monitoring and defect detection by magnetostrictive longitudinal guided wave for fine wire rope[J]. IEEE Transactions on Instrumentation and Measurement, 2021(70):6003707.

[63] Zhou J H, Xu J. Feasibility study of fatigue damage detection of strands using magnetostrictive guided waves[J]. International Journal of Applied Electromagnetics and Mechanics, 2019, 59(4): 1313-1320.

[64] Kwun H, Kim S Y, Light G M, The magnetostrictive sensor technology for long range guided wave testing and monitoring of structures[J]. Materials Evaluation, 2003, 61(1): 80-84.

[65] 张春雷，马庆增，张超群．高压输电线塔锚杆腐蚀的电磁导波信号表征[J]．广东电力，2009，22(10)：31-34.

[66] 殷志，陈丽娟，陈大兵，等．导波技术在输电线路无损监测中的应用[J]．江苏电机工程，2011，30(5)：24-26.

[67] Ivanovic A, Neilson R D. Non-destructive testing of rock bolts for estimating total bolt length[J]. International Journal of Rock Mechanics & Mining Sciences, 2013(64): 36-43.

[68] 林俊明，周昌智，李松，等．磁致伸缩导波在锚杆检测中的初步研究[J]．岩土锚固工程，2009(4)：46-50.

[69] 吕福在，王飞，项贻强，等．基于磁致伸缩导波技术的锚杆新型检测方法设计[J]．工程设计学报，2010，17(6)：459-463.

[70] 刘洋，项占琴，唐志峰．磁致伸缩导波技术在锚杆检测中的应用研究[J]．机电工程，2010，27(6)：43-46.

[71] 刘洋．磁致伸缩导波锚杆无损检测实验研究[D]．杭州：浙江大学，2010.

[72] 张小波，吴银成，孙志飞，等．一种矿用锚杆(索)长度无损测量方法[J]．工况自动化，2015，41(1)：76-79.

[73] Bacic M, Kovacevic M S, Kacunic D J. Non-destructive evaluation of rock bolt grouting quality by analysis of its natural frequencies[J]. Materials, 2020, 13(2): 20.

[74] Chen Y, Wen G P, Hu J H. Analysis of deformation characteristics of fully grouted rock bolts under pull-and-shear loading[J]. Rock Mechanics and Rock Engineering, 2020, 53(7): 2981-2993.

[75] 蔡俊华，卢伟平，闫小波．中空注浆锚杆的动力响应特征及质量评价研究[J]．施工技术，2021，50(23)：94-97.

[76] Hao Y, Wu Y S, Li P, et al. Non-destructive inspection on anchorage defect of hollow grouted rock bolt using wavelet transform analysis[J]. Eurasip Journal on Image & Video Processing, 2018(1): 146.

[77] Xu J, Wang W X, Han Q H, et al. Damage pattern recognition and damage evolution analysis of unidirectional CFRP tendons under tensile loading using acoustic emission technology[J]. Composite Structures, 2020(238): 111948.

[78] Zhang H, Sun J, Rui X, et al. Delamination damage imaging method of CFRP composite laminate plates based on the sensitive guided wave mode[J]. Composite Structures, 2023(306): 116571.

[79] 王炯，张正俊，朱天赐，等．恒阻大变形锚索支护巷道变形机制模型试验研究[J]．岩石力学与工程学报，2020，39(5)：11.

[80] He M C, Ren S L, Xu H T, et al. Experimental study on the shear performance of quasi-NPR steel bolted rock joints[J]. Journal of Rock Mechanics and Geotechnical Engineering, 2023, 15(2): 350-362.

[81] Xue Z Q, Xu Y D, Hu M, et al. Systematic review: Ultrasonic technology for detecting rail defects[J]. Construction and Building Materials, 2023(368): 130409.

[82] 陶志刚，郭爱鹏，何满潮，等．微观负泊松比锚杆静力学特性及其工程应用研究[J]．岩土力学，2022，43(3)：808-818.

[83] 陶志刚，任树林，何满潮，等．地下工程微观 NPR 锚杆钢静力拉伸及锚固抗剪力学特性[J]．煤炭学报，2022，47(2)：683-694.

[84] 李义．锚杆锚固质量无损检测与巷道围岩稳定性预测机理研究[D]．太原：太原理工大学，2009.

[85] 孙晓云，刘东辉，王明明．MATLAB 在电气信息工程中的应用[M]．北京：高等教育出版社，2021.

[86] 张德丰．MATLAB 小波分析[M]．北京：机械工业出版社，2009.

[87] 交通运输部．公路隧道设计规范 第一册 土建工程：JTG 3370.1—2018[S]．北京：人民交通出版社，2019.

[88] 张昌锁，李义．锚杆锚固结构中导波传播的数值模拟[J]．太原理工大学学报，2009，40(3): 274-278.

[89] John O H. LS-DYNA theoretical manual[J]. Livermore Software Technology Corporation, California, 1998, 55(34): 3219-3220.

[90] 王悦民，杨波．磁致伸缩导波无损检测理论与方法[M]．北京：科学出版社，2015.

[91] Dragomiretskiy K, Zosso D. Variational mode decomposition[J]. IEEE Transactions on Signal Processing, 2014, 62(3): 531-544.

[92] Yang X S, Deb S. Engineering optimization by cuckoo search[J]. Journal of Mathematical Modeling and Numerical Optimization, 2010, 1(4): 330-343.

[93] 王慧琴．小波分析与应用[M]．北京：北京邮电大学出版社，2011.

[94] Bandt C, Pompe B. Permutation entropy: A natural complexity measure for time series[J]. Physical Review Letters, 2002(88): 174102.

[95] Specht D F. Probabilistic neural networks[J]. Neural Networks, 1990(3):109-118.

[96] Kennedy J, Eberhart R. Particle swarm optimization[C]// Proceedings of ICNN'95-International Conference on Neural Networks. IEEE, 1995(4): 1942-1948.

[97] Shi Y, Eberhart R. A modified particle swarm optimizer[C]// 1998 IEEE International Conference on Evolutionary Computation Proceedings. IEEE World Congress on Computational Intelligence (Cat. No.98TH8360), Anchorage, 1998: 69-73.

[98] Elman J L. Finding structure in time[J]. Cognitive Science, 1990, 14(2): 179-211.

[99] Meng X B, Liu Y, Gao X Z, et al. A new bio-inspired algorithm: Chicken swarm optimization[C]// International Conference in Swarm Intelligence, Springer International Publishing, 2014(8794): 86-94.

[100] Wu Y H, Yan B, Qu X J. Improved chicken swarm optimization method for reentry trajectory optimization[J]. Mathematical Problems in Engineering, 2018(2): 8135274.

[101] 黄宇达，王迤冉，牛四杰．采用混沌搜索技术对萤火虫算法优化研究[J]．计算机仿真，2017，34(1)：253-258.

[102] 张振兴，杨任农，房育寰，等．自适应 Tent 混沌搜索的蚁狮优化算法[J]．哈尔滨工业大学学报，2018，50(5)：152-159.

[103] Tizhoosh H R. Opposition-based learning: A new scheme for machine intelligence[C]// International Conference on Computational Intelligence for Modelling, Control and Automation, and International Conference on Intelligent Agents, Web Technologies and Internet Commerce, IEEE, Vienna, Austria, pp 695-701, 28-30 November 2005.

[104] Rahnamayan S, Tizhoosh H R, Salama M M A. Opposition-based differential evolution[J]. IEEE Transactions on Evolutionary Computation, 2008, 12(1): 64-79.

[105] 汪慎文，丁立新，谢承旺，等．应用精英反向学习策略的混合差分演化算法[J]．武汉大学学报（理学版），2013，59(2)：111-116.

[106] Costa M, Goldberger A L, Peng C K. Ultiscale entropy analysis of complex physiologic time series[J]. Physical Review Letters, 2007, 89(6):705-708.

[107] Nair V, Hinton G E. Rectified linear units improve restricted boltzmann machines[C]// Proceedings of the 27th International Conference on Machine Learning (ICML-10), 2010: 807-814.

[108] Goutte C, Gaussier E. A probabilistic interpretation of precision, recall and f-score, with implication for evaluation[J]. International Journal of Radiation Biology & Related Studies in Physics Chemistry & Medicine, 2005, 51(5): 952-952.

[109] Maaten L, Hinton G. Visualizing data using t-SNE[J]. Journal of Machine Learning Research, 2008, 9: 2579-2605.